网络协议分析与实践

孙晓玲　刘庆杰　李姗姗　庞国莉　编著

清华大学出版社
北京交通大学出版社
·北京·

内 容 简 介

本书以 TCP/IP 协议族中构建 Internet 所必需的、与使用者交互最直观的协议作为主题，详细讨论了 TCP/IP 的体系结构和基本概念，深入分析了各协议的工作流程、报文格式、主要应用及安全隐患，并结合 Wireshark 抓包实例，通过报文分析，更直观地展现协议流程及应用原理。主要内容包括：网络接口层协议——以太网、无线局域网、VLAN、PPP；网络层协议——ARP 和 RARP、IP、ICMP；运输层协议——UDP、TCP；路由选择协议——RIP、OSPF；应用层协议——DNS、HTTP、SMTP、POP、FTP。

本书可作为相关专业学生的教材，也可供网络爱好者参考。

图书在版编目（CIP）数据

网络协议分析与实践/孙晓玲等编著．—北京：北京交通大学出版社：清华大学出版社，2022.11（2025.1重印）
ISBN 978-7-5121-4806-2

Ⅰ．①网…　Ⅱ．①孙…　Ⅲ．①计算机网络-通信协议　Ⅳ．①TN915．04

中国版本图书馆 CIP 数据核字（2022）第 184539 号

网络协议分析与实践
WANGLUO XIEYI FENXI YU SHIJIAN

责任编辑：韩素华
出版发行：清 华 大 学 出 版 社　　邮编：100084　　电话：010-62776969
　　　　　北京交通大学出版社　　邮编：100044　　电话：010-51686414
印 刷 者：北京虎彩文化传播有限公司
经　　销：全国新华书店
开　　本：185 mm×260 mm　　印张：13.5　　字数：346 千字
版 印 次：2022 年 11 月第 1 版　　2025 年 1 月第 3 次印刷
印　　数：2 501～3 000 册　　定价：49.00 元

本书如有质量问题，请向北京交通大学出版社质监组反映。对您的意见和批评，我们表示欢迎和感谢。
投诉电话：010－51686043，51686008；传真：010－62225406；E-mail：press@ bjtu. edu. cn。

前言

网络中的数据传输，是在计算机网络协议的基础上，双方按照协议的内容和机制来发送和读取数据，进而实现网络的信息共享和存储转发功能。TCP/IP 协议是互联网中最重要的通信协议，它的存在奠定了整个互联网通信的基础。TCP/IP 协议采用分层结构，规定了数据如何封装、寻址、传输、路由和接收。

随着数字化和智能化时代的来临，网络应用和用户规模呈现爆炸式增长，给网络基础设施的运行和管理带来了巨大的挑战。多样化的网络管理需要提供必要的信息，如负载均衡、路由选择、入侵检测、网内缓存、流量工程、性能诊断及策略增强等。为了能够高效稳定地传输数据，有必要了解网络的构造及数据传输的原理。

除此之外，网络安全问题也日益严峻。TCP/IP 协议族的设计是建立在相互信任和安全的基础上的，因此网络协议存在各种安全隐患，随着网络应用的普及，出现了各种攻击手段。如利用 TCP 协议缺点进行的 SYN 洪泛攻击，是拒绝服务攻击的典型方式。利用 ARP 协议缺陷进行的 ARP 欺骗攻击，可导致内网主机频繁掉线。应用层协议 HTTP、SMTP、FTP 等都是以基于文本的 ASCII 形式，采用明文传输，很容易被嗅探抓包，以致泄露用户名、密码等敏感信息。通过对 TCP/IP 协议的学习，掌握各协议的实现缺陷及安全隐患，才能在网络管理过程中进行相应的安全设置，有效避免网络安全事件的发生，保障网络及系统的稳定运行，保护用户的个人隐私。

本书以 TCP/IP 协议原理介绍及报文分析为主，详细介绍了各协议的工作流程、报文格式、主要应用及安全隐患，并结合抓包实例，通过报文分析，更直观地展现协议流程及应用原理。

本书共有 13 章。

第 1 章为网络概述，介绍网络互连的思想，TCP/IP 协议的引入，TCP/IP 协议的分层模型，以及其他与协议相关的基本概念。

第 2 章介绍网络接口层协议，包括以太网、无线局域网、VLAN、PPP，主要介绍各协议的应用场景、协议原理、协议数据帧的封装格式、协议的报文分析。

第 3 章介绍地址解析协议和逆地址解析协议，包括协议的应用场景、协议流程及报文格式。

第 4 章介绍互联网协议，包括 IP 的报文格式、IP 数据报的分片和重组、IP 选项、报文分析等。

第 5 章介绍网际控制报文协议，包括 ICMP 的报文分类，各报文的格式，ICMP 的应用实例，以及报文分析。

第 6 章介绍用户数据报协议，包括 UDP 的报文格式，UDP 校验和的计算，UDP-Lite，以及报文分析。

第 7 章介绍传输控制协议，包括 TCP 的报文格式，TCP 的连接管理，TCP 的可靠传输，TCP 的流量控制和拥塞控制，TCP 的应用，以及报文分析。

第 8 章介绍选路信息协议，包括 RIP 协议的工作原理，根据矢量距离算法更新路由表的过程，RIP1 和 RIP2 的报文格式，以及报文分析。

第 9 章介绍开放最短路径优先协议，包括 OSPF 的报文分类，OSPF 的报文格式，链路状态数据库进行更新的过程，以及报文分析。

第 10 章介绍域名系统协议，包括 DNS 的作用，域名结构，域名服务器的分类及作用，域名解析过程，DNS 协议报文格式，以及报文分析。

第 11 章介绍了万维网和超文本传送协议，包括 WWW 的相关内容，HTTP 协议原理，HTTP 的报文格式及报文分析。

第 12 章介绍了电子邮件系统的相关内容，包括邮件系统的组成，发送邮件和接收邮件的过程及使用的协议，SMTP 和 POP 协议的工作流程及报文分析。

第 13 章介绍文件传送协议，包括 FTP 的两种连接，FTP 的工作流程及报文分析。

本书的读者应掌握一定的计算机网络基础知识，本书可作为高等院校网络工程专业学生的教材和教学参考书，也可作为网络应用开发人员、网络测试和管理人员、网络安全和维护人员的参考用书。

本书由防灾科技学院孙晓玲、刘庆杰、李姗姗、庞国莉共同编写。

由于作者水平有限，书中不足之处在所难免，敬请读者批评指正。

编者
2022 年 9 月
于防灾科技学院

目 录

第1章 网络概述

计算机网络是由许多具有信息交换和处理能力的节点互连而成的，网络中的节点可以是计算机、集线器、交换机或路由器等。它们由不同的厂家生产，使用不同的操作系统，技术实现上存在各种差异，如何实现它们之间的相互通信呢？互联网的奠基者们提出了一个技术思路：在每个异构网络内部使用各自的通信协议，异构网络之间使用 TCP/IP 协议族。

本章主要对 TCP/IP 协议族进行概述，为后续章节提供必要的背景知识。

1.1 网络互连和 TCP/IP

1.1.1 网络互连

20 世纪 90 年代以后，以 Internet 为代表的计算机网络得到了飞速的发展，从最初的免费教育科研网络逐步发展成供全球使用的有偿商业网络。Internet 给人们带来了极大的便利，那么什么是 Internet 呢？Internet 是由数量极大的各种计算机网络互连起来的，是一个世界范围的"Network of Networks"。Networks 代表各种不同的物理网络，这些网络在信道的访问方式和数据的传送方式上都存在差异，具体表现为帧格式的不同和传输介质的不同。而 Network 指的是一个单独的虚拟网络，用户能够与任意一台连接在 Internet 上的主机进行通信，不管中间间隔了多少个物理网络。

网络刚开始出现时，在典型情况下，只能在同一制造商的计算机产品之间进行通信。网络互连是指将两个以上的通信网络通过一定的方法，用一种或多种网络通信设备相互连接起来，以构成更大的网络系统。网络互连不仅仅是把计算机简单地在物理上连接起来，其最终目的是使不同网络中的用户可以互相通信、共享软件和数据等。

对用户而言，实现网络互连就是屏蔽各种异构网络的底层差异，向上提供一致性的数据格式。实现思想是把通信模块独立出来，在底层网络技术与高层应用程序之间增加一个中间层软件，以便抽象和屏蔽硬件细节，向用户提供通用网络服务。在 TCP/IP 协议族中，实现这一功能的协议是互联网协议 IP，它定义了全网统一的数据形式和地址格式。但在技术实现上，数据必须通过底层物理网络才能发送出去，要想真正实现网络互连，还必须有一个中间设备对数据包进行转换，这个设备就是路由器。路由器和 IP 实现网络互连的过程如图 1-1所示。

如图 1-1 所示，以太网中的主机 A 要和拨号网络中的主机 B 进行通信，主机 A 的应用数据被封装成 IP 数据报，最终封装成以太帧发送到网络中，经过路由器转发时，先去掉以太帧首和帧尾，从 IP 数据报首部提取目的 IP 地址，查询路由表以确定出口，然后将 IP 数

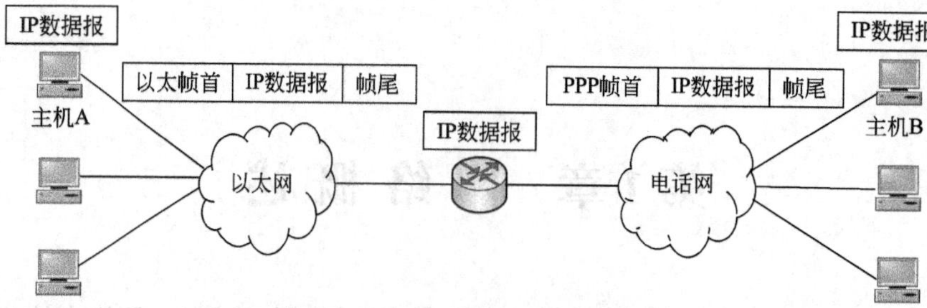

图 1-1　路由器实现网络互连

据报封装成 PPP 帧转发到拨号网络中。

综上，从用户层面看，IP 实现了网络互连；从技术层面看，路由器是实现网络互连的核心设备，整个 Internet 是由无数个物理网络通过路由器互连起来的。

1.1.2　TCP/IP 协议族

Internet 的前身是阿帕网（ARPAnet），ARPAnet 利用分组交换技术实现了计算机的互连，但由于底层硬件来自不同的生产厂商，互操作性较差，为解决网络互连问题，美国高级研究计划署（Advanced Research Project Agency，ARPA）启动了名为 Internetting 的互联网研究项目。1974 年，IP 和 TCP 问世，1977—1979 年 TCP/IP 体系结构和协议规范成形。1983 年，TCP/IP 协议成为 ARPANET 上的标准协议，使得所有使用 TCP/IP 协议的计算机都能利用互联网实现通信。

TCP/IP 协议族是 Internet 的基础，也是当今最流行的组网形式。TCP/IP 是一组协议的代名词，包括许多协议，其中比较重要的有 SLIP 协议、PPP 协议、IP 协议、ICMP 协议、ARP 协议、RIP 协议、OSPF 协议、TCP 协议、UDP 协议、FTP 协议、DNS 协议、SMTP 协议、HTTP 协议等。

IP 解决了异构网络互连问题，TCP 为网络应用提供了面向连接的可靠数据传输服务，UDP 为网络应用提供了无连接的不可靠的数据报传输服务，ICMP 用于传递网络控制和差错信息，ARP 和 RARP 用于实现 IP 地址和物理地址的相互转换，RIP、OSPF 和 BGP 等协议用于维护路由表。此外，还为一些常见的网络应用制定了标准的协议，如 DNS 协议用于域名解析，DHCP 协议用于 IP 地址分配，FTP 协议用于文件传输，SMTP 协议和 POP3 协议用于邮件传输，HTTP 协议用于超文本传送等。

1.2　网络协议与层次划分

1.2.1　网络协议的概念

计算机网络是由许多具有信息交换和处理能力的节点互连而成的，要使整个网络有条不紊地工作，相互通信的计算机系统必须高度协调工作才行，而这种“协调”是相当复杂的。这要求每个节点必须遵守一些事先约定好的数据格式及时序等规则。网络协议是为计算机网络中进行数据交换而建立的规则、标准或约定的集合，通常由语法、语义和时序三部分组成。

(1) 语法，即数据与控制信息的结构或格式。

(2) 语义，即需要发出何种控制信息，完成何种动作及做出何种响应。

(3) 时序，即事件实现顺序的详细说明。

网络协议是计算机网络不可缺少的组成部分，对于非常复杂的计算机网络协议，其结构应该是层次式的。网络互连是一个复杂的系统工程，包括很多的软件、硬件和相关协议，为了简化系统，设计者采用分而治之的思想来设计和描述网络体系结构，将网络协议的实现按层次进行组织，每层使用下层提供的服务完成一定的功能，并向上层提供服务。这样，协议栈中的协议就具有上下层次关系。

1.2.2 OSI 分层模型

标准的网络分层模型是 ISO（国际标准化组织）制定的 OSI（open system interconnection，开放式系统互连）参考模型。OSI 模型并不是一个标准，而只是一个在制定标准时所使用的概念性框架，定义了不同计算机互连的标准。

OSI 框架是基于 1984 年 ISO 发布的 ISO/IEC 7489 标准。该标准定义了网络互连的 7 层框架，自下而上依次为物理层、数据链路层、网络层、运输层、会话层、表示层和应用层。

1. 物理层

利用传输介质为数据链路层提供物理连接，实现比特流的透明传输。该层定义了与物理链路的建立、维护和拆除有关的机械、电气、功能和规范等特性，包括信号线的功能、介质的物理特性、传输速率、位同步、传输模式和连接规格等。

2. 数据链路层

数据链路层为网络层提供数据传输服务，完成两个相邻节点之间的通信问题。该层传送的协议数据单元称为帧（frame），具体功能包括数据成帧、介质访问控制、物理寻址、差错控制和流量控制等。

3. 网络层

网络层为传输层提供服务，负责从源主机到目的主机的端到端的数据通信，传输的协议数据单元称为数据报（packet）。具体功能包括网络逻辑地址编址、路由选择和报文转发等。

4. 运输层

运输层为上一层协议提供进程到进程的、有序的、可靠和透明的数据传输服务，传输的协议数据单元称为报文段（segment）。具体功能包括差错控制、流量控制、拥塞控制和进程寻址等。

5. 会话层

会话层负责会话的控制，具体功能包括会话的建立、维护、同步和终止。

6. 表示层

将应用处理的信息转换为适合网络传输的格式，或者将来自下一层的数据转换为上层能够处理的格式。具体功能包括数据的加密和解密、压缩和解压缩、格式转换等。

7. 应用层

为应用程序提供服务并规定应用程序相关的通信细节，通过应用程序完成用户的网络应用需求。

1.2.3 TCP/IP 分层模型

TCP/IP 协议层次结构即常说的 TCP/IP 模型，它是 ARPAnet 和其后续因特网使用的参考模型。TCP/IP 模型相对简单，共有 4 层，从下到上依次为网络接口层、网络层、运输层和应用层。图 1-2 为 TCP/IP 模型与 OSI 模型的层次对应关系。

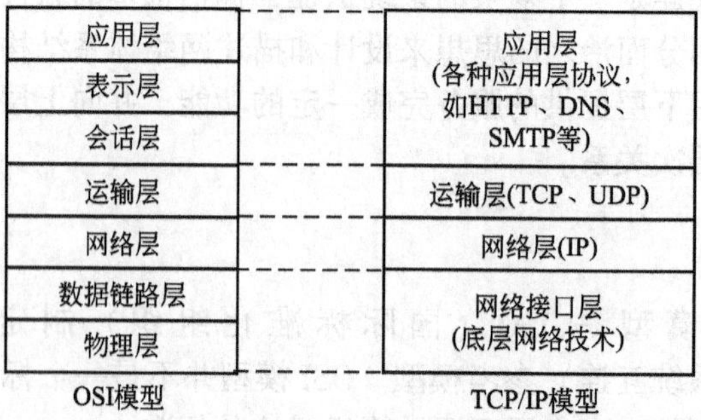

图 1-2 TCP/IP 模型与 OSI 模型的层次对应关系

1. 网络接口层

网络接口层对应 OSI 模型中的物理层和数据链路层。TCP/IP 协议栈是为支持异构网络互连而设计的，因此对网络接口层没有特别的定义，只要底层网络技术和标准支持数据帧的发送与接收，就可以作为 TCP/IP 的网络接口。

2. 网络层

网络层又称为网际层、互联网层或 IP 层，是 TCP/IP 模型的关键部分。该层主要完成 IP 数据报的封装、传输、选路和转发，使其尽可能到达目的主机。该层包括的协议主要有 IP、ARP、RARP、ICMP 和 IGMP，其中，IP 是网络层的核心。

3. 运输层

运输层位于 IP 层之上，为两台主机上的应用程序提供端到端的通信服务。目前，应用最广泛的运输层协议是 TCP 和 UDP。TCP 提供面向连接的、可靠的、基于流的数据传输服务。UDP 提供的是无连接的数据报服务，不保证可靠性和顺序性，但效率较高。

4. 应用层

TCP/IP 简化了 OSI 的会话层和表示层，将其融合到了应用层，使得通信的层次减少，从而提高了通信的效率。应用层包含了一些常用的网络应用协议，如电子邮件（SMTP）、文件传送（FTP）、远程登录（telnet）等。

1.3 互联网地址

1.3.1 IP 地址

1. 基本分类

互联网上的每个接口必须有一个唯一的 Internet 地址（也称作 IP 地址），IP 地址长度为

32 位，例如，11010011 01000111 11101001 00010101。IP 地址由两个字段组成，第一个字段是网络号，标志主机所连接到的网络，第二个字段是主机号，标志该主机。在互联网发展早期采用的是分类的 IP 地址，五类 IP 地址结构如图 1-3 所示。

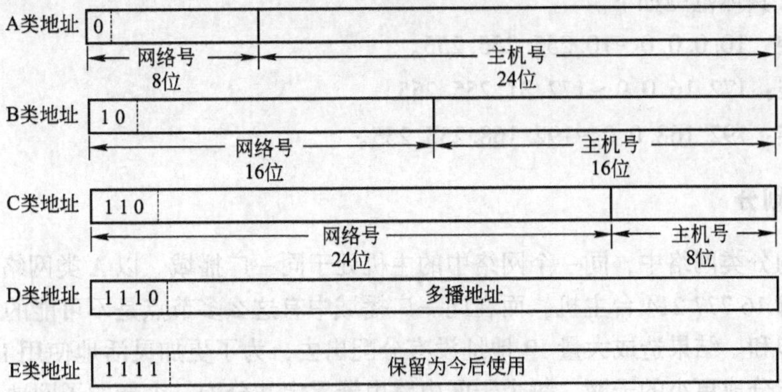

图 1-3　IP 地址分类

为了提高可读性，32 位的 IP 地址通常写成 4 个十进制整数，每个整数对应一个字节，中间用小数点隔开，这种表示方法称作“点分十进制”。上述 32 位 IP 地址可写为 211. 71. 233. 21。区分各类 IP 地址的最简单方法是看它的第一个十进制整数。表 1-1 列出了各类 IP 地址的范围。

表 1-1　各类 IP 地址的范围

网络类别	范围	适用范围
A	1. 0. 0. 0～126. 255. 255. 255	超级大网
B	128. 0. 0. 0～191. 255. 255. 255	中规模网络
C	192. 0. 0. 0～223. 255. 255. 255	小规模网络
D	224. 0. 0. 0～239. 255. 255. 255	组播地址
E	240. 0. 0. 0～247. 255. 255. 255	保留

2. 特殊的 IP 地址

除了上述 IP 地址外，还有几种特殊类型的 IP 地址。

(1) 网络地址。Internet 中每个网络都有一个唯一的标志，当 IP 地址中的主机号全取 0 时，标志了一个网络，这种地址称为网络地址。211. 71. 233. 0 即为一个网络地址。

(2) 广播地址。主机号全部取 1 的地址称为广播地址。若要将数据报同时发送到网络中的所有主机，则必须使用广播地址。211. 71. 233. 255 即为网络 211. 71. 233. 0 的广播地址。

(3) 有限广播地址。255. 255. 255. 255 称为有限广播地址，表示在“本网络”上广播。当需要广播但又不知道所处网络的地址时，使用有限广播地址。

(4) 环回地址。首字节为 127 的地址称为环回地址。该地址用于本机进程间的通信或协议软件测试，当使用该类地址时，分组永远不离开主机。常用的环回地址是 127. 0. 0. 1。

3. 私有地址

在进行 IP 地址分配时，保留了一些 IP 地址用于私有网络，这些地址称为私有地址或本地地址。私有地址只能用于内网，不可用作外网地址。A 类、B 类、C 类 3 类网络中都保留了私有地址，具体范围如下。

（1）A 类：10.0.0.0～10.255.255.255。

（2）B 类：172.16.0.0～172.31.255.255。

（3）C 类：192.168.0.0～192.168.255.255。

1.3.2 子网划分

在传统的分类网络中，同一个网络中的主机处于同一广播域。以 A 类网络为例，一个 A 类网络可能有 16 777 214 台主机，而在同一广播域中有这么多节点是不可能的，网络会因为广播通信而饱和。结果造成大量 IP 地址没有分配出去，为了更加灵活地使用 IP 地址，可以把网络进一步分成更小的子网，每个子网由路由器界定并分配一个新的子网地址。

子网划分就是将 IP 地址的主机部分进一步划分为子网部分和主机部分。其中，子网部分用来表示网络内的子网，主机部分用来表示子网中的主机。子网掩码用来指明地址中多少位用于网络号，剩余多少位用于实际的主机号。

1.3.3 超网编址

20 世纪 90 年代，随着互联网用户的猛增，使得 IP 地址的数量面临耗尽的风险。人们意识到分类 IP 在设计上存在很大问题，会造成 IP 地址的大量浪费。因此，一种新的无分类编址方法问世了，这种编址方法的全名是无分类域间路由选择（classless inter-domain routing，CIDR）。CIDR 取消了 IP 地址的分类，使用网络前缀来指定地址中网络号的位数，剩下的部分仍然作为主机号，用来指明主机。CIDR 把网络前缀相同的所有连续的 IP 地址组成一个“CIDR 地址块”。

CIDR 使用斜线记法，即在 IP 地址后面加上斜线“/”，斜线后面是网络前缀所占的位数，也是该地址块对应的地址掩码中 1 的个数。例如，IP 地址 211.71.233.21/24，表示 32 位 IP 地址的前 24 位是网络位，后 8 位是主机位，其对应的地址掩码为 255.255.255.0。

1.4 MAC 地址

MAC 地址，又称为物理地址或硬件地址，是数据链路层的地址，用于识别链路中互连的节点。

局域网使用的 MAC 地址长 48 位，一般由网卡的生产厂商固化到网卡的 ROM 中。MAC 地址中的前 24 位表示厂商识别码，由 IEEE 分配给网卡生产厂商，每个生产厂商都有特定唯一的识别码。后 24 位是厂商内部为识别网卡而用。因此，每个网卡的 MAC 地址都是全球唯一的。

数据帧在数据链路层是根据 MAC 地址寻址的。局域网普遍采用的是由以太网交换机搭建的星形拓扑结构。以太网交换机持有多个端口，并维护一个转发表，它们会根据帧首部中的目的 MAC 地址和转发表决定从哪个端口将数据帧转发出去。

1.5 封包与解包

网络通信的实质是应用进程之间的通信。应用进程产生的应用数据经过各层协议的封装，最后被当作一串比特流送入网络。发送方由上到下每一层对收到的数据添加相应的协议首部信息（数据链路层还要添加尾部信息），该过程称为封包。接收方由下至上每一层减去相应的协议首部或尾部，将最终的应用数据送给接收方进程，该过程称为解包。详细过程如图 1-4 所示。

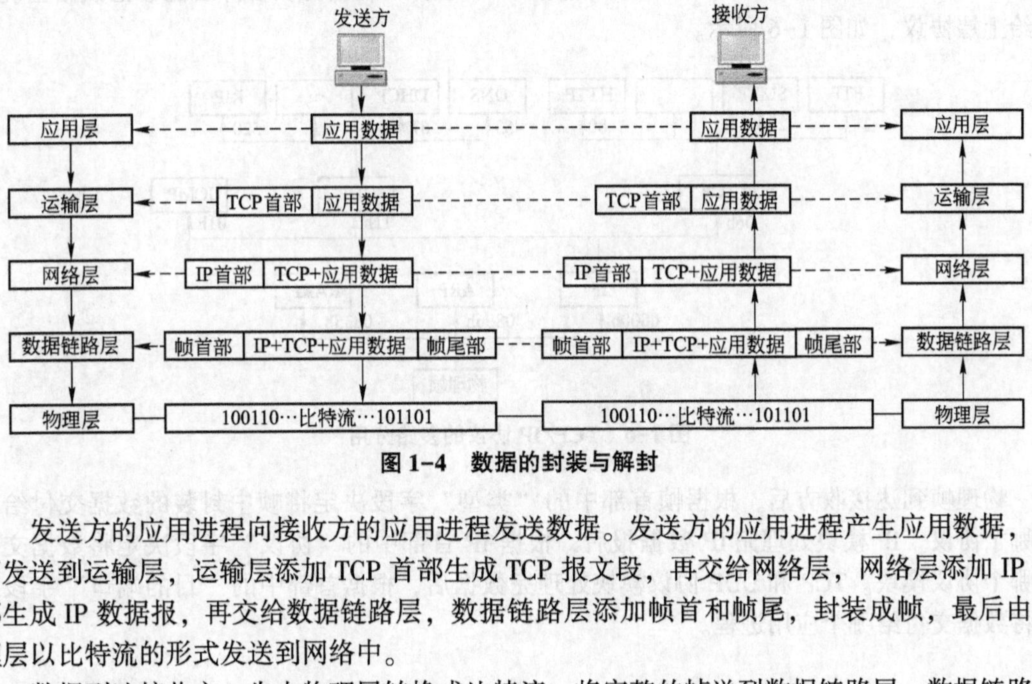

图 1-4 数据的封装与解封

发送方的应用进程向接收方的应用进程发送数据。发送方的应用进程产生应用数据，向下发送到运输层，运输层添加 TCP 首部生成 TCP 报文段，再交给网络层，网络层添加 IP 首部生成 IP 数据报，再交给数据链路层，数据链路层添加帧首和帧尾，封装成帧，最后由物理层以比特流的形式发送到网络中。

数据到达接收方，先由物理层转换成比特流，将完整的帧送到数据链路层，数据链路层完成本层功能后，去掉帧首和帧尾，将 IP 数据报送到网络层，以此类推，最终将应用数据送到接收方应用进程。

1.6 多路复用和多路分用

如果某层的一个协议对应直接上层的多个协议或实体，则需要复用和分用。

1. 多路复用

多路复用指发送方不同的上层协议可以使用同一个下层协议发送数据，如图 1-5 所示。当发送方发送数据时，各基于 TCP 的应用多路复用 TCP，各基于 UDP 的应用多路复用

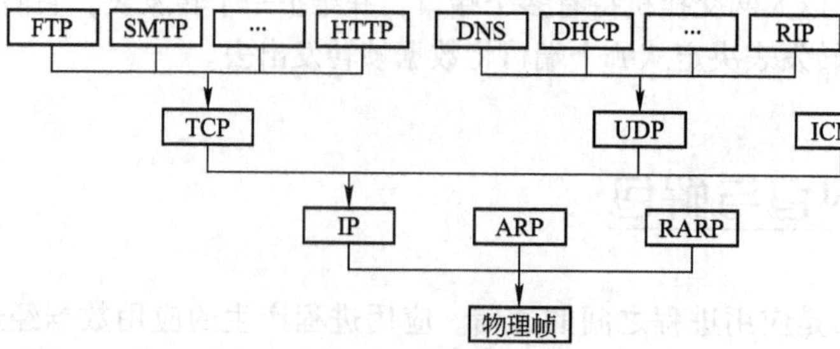

图 1-5　TCP/IP 协议的多路复用

UDP。TCP、UDP 和 ICMP 则多路复用 IP。IP、ARP 和 RARP 复用物理帧。

2. 多路分用

多路分用是多路复用的逆过程，指接收方的下层协议剥去协议首部后能够把数据正确交付给上层协议，如图 1-6 所示。

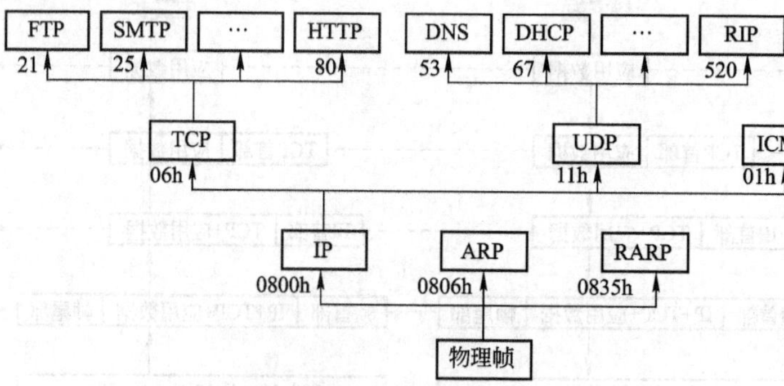

图 1-6　TCP/IP 协议的多路分用

物理帧到达接收方后，根据帧首部中的“类型”字段决定将帧中封装的数据交付给上层哪个协议。IP 模块处理完 IP 数据报后，根据 IP 首部中的“协议”字段决定将数据交付给哪个协议模块。TCP 和 UDP 协议模块处理完数据后，根据首部中的“目的端口”字段决定将数据交付给哪个应用进程。

1.7 Wireshark 简介

要深入理解网络协议的运行机制，需要从实际环境中获取真实报文进行分析。Wireshark 是目前世界上最受欢迎的协议分析软件，利用它可将捕获到的各种各样协议的网络二进制数据流翻译为人们容易读懂和理解的文字与图表等形式，极大地方便了对网络活动的监测分析和教学实验。它有十分丰富和强大的统计分析功能，可在 Windows、Linux 和 UNIX 等系统上运行。此软件于 1998 年由美国 Gerald Combs 首创研发，原名 Ethereal，至今世界各国已有 100 多位网络专家和软件人员正在共同参与此软件的升级完善和维护。它是一个开源的免费软件，任何人都可自由下载，也可参与共同开发。

图 1-7 为 Wireshark 的启动界面。

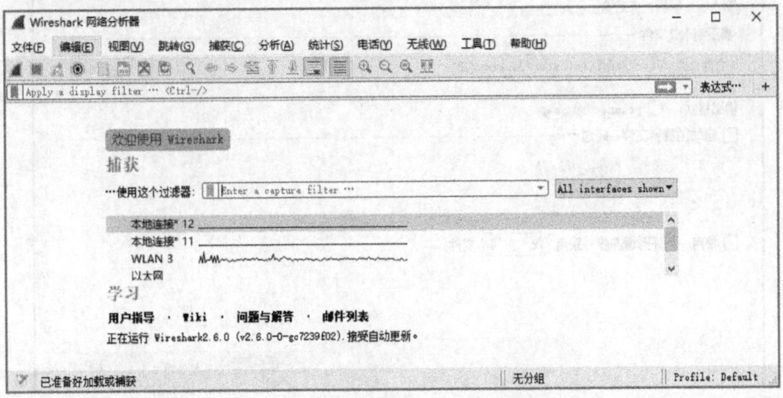

图 1-7　Wireshark 启动界面

开始捕获数据前，需要对“捕获”菜单的“选项”进行设置，为的是能在数据包捕获时提供更多的灵活性。选项分为 3 个标签页：输入、输出和选项。

“输入”标签页的主要目的是显示所有可以抓包的硬件接口和有关这些接口的基本信息。包括系统提供的接口名字，一个显示接口吞吐量的流量图，以及混杂模式状态选项等，如图 1-8 所示。

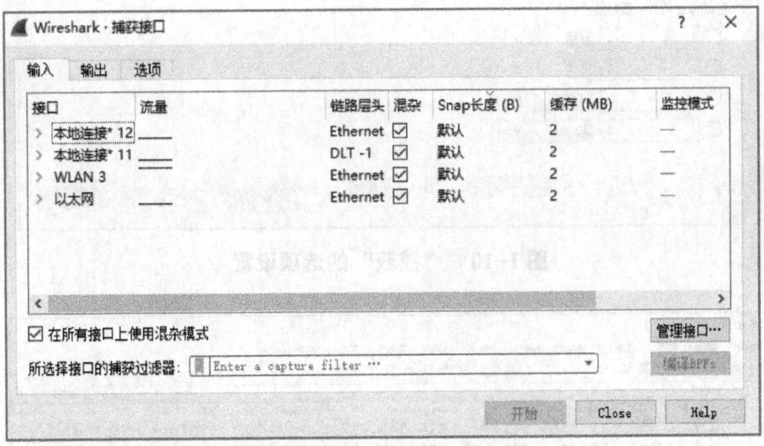

图 1-8　“输入”标签页

“输出”标签页可以选择将数据包存成一个文件、文件集或使用环状缓冲来控制创建文件的个数。可同时设置存储格式、路径及文件名称等，如图 1-9 所示。

“选项”标签页包含其他一些抓包设置，包括显示选项、解析名称和自动停止捕获，如图 1-10 所示。

Wireshark 窗口被分为 3 个区（见图 1-11），顶部是报文列表，显示的是捕获的每个数据帧中数据包的摘要信息，单击此区域内的数据包可以在另外两个区域中获得这个数据包的更多信息。中间的区域为数据包详细信息窗，显示了所选数据包在各层封包的详细信息。最下面的区域显示了该数据包的实际数据。

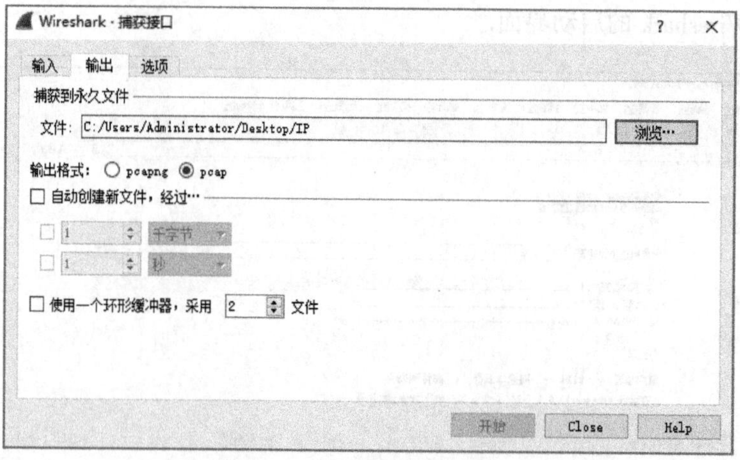

图 1-9 “捕获”的输出设置

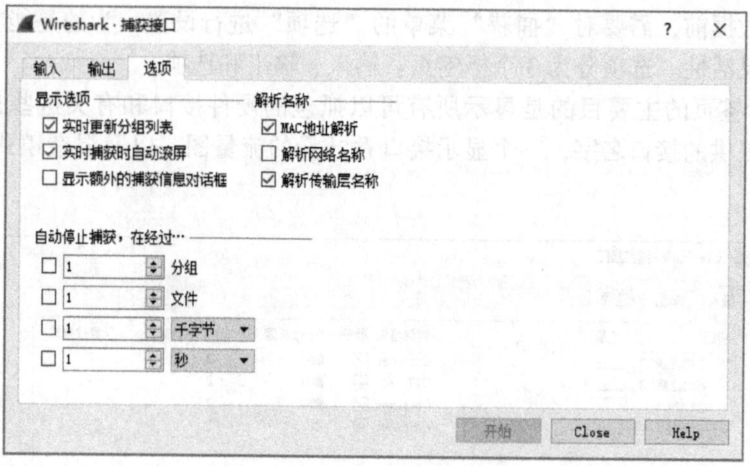

图 1-10 “捕获”的选项设置

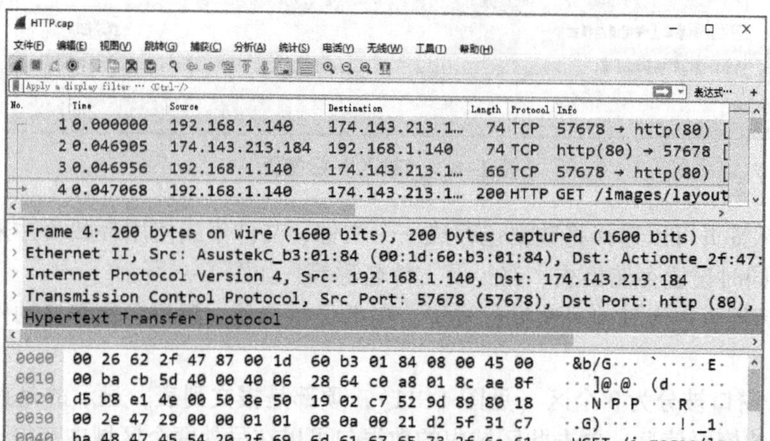

图 1-11 Wireshark 显示窗口

有时捕获到的数据包太多，但只需要某些特定的内容，则可以在“过滤”输入框里输入过滤规则。过滤语句须符合 Wireshark 的过滤表达式规则，为方便用户，可以直接在“过滤”输入框中输入，也可以单击旁边的“表达式”按钮，在打开的对话框中构造过滤语句，如图 1-12 所示。输入完后单击旁边的➡按钮或按回车键即可。

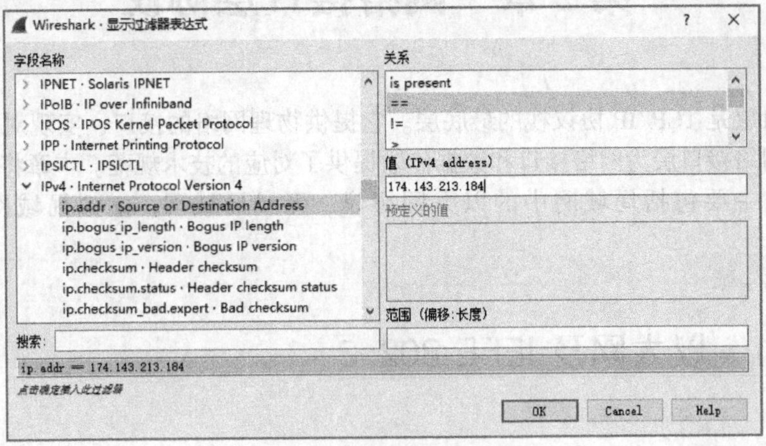

图 1-12　构造过滤语句

习题 1

1. 网络协议的定义是什么？
2. Internet 所使用的 TCP/IP 协议的基本层次有哪些？各层的作用是什么？
3. 传输层协议 TCP 和 UDP 的区别是什么？应用层如何确定使用何种传输协议？
4. 202.70.121.33 在分类 IP 中属于哪一类？在没有划分子网的情况下，其所在网络的网络地址和广播地址分别是多少？
5. 简述数据包的封装和解封过程。

第2章　网络接口层协议

网络接口层是TCP/IP协议栈的最底层。它提供物理网络的接口，实现对复杂数据的发送和接收。网络接口层为网络接口和数据传输提供了对应的技术规范。本章将详细讨论网络接口层协议，主要包括局域网中的以太网协议、无线局域网、虚拟局域网和广域网中的PPP。

2.1　以太网及IEEE 802.3

2.1.1　以太网技术

以太网是由美国施乐（Xerox）公司于1975年开发成功的。数据设备（DEC）公司、英特尔（Intel）公司和施乐公司于1980年联合提出了10 Mbps以太网规约的第一个版本DIX V1，1982年修改为第二版规约，即DIX Ethernet V2，成为世界上第一个局域网产品的规约。

以此为基础，IEEE 802委员会的802.3工作组于1983年制定了IEEE的第一个以太网标准IEEE 802.3，数据率为10 Mbps。802.3局域网对以太网标准中的帧格式做了很小的改动，但允许基于这两种标准的硬件可以在同一个局域网上实现互操作。

由于生产厂商在商业上的竞争，IEEE 802委员会被迫制定了几个不同的局域网标准，除了用于CSMA/CD网络的802.3，还有用于令牌总线网的802.4，用于令牌环网的802.5等。为了使数据链路层能够适应多种局域网标准，IEEE 802委员会把局域网的数据链路层拆成两个子层，即逻辑链路控制（logical link control，LLC）子层和媒体接入控制（medium access control，MAC）子层。与接入到传输媒体有关的内容放在MAC子层，LLC子层与传输媒体无关。

2.1.2　帧格式

以太网的帧格式有多种，目前最常用的是IEEE 802.3和Ethernet II两种。这两种帧很相似，主要的不同点在于前者帧首的第三个字段为“长度”，而后者帧首的第三个字段为“类型”。所幸的是，前者定义的有效长度值与后者定义的有效类型值无一相同，这样就容易区分两种帧格式了。如果第三个字段值大于0×0600，说明是Ethernet II帧的类型字段，如果值小于0×0600，说明是IEEE 802.3帧的长度字段。图2-1给出了它们的封装格式，图中字段下方数字表示该字段的字节长度。

1. IEEE 802.3标准

IEEE 802.3是由RFC 1042发布的标准，由802.3的头部和尾部及802.2的LLC头部

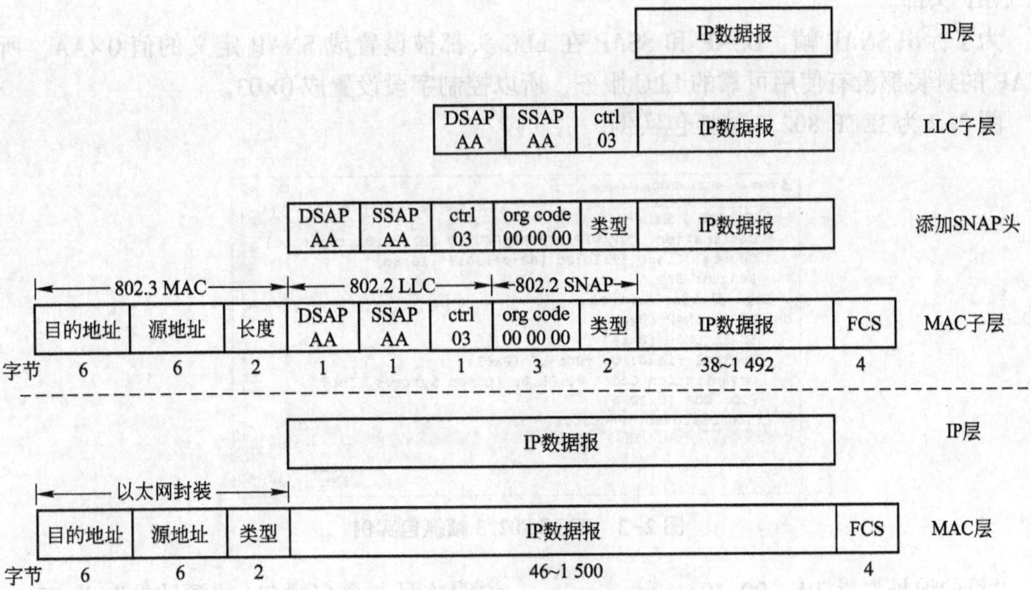

图 2-1　IEEE 802.3 和以太网帧格式

组成。

1）802.3 MAC 头部和尾部

目的地址：6 字节，用于标识目的站点。目的地址可以分为 3 类：单播地址、多播地址和广播地址。（802.3 还允许使用 2 字节地址）

源地址：6 字节，用于标识源站点。源地址必须是单播地址。（802.3 还允许使用 2 字节地址）

长度：2 字节，指从 LLC 头部开始到有效载荷的最后一个字节的字节数，不包括 IEEE 802.3 的头部和 FCS 字段，最小是 46（0×002E），最大是 1 500（0×05DC）。

FSC：帧校验序列，4 字节，用于对整个帧进行校验。

2）802.2 LLC 头部

DSAP：目的服务访问点，1 字节，指明帧的目的上层协议类型。

SSAP：源服务访问点，1 字节，指明帧的源上层协议类型。

ctrl：1 字节或 2 字节，实际长度要看被封装的 LLC 数据类型，是 LLC 数据报（类型 1）时为 1 字节，是 LLC 对话的一部分（类型 2）时为 2 字节。

类型 1 表明是无连接的、不可靠的 LLC 数据报，控制字段用 0×03 指明。

类型 2 表明是面向连接的、可靠的 LLC 会话。

3）802.2 SNAP 头部

org code：组织代码，3 字节，指明维护接下来 2 字节意义的组织。对 IP 和 ARP，该字段被设置为 0。

类型：2 字节，用来表示上一层使用的是什么协议。

虽然 IEEE 802.3 是标准，但没有被业界采用。Ethernet II 已成事实标准。于是 IEEE 802.3 扩展产生 IEEE 802.3 SNAP 来兼容以太网头部协议，在 IEEE 802.2 LLC 头部后插入了 SNAP 头部。

为了标识 SNAP 帧，DSAP 和 SSAP 在 LLC 头都被设置成 SNAP 定义的值 0×AA，所有 SNAP 的封装都没有使用可靠的 LLC 服务，所以控制字段设置成 0×03。

图 2-2 为 IEEE 802.3 帧抓包实例。

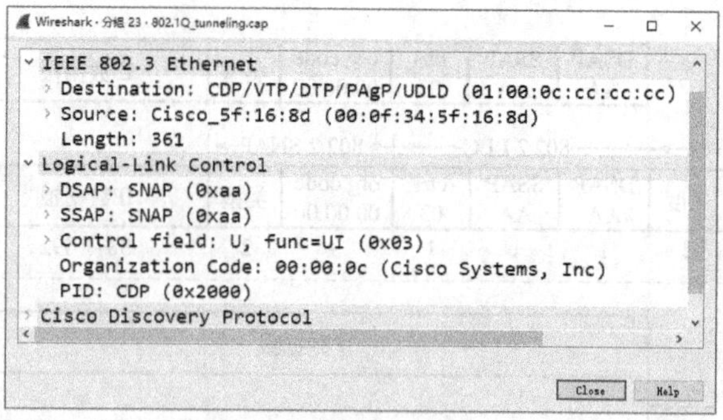

图 2-2　IEEE 802.3 帧抓包实例

“目的地址”为 01：00：0c：cc：cc：cc，说明这是一个多播包；“源地址”为 00：0f：34：5f：16：8d；“长度”为 361 字节；“DSAP”和“SSAP”字段值均为 0×aa；“control”字段值为 0×03；“org code”字段值为 0×00000c；“类型”字段值为 0×0200，说明上层封装的协议为 CDP。

2. Ethernet II（以太网）标准

目的地址：6 字节，用于标识目的站点。目的地址可以分为 3 类：单播地址、多播地址和广播地址。

源地址：6 字节，用于标识源站点。源地址必须是单播地址。

类型：2 字节，用来表示上一层使用的是什么协议。如果类型字段是 0×0800，则是 IP 数据报；如果是 0×0806，则是 ARP 报文；如果是 0×8035，则是 RARP 报文。

FSC：帧校验序列，4 字节，用于对整个帧进行校验。

图 2-3 为以太帧抓包截图。

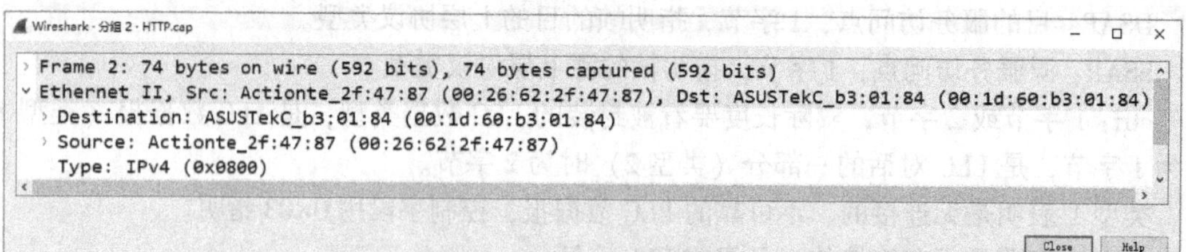

图 2-3　以太帧抓包截图

“目的地址”为 00：1d：60：b3：01：84；“源地址”为 00：26：62：2f：47：87；“类型”值为 0×0800，说明封装的上层协议为 IP。

因为 Wireshark 不显示帧尾的 FCS，所以以上两种报文都没有 FCS 的信息。

2.2　无线局域网及 IEEE 802.11

2.2.1　无线局域网简介

无线局域网（wireless LAN，WLAN）发明之前，人们要想通过网络进行通信，必须先用物理线缆（铜绞线）组建一个电子运行的通路，为了提高效率和速度，后来又发明了光纤。当网络发展到一定规模后，人们又发现，这种有线网络无论组建、拆装还是在原有基础上进行重新布局和改建，都非常困难，且成本和代价也非常高，于是无线局域网的组网方式应运而生。

无线局域网是指以无线信道作为传输介质的局域网。它不仅能满足移动和特殊应用领域的需求，还能覆盖有线网络难以涉及的范围。IEEE 制定了无线局域网标准，叫作 IEEE 802.11，包括物理层和数据链路层。物理层规范定义了将比特转换为信号的若干规定，不同的规范采用的技术不同，所支持的最高传输速率也不同，如 IEEE 802.11ax 的数据传输速率可以达到 9.6 Gbps。数据链路层使用 CSMA/CA 协议。802.11 系列标准的无线局域网常称为 Wi-Fi。

无线局域网的中心叫作接入点（access point，AP），它是无线局域网的基础设施，是一个链路层的设备。所有在无线局域网中的站点，对网内或网外的通信，都必须通过接入点 AP。家庭使用的无线局域网接入点 AP，为了方便上网，就把 IP 层的路由器功能嵌入进来，因此家用的接入点 AP 又称为无线路由器。

无线局域网可分为两大类，第一类是有基础设施的，第二类是无基础设施的。

1. 有基础设施的无线局域网

有基础设施的无线局域网定义了两类服务集：基本服务集（basic service set，BSS）和扩展服务集（extended service set，ESS）。

BSS 是无线局域网的最小单位，它由固定的或移动的无线站点及可能的访问接入点 AP 构成。各站在该 BSS 内之间的通信，或者与其他 BSS 内站点的通信，都必须通过该 BSS 的接入点。网络管理员在安装 AP 时，必须为该 AP 分配一个不超过 32 字节的服务集标识符（service set identifier，SSID）和一个信道。SSID 就是指使用该 AP 的无线局域网的名字。在网络通信中，链路层设备的唯一标识是 MAC 地址，接入点 AP 出厂时设置了唯一的 48 位 MAC 地址，称为基本服务集标识符 BSSID。

一个 BSS 可以是孤立的，也可以通过接入点 AP 连接到一个主干分配系统（distribution system，DS），然后再接入到另一个 BSS，构成扩展的服务集（ESS）。分配系统可以是以太网（最常用）、点对点链路或其他无线网络，作用是使扩展服务集对上层表现为一个基本服务集。ESS 也有一个标识符，是不超过 32 字节的名字，叫作扩展服务集标识符 ESSID。ESS 还可通过门户（portal）为无线用户提供到非 802.11 无线局域网（例如，到有线连接的互联网）的接入。门户的作用就相当于一个网桥。

图 2-4 给出了两种服务集，两个基本服务集通过以太网连成一个扩展服务集。图中站

点 A 要和站点 B 通信，必须经过两个接入点 AP_1 和 AP_2。

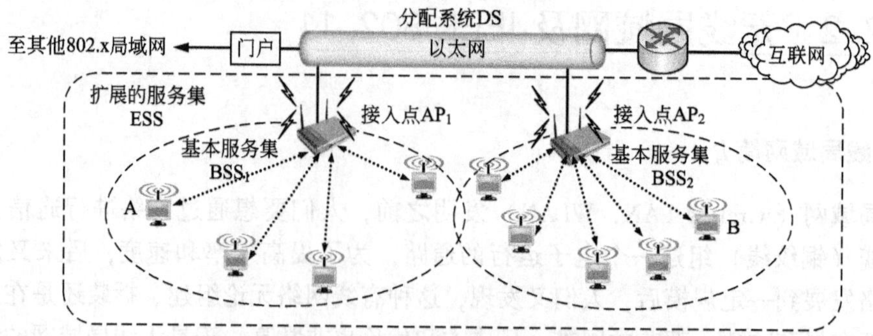

图 2-4　IEEE 802.11 的基本服务集和扩展服务集

站点通过与接入点 AP 建立关联（association）的方式加入到一个 BSS。只有建立关联的 AP 和站点之间才能发送数据帧。站点与 AP 建立关联的方法有两种，一种是被动扫描，另一种是主动扫描。

被动扫描：站点等待接收接入点 AP 周期性发出的信标帧（beacon frame），信标帧中包含有若干系统参数（如服务集标识符 SSID 及支持的速率等）。站点向选择加入的 AP 发送关联请求帧（association request frame），AP 回复关联响应帧（association response frame）。

主动扫描：站点主动广播探测请求帧（probe request frame），然后等待从 AP 发回的探测响应帧（probe response frame），站点向选择加入的 AP 发送关联请求帧，AP 回复关联响应帧。

2. 无基础设施的无线局域网

没有固定基础设施的无线局域网，又叫自组网络（ad-hoc network）。这种自组网络没有上述基本服务集中的接入点 AP，是由一些处于平等状态的移动站之间相互通信组成的临时网络，网络信息交换采用了计算机网络中的分组交换机制。

图 2-5 给出了一个简单的自组网络。当站点 A 向站点 E 发送信息时，要经过 B、C、D 的存储转发，自组网络中的站点都具有路由功能。

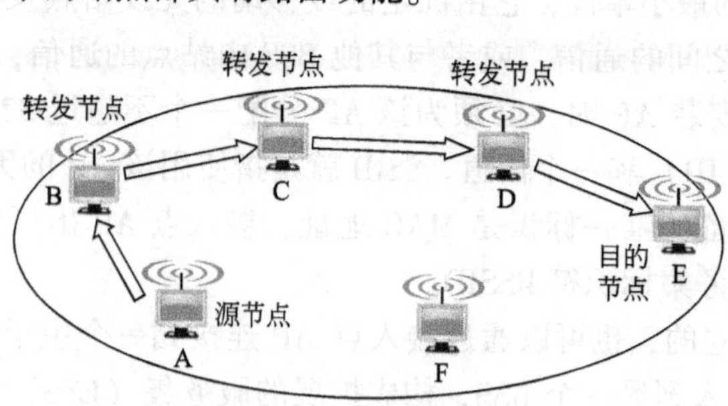

图 2-5　自组网络

近年来，移动自组网络的一个子集无线传感器网络得到了很好的发展。无线传感器网络（wireless sensor network，WSN）是由大量传感器节点通过无线通信技术构成的自组网络，主要用于进行各种数据的采集、处理和传输。

2.2.2　IEEE 802.11 帧格式

IEEE 802.11 的 MAC 层定义了无线局域网的帧格式，802.11 帧共有 3 种类型：控制帧、数据帧和管理帧，每一种帧又分为若干子类型。数据帧负责在工作站之间搬运数据。控制帧负责区域的清空、信道的取得及载波监听的维护，并于收到数据时予以肯定确认，借此提高工作站之间数据传送的可靠性。管理帧负责监督，主要用来加入或退出无线网络及处理接入点之间关联的转移事宜。

本书仅讨论数据帧的格式，如图 2-6 所示。

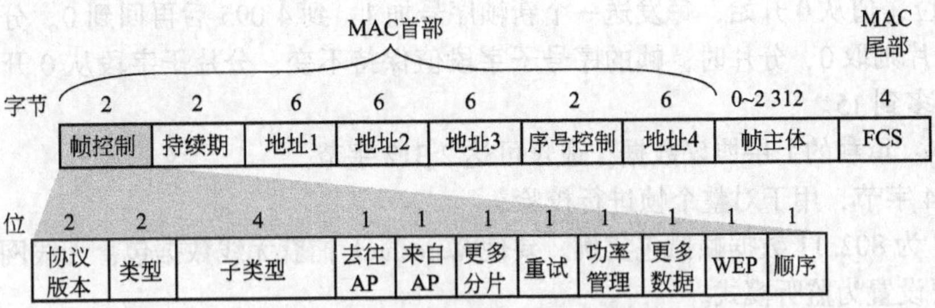

图 2-6　IEEE 802.11 数据帧格式

各个字段含义如下：

帧控制（frame control，FC）：2 字节，定义帧的类型和其他控制信息，共分为 11 个字段。

- 协议版本：2 位，所有帧中该字段的值都为 0，表示 IEEE 802.11 标准版本。
- 类型：2 位，用来区分帧的类型，802.11 帧共有 3 种类型：控制帧、数据帧和管理帧。01 表示控制帧，10 表示数据帧，00 表示管理帧。
- 子类型：4 位，每一种帧又分为若干子类型。如控制帧有 RTS、CTS 和 ACK 等不同的子类型。1011 表示 RTS，1100 表示 CTS，1101 表示 ACK。
- 去往 AP：1 位，当帧发送给 AP 时，该字段设置为 1。
- 来自 AP：1 位，当帧从 AP 处接收时，该字段设置为 1。
- 更多分片：1 位，该字段设置为 1 时表明这个帧属于一个帧的多个分片之一。
- 重试：1 位，该字段设置为 1 时表示该分段是先前传输分段的重发帧。
- 功率管理：1 位，表示传输帧以后，站点所采用的电源管理模式。设置为 0 表示处于活跃状态，设置为 1 表示进入待机状态。
- 更多数据：1 位，该字段设置为 1 表示有很多帧缓存到站中。
- WEP：1 位，该字段设置为 1 表明对 MAC 帧的帧主体字段采用了加密算法。
- 顺序：1 位，该字段设置为 1 表示利用严格顺序服务发送帧。

持续期：2 字节，发送数据的站点预约信道的时间，单位是微秒。

地址：共有 4 个地址字段，每个字段都是 6 字节。地址字段的含义取决于帧控制字段中的去往 AP 和来自 AP 子字段的值，见表 2-1。

表 2-1　地址字段取值

去往 AP	来自 AP	地址 1	地址 2	地址 3	地址 4
0	0	目的站点	源站点	BSSID	不用
0	1	目的站点	发送 AP	源站点	不用
1	0	接收 AP	源站点	目的站点	不用
1	1	接收 AP	发送 AP	目的站点	源站点

序号控制：2 字节，用于对帧分片时进行编号，由序号和分片两个子字段组成。序号子字段占 12 位，值从 0 开始，每发送一个新帧序号加 1，到 4 095 后再回到 0。分片子字段占 4 位，不分片则取 0，分片时，帧的序号子字段值保持不变，分片子字段从 0 开始，每个分片加 1，最多到 15。

帧主体：承载的上层协议数据，最长可达 2 312 字节。

FCS：4 字节，用于对整个帧进行校验。

图 2-7 为 802.11 数据帧抓包实例。要使 Wireshark 捕获无线数据包，无线网卡和配套驱动程序需要设置为监听模式。

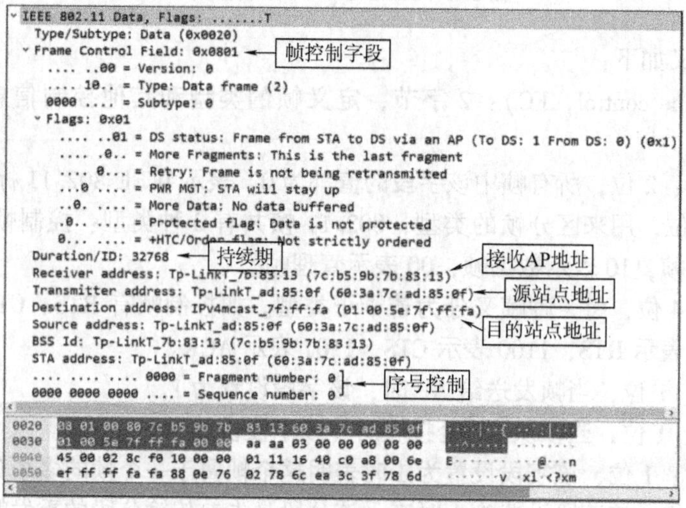

图 2-7　802.11 数据帧抓包实例

下面对图 2-7 中的数据包信息做详细解释。

“帧控制字段”值为 0×0801。细化到各子字段的值分别为（子字段取值均为二进制）：

“协议版本”：00，表示 IEEE 802.11 标准版本；“类型”：10，表示数据帧；“子类型”：0000，表示普通数据；“去往 AP/来自 AP”：1/0，表示帧由站点发往 AP；“更多分片”：0，这是最后一个分片；“重试”：0，该帧不是重发帧；“功率管理”：0，发完该帧后站点处于活跃状态；“更多数据”：0，没有缓存数据；“WEP”：0，数据没有加密；“顺序”：0，没有使用严格顺序服务。

“持续期”值为 32768，免竞争期间该字段的值为 32768。

根据表 2-1，此帧中地址 1 为接收 AP 地址，地址 2 为源站点地址，地址 3 为目的站点地址，地址 4 不用。

“接收 AP 地址”值为 7c：b5：9b：7b：83：13，指该帧去往的 AP 的 MAC 地址。

“源站点地址”值为 60：3a：7c：ad：85：0f，指发出该帧的站点 MAC 地址。

“目的站点地址”值为 01：00：5e：7f：ff：fa，为该帧最终去往的目的站点 MAC 地址。

“序号控制”字段值为 0×0000，两个子字段序号和分片均为 0。

2.3 虚拟局域网

2.3.1 虚拟局域网技术

一个以太网是一个广播域，在一个主机数量很大的以太网上传播广播帧，会消耗很多的网络资源。如果网络配置出了差错，就有可能形成广播风暴，使整个网络瘫痪。同时，一个单位的以太网往往是由多个部门共享，但有些部门的信息是需要保密的，共享局域网对信息安全不利。利用以太网交换机可以很方便地实现虚拟局域网（virtual LAN，VLAN）。

IEEE 802.1Q 对虚拟局域网 VLAN 的定义如下：

虚拟局域网是由一些局域网网段构成的与物理位置无关的逻辑组，而这些网段具有某些共同的需求。每一个 VLAN 的帧都有一个明确的标识符（VLAN ID），指明发送这个帧的计算机是属于哪一个 VLAN。

虚拟局域网只是局域网给用户提供的一种服务，而并不是一种新型局域网。

1988 年 IEEE 批准了 802.3ac 标准，这个标准定义了以太网的帧格式的扩展，以便支持虚拟局域网。虚拟局域网协议允许在以太网的帧格式中插入一个 4 字节的标识符，称为 VLAN 标签（tag），用来指明发送该帧的计算机属于哪一个虚拟局域网。插入 VLAN 标签的帧称为 802.1Q 帧。

图 2-8 给出了一个虚拟局域网的例子。

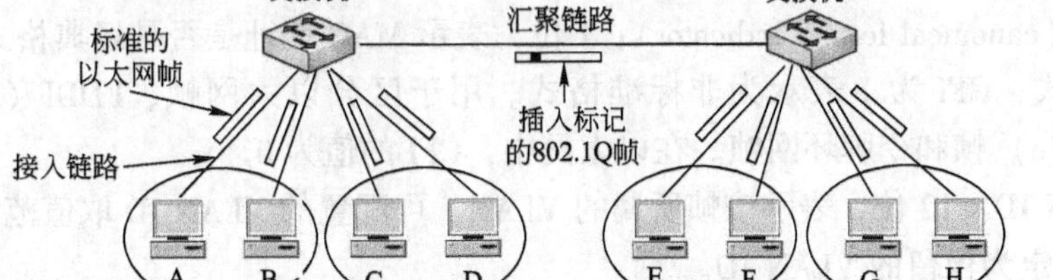

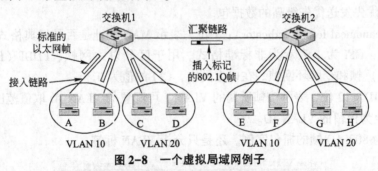

图 2-8 一个虚拟局域网例子

交换机 1 和交换机 2 各连接了 4 台主机，两台交换机相连，组成了一个局域网（广播域）。把局域网划分为两个虚拟局域网 VLAN 10 和 VLAN 20，主机 A、B、E、F 属于 VLAN 10，C、D、G、H 属于 VLAN 20。主机通过接入链路（access link）连接到交换机，两个交换机之间通过汇聚链路（trunk link）连接。

如果 A 向 B 发送帧。交换机 1 根据帧首的目的 MAC 地址识别出 B 属于本交换机管理的

VLAN 10，直接将以太帧转发给 B。

如果 A 向 E 发送帧。交换机 1 根据帧首的目的 MAC 地址查询到 E 没有连接到本交换机，必须从汇聚链路把帧转发到交换机 2，但在转发之前，要插入 VLAN 标签，因此在汇聚链路传送的是 802.1Q 帧。交换机 2 根据 VLAN 标签判断帧要发给哪个 VLAN，在向 E 转发之前，要去掉插入的 VLAN 标签，E 收到的就是 A 发送的以太帧。

如果 A 向 C 发送帧。虽然 A 和 C 连接在一个交换机上，但它们处在不同的网络中（VLAN 10 和 VLAN 20），这是互联网络的通信问题，需要借助路由器完成。

2.3.2　IEEE 802.1Q 帧格式

图 2-9 为 802.1Q 帧格式。

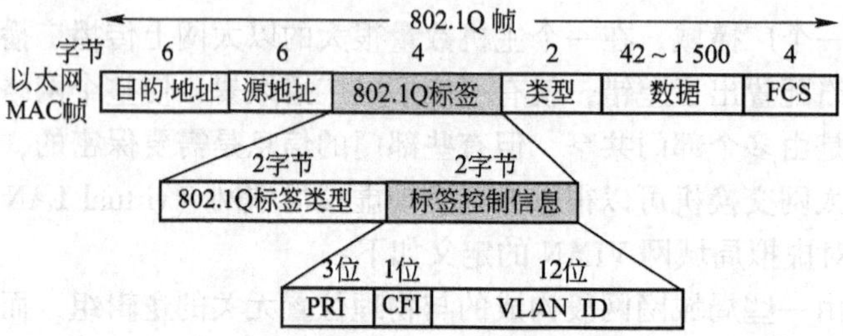

图 2-9　802.1Q 帧格式

在以太帧中插入一个 4 字节的 VLAN 标签，就变成了 802.1Q 帧。这里只介绍一下 VLAN 标签。

802.1Q 标签类型：2 字节，表示帧类型。取值为 0×8100 时表示 802.1Q Tag 帧。如果不支持 802.1Q 的设备收到这样的帧，会将其丢弃。

标签控制信息：2 字节，由 3 个子字段组成。

- PRI（priority）：3 位，表示帧的优先级，取值范围为 0～7，值越大优先级越高。当网络阻塞时，优先发送优先级高的数据包。
- CFI（canonical format indicator）：1 位，表示 MAC 地址是否是经典格式。CFI 为 0 说明是标准格式，CFI 为 1 表示为非标准格式。用于区分以太网帧、FDDI（fiber distributed digital interface）帧和令牌环网帧。在以太网中，CFI 的值为 0。
- VLAN ID：12 位，表示该帧所属的 VLAN。可配置的 VLAN ID 取值范围为 1～4 094，0 和 4 095 规定为保留的 VLAN ID。

图 2-10 为 802.1Q 帧的抓包实例。还是只分析 VLAN 标签。

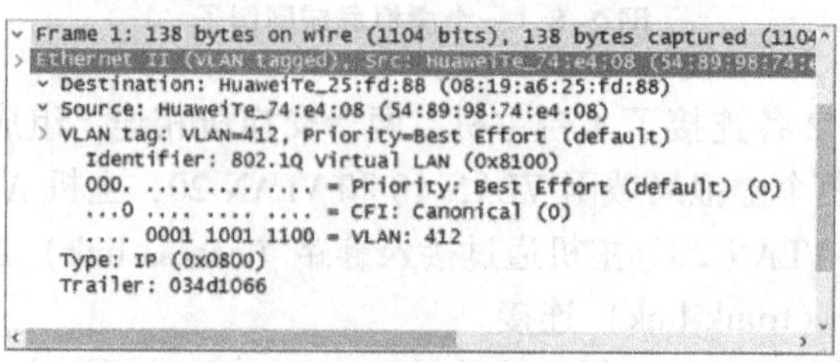

图 2-10　802.1Q 帧抓包实例

802.1Q 标签类型值为 0×8100，表示 802.1Q 帧；PRI 值为 0；CFI 值为 0，说明此帧为以太网帧；VLAN ID 值为 412。

2.4 PPP

2.4.1 PPP 简介

PPP（point to point protocol，点对点协议）是为了在点对点物理链路（如 RS232 串口链路、电话 ISDN 线路等）上传输数据而设计的，是最流行的点对点链路控制协议。这种链路提供全双工操作，数据按顺序传输。PPP 的功能非常丰富，它支持多种网络层协议、多种数据压缩方法、多种身份认证方式、动态地址分配、差错控制和数据加密等。

1. PPP 特点

PPP 具有以下特点。

(1) 简单。在同一条物理链路上进行点对点的数据传输，对数据链路层的帧不进行纠错，不需要序号，不需要流量控制。

(2) 封装成帧。加入帧界定符，以便使接收方能够从收到的比特流中找出帧的开始和结束位置。

(3) 透明性。如果数据中碰巧出现了与帧界定符相同的数据，需要采取措施来保证数据的透明性，PPP 采用字节填充法。

(4) 多种网络层协议。在同一条物理链路上同时支持多种网络层协议（如 IP 和 IPX 等）的运行。

(5) 多种链路类型。PPP 必须能够在多种类型的链路上运行，如串行或并行链路。

(6) 差错检测。接收方收到一个帧后进行 CRC 检验，若正确就收下这个帧，反之则丢弃。

(7) 检测连接状态。自动检测链路是否处于正常工作状态。

(8) 最大传送单元。PPP 需对每一种类型的点对点链路设置最大传送单元 MTU 的标准默认值。

(9) 网络层地址协商。提供一种机制使通信的两个网络层实体能够协商或配置彼此的 IP 地址。

(10) 数据压缩协商。提供一种方法来协商使用的数据压缩算法。

2. PPP 的组成

PPP 由 3 部分组成，具体如下。

(1) 一个将 IP 数据报封装到串行链路的方法。

(2) 链路控制协议（link control protocol，LCP），用来建立、配置及测试数据链路，它允许通信双方进行协商，以确定不同的选项。

(3) 网络控制协议（network control protocol，NCP），在 PPP 链路上可以传输不同网络协议的数据，NCP 用于对这些网络协议相关的参数进行配置。NCP 只是一个统称，如果传输的是 IP 数据，则 NCP 是指 IPCP（IP control protocol，IP 控制协议）。

除此之外，若链路需要认证，则要用到认证协议，对通信对等实体进行身份认证。最常用的包括口令认证协议（password authentication protocol，PAP）和挑战握手认证协议（challenge handshake authentication protocol，CHAP）。

3. PPP 流程

当用户拨号接入 ISP 时，就建立一条从用户主机到 ISP 的物理连接。之后，用户主机和 ISP 利用 LCP 建立 PPP 链路，然后用 PAP 或 CHAP 进行身份验证，最后用 IPCP 配置 IP 层参数（主要是配置 IP 地址）。这样用户主机就成为 Internet 上一台主机了。当用户通信完成后，IPCP 释放网络层连接，收回原来分配出去的 IP 地址，接着 LCP 释放数据链路层连接，最后释放物理层连接。

在建立、维持和终止 PPP 链路的过程中，PPP 链路经过了 5 个阶段，如图 2-11 所示。

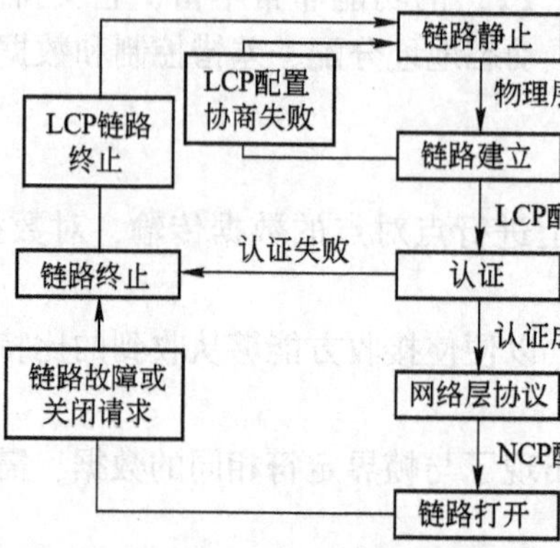

图 2-11 PPP 状态转换图

(1) 链路静止阶段：链路一定开始并结束于这个阶段。当一个外部事件（如载波侦听或网络管理员设定）指出物理层已经准备就绪时，PPP 将进入链路建立阶段。

(2) 链路建立阶段：通信双方利用 LCP 协商配置信息，一旦协商成功，链路即宣告建立。如果协商不成功，则返回链路静止阶段。

(3) 认证阶段：在某些链路上，进行网络层协议报文交换之前，链路的一端可能需要对另一端进行认证，但这并不是必须的。如果需要认证，则必须在链路建立阶段协商好要使用的认证协议。

(4) 网络层协议阶段：通信双方使用 NCP 配置网络层的协议。配置成功，双方可以传输数据，否则终止链路。

(5) 链路终止阶段：利用 LCP 协议发送链路终止报文来终止链路。PPP 可以在任意时间终止链路。引起链路终止的原因很多：载波丢失、认证失败、链路质量失败、空闲周期定时器期满或管理员关闭链路等。

2.4.2 PPP 帧格式

PPP 帧格式如图 2-12 所示。

F（flag）：1 字节，首尾两个 F 字段为帧界定符，取值固定为 0×7E。

A（address）：1 字节，地址字段。由于点对点链路的端点唯一，地址字段取值固定为 0

字节	1	1	1	2	≤1 500	2	1
	F 7E	A FF	C 03	协议	数据	FCS	F 7E

图 2-12　PPP 帧

×FF。

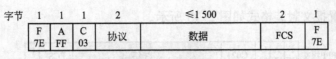

C（control）：1 字节，控制字段，取值固定为 0×03。

协议：2 字节，指明了数据部分封装的协议类型，取值及含义见表 2-2。

数据：长度可变，具体内容与协议类型有关。

FCS：2 字节，帧校验和字段，用于校验帧是否有差错。

表 2-2　“协议”字段取值及含义

取值	协议
C021	LCP（link control protocol）
C023	PAP（password authentication protocol）
C025	LQR（link quality report）
C223	CHAP（challenge handshake authentication protocol）
8021	IPCP（IP control protocol）
0021	IP（Internet protocol）

2.4.3　LCP

链路控制协议（link control protocol，LCP）是 PPP 的一个子集，共有 3 大类 11 种报文，分别用来完成 PPP 数据链路的建立、维护和终止过程。

2.4.3.1　链路配置

1. 链路配置报文

链路配置报文，用于建立和配置链路，包含 4 种报文，报文类型与功能见表 2-3。

表 2-3　链路配置报文及功能

类型	报文名称	功能描述	报文代码
链路配置	Configuration Request（配置请求）	包含发送者试图使用的、没有使用默认值的选项列表	1
	Configuration Ack（配置确认）	表示完全接受对端发送的 Configuration Request 中的选项取值	2
	Configuration Nak（配置否认）	表示对端发送的 Configuration Request 中的选项取值在本地不合法	3
	Configuration Reject（配置拒绝）	表示对端发送的 Configuration Request 中的选项本地不能识别	4

LCP 链路配置报文封装格式如图 2-13 所示。

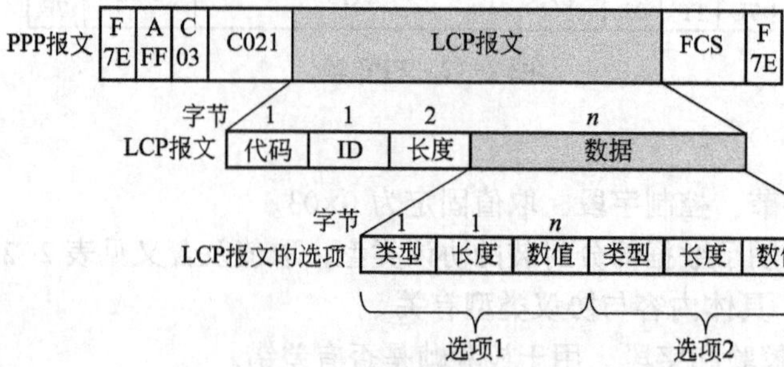

图 2-13 LCP 链路配置报文封装格式

代码：1 字节，用于标识 LCP 报文的类型。取值对应表 2-3 中的“报文代码”。

ID：1 字节，用于匹配请求和响应。通常一个配置请求报文的 ID 是从 0×01 开始逐步加 1 的。当对端接收到该配置请求报文后，无论使用何种报文回应，回应报文中的 ID 要与接收报文中的 ID 一致。

长度：2 字节，表示 LCP 报文的总字节数。它是代码、标志（ID）、长度和数据 4 部分长度的总和。

数据：长度不固定，数据域包含的是通信双方要协商的选项内容。

选项由类型、长度、数值 3 部分组成。“类型”字段长度为 1 字节，取值说明了是哪一种选项；“长度”字段长度为 1 字节，取值给出了选项的总长度；“数值”字段为协商的选项的值，不同选项数值字段长度不同。常用的 LCP 选项有以下几种。

（1）最大接收单元（maximum receive unit）。类型值为 1，长度为 4 字节，用以向对方通告可以接收的最大报文长度。

（2）认证协议（authentication protocol）。类型值为 3，长度为 4 字节，用以向对方通告使用的认证协议。PAP 用 0×C023 表示，CHAP 用 0×C223 表示。

（3）质量协议（link quality report ）。类型值为 4，长度为 4 字节，用以向对方通告使用的链路质量监控协议。LQR 用 0×C025 表示。

（4）幻数（magic number ）。类型值为 5，长度为 6 字节，用以防止环路。其思想是当 PPP 通信实体发现自己最近发出的报文中包含的幻数总是与最近收到的幻数相同时，可判定出现了回路。

（5）协议域压缩（protocol field compression）。类型值为 7，长度为 2 字节，用以通知对方可以接收“协议”字段经过压缩的 PPP 帧。

（6）地址及控制域压缩（address and control field compression）。类型值为 8，长度为 2 字节，用以通知对方可以接收“地址”和“控制”字段经过压缩的 PPP 帧。

注意：协议域压缩和地址及控制域压缩两个选项没有数值域，只包含类型及长度两个字段，故选项长度为 2 字节。

2. 链路配置过程

当通信双方需要建立链路时，无论哪一方都须要发送 Configuration Request 报文并携带自己所希望协商的配置选项。为方便讨论，只以一个方向上的配置协商举例说明。

发起方向回应方发送 Configuration Request 报文，发起链路建立和配置过程，回应方可能的回应包括以下 3 种情况。

1）链路配置成功

若 Configuration Request 报文中所有选项都可识别且被接受，则返回确认（Configuration Ack），确认包中携带请求包中的所有选项。流程如图 2-14 所示。

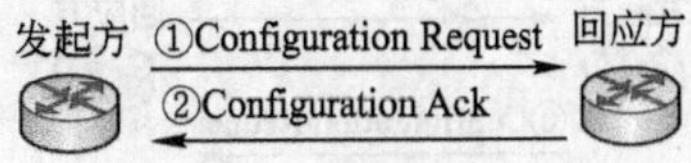

图 2-14　链路配置成功

① Configuration Request 报文实例如图 2-15 所示。

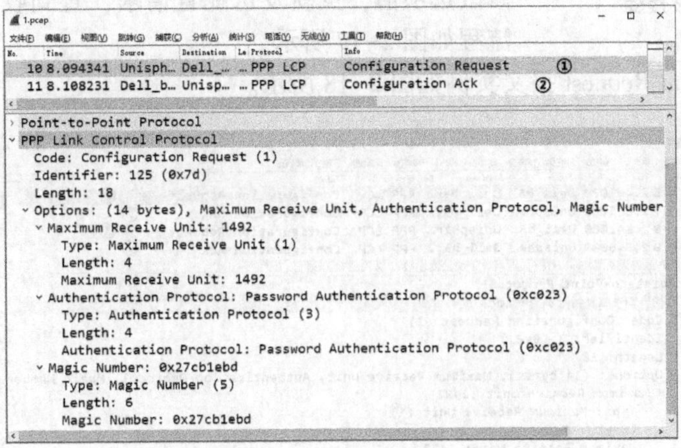

图 2-15　Configuration Request 报文实例

"代码"值为 1，说明是 Configuration Request 报文；ID = 125；LCP 总长度为 18 字节；携带了 3 个选项，分别为最大接收单元（类型为 1，长度为 4 字节，值为 1492）、认证协议（类型为 3，长度为 4 字节，值为 0×c023）、幻数（类型为 5，长度为 6 字节，值为 0×27cb1ebd）。

② Configuration Ack 报文实例如图 2-16 所示。

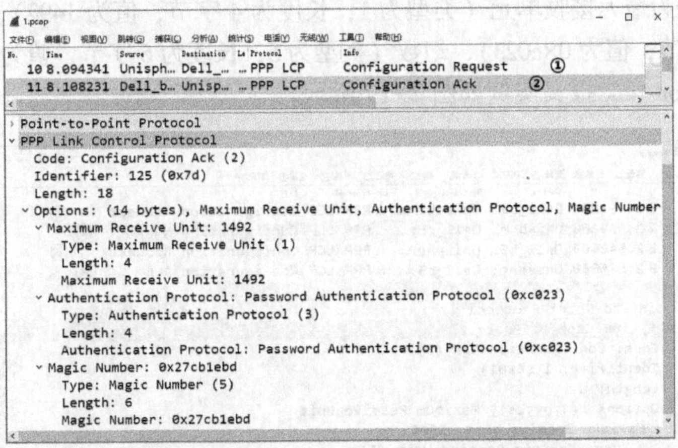

图 2-16　Configuration Ack 报文实例

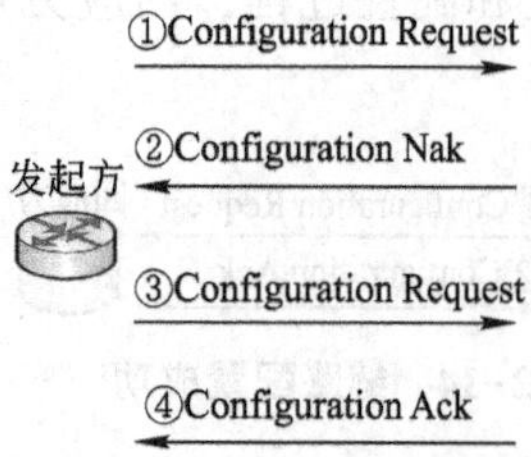

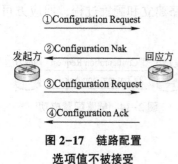

图 2-17 链路配置选项值不被接受

“代码”值为 2，说明是 Configuration Ack 报文；ID = 125，与 Configuration Request 报文匹配；LCP 总长度为 18 字节；确认报文将请求报文中的选项原封不动地带回。

2）链路配置选项值不被接受

若 Configuration Request 报文中所有选项都可识别，但有选项值不被接受，则返回否认（Configuration Nak），否认包中携带不被接受的选项，值设定为回应方期望的值。发起方修改选项值，重新发送配置请求，直到收到回应方的确认。流程如图 2-17 所示。

① Configuration Request 报文实例如图 2-18 所示。

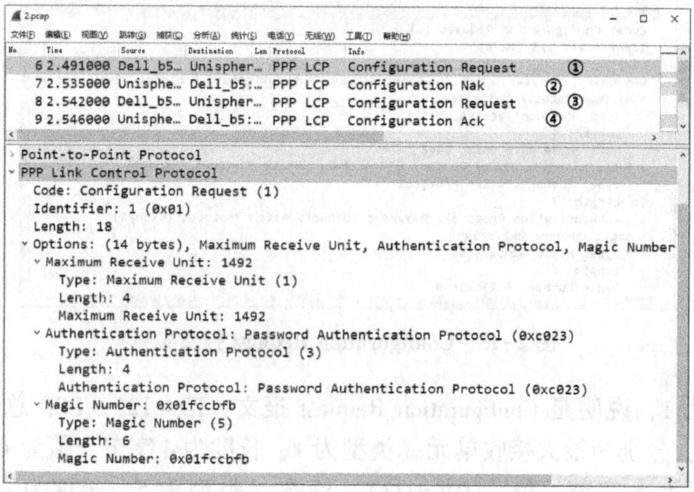

图 2-18 Configuration Request 报文实例

“代码”值为 1，说明是 Configuration Request 报文；ID = 1；LCP 总长度为 18 字节；携带了 3 个选项，分别为最大接收单元（类型为 1，长度为 4 字节，值为 1492）、认证协议（类型为 3，长度为 4 字节，值为 0×c023）、幻数（类型为 5，长度为 6 字节，值为 0×01fccbfb）。

② Configuration Nak 报文实例如图 2-19 所示。

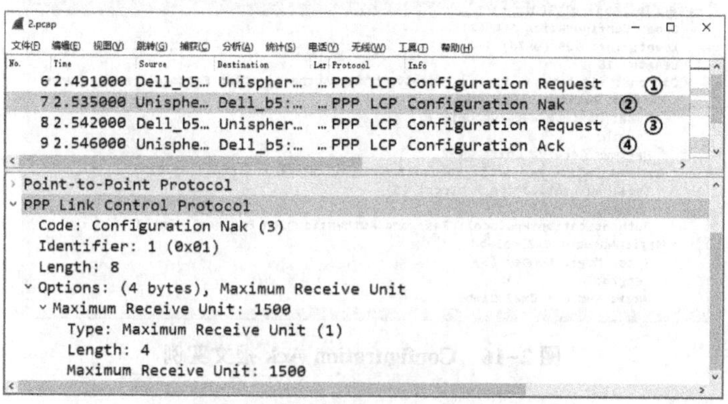

图 2-19 Configuration Nak 报文实例

“代码”值为 3，说明是 Configuration Nak 报文；ID = 1，与 Configuration Request 报文匹配；LCP 总长度为 8 字节；该否认报文中带回了最大接收单元选项，选项的值为 1500，说明图 2-18请求包中的最大接收单元选项值 1492 不被接受，回应方期望的值为 1500。

③ 请求方重新发起配置请求，重新发送的 Configuration Request 报文实例如图 2-20 所示。

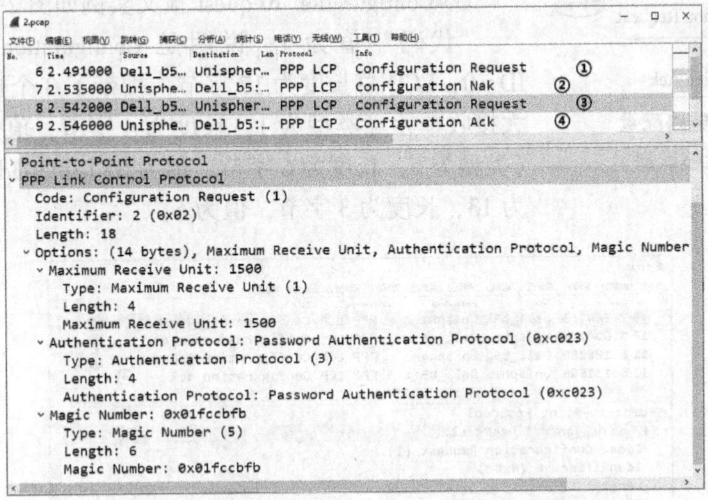

图 2-20　重发 Configuration Request 报文实例

重新发送的 Configuration Request 报文与第一次（见图 2-18）相比，ID=2，最大接收单元选项的值改为 1500。

④ Configuration Ack 报文实例如图 2-21 所示。

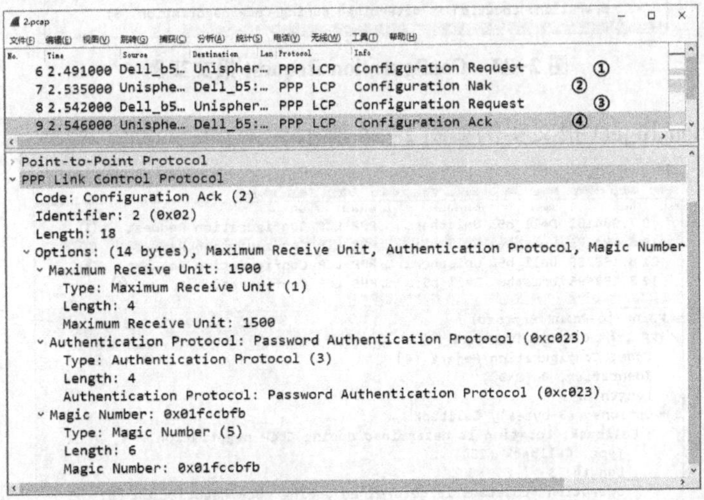

图 2-21　Configuration Ack 报文实例

该报文 ID=2，与③Configuration Request 报文相匹配，携带选项也与③相同。链路配置成功。

3）链路配置选项不能被识别

Configuration Request 报文中有部分选项不可识别，则返回拒绝（Configuration Reject），其中包含不可识别的选项。发起方重新发送配置请求，请求报文中删除不被识别的选项，直到收到回应方的确认，流程如图 2-22 所示。

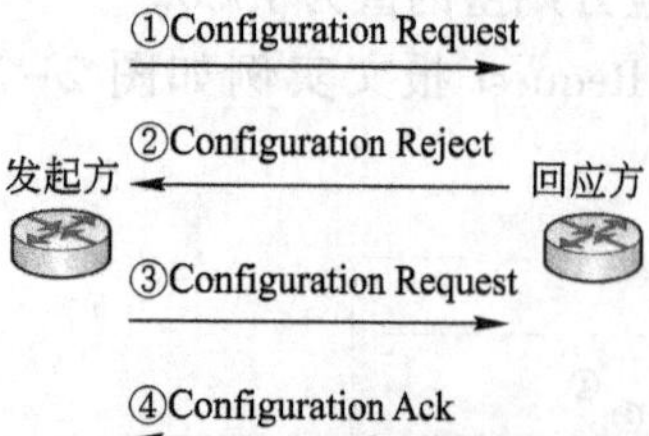

图 2-22　链路配置选项不能被识别

① Configuration Request 报文实例如图 2-23 所示。

“代码”值为 1，说明是 Configuration Request 报文；ID=0；LCP 总长度为 17 字节；携带了 3 个选项，分别为最大接收单元（类型为 1，长度为 4 字节，值为 1480）、幻数（类型为 5，长度为 6 字节，值为 0×12bf203d）、回调（类型为 13，长度为 3 字节，值为 6）。

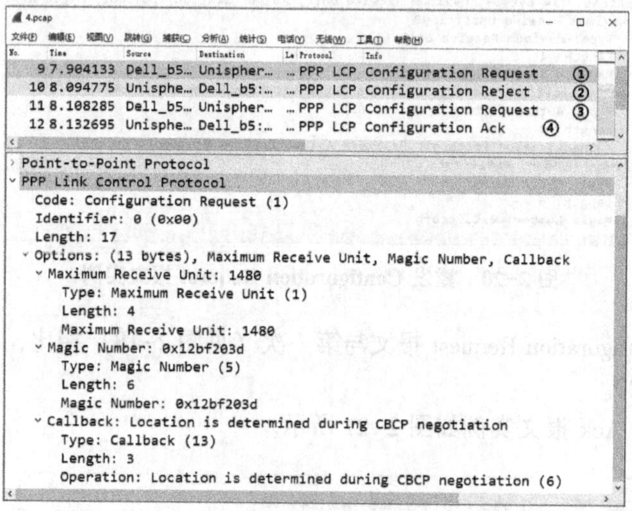

图 2-23　Configuration Request 报文实例

② Configuration Reject 报文实例如图 2-24 所示。

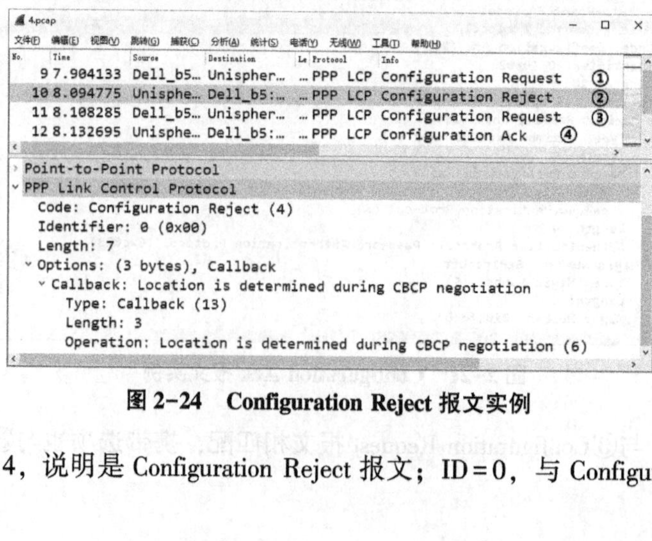

图 2-24　Configuration Reject 报文实例

“代码”值为 4，说明是 Configuration Reject 报文；ID=0，与 Configuration Request 报文

匹配；LCP 总长度为7字节；拒绝报文中携带了回调（callback）选项，说明该选项类型不可识别，LCP 协议没有定义该选项。

③ 请求方重新发起配置请求，重新发送的 Configuration Request 报文实例如图 2-25 所示。

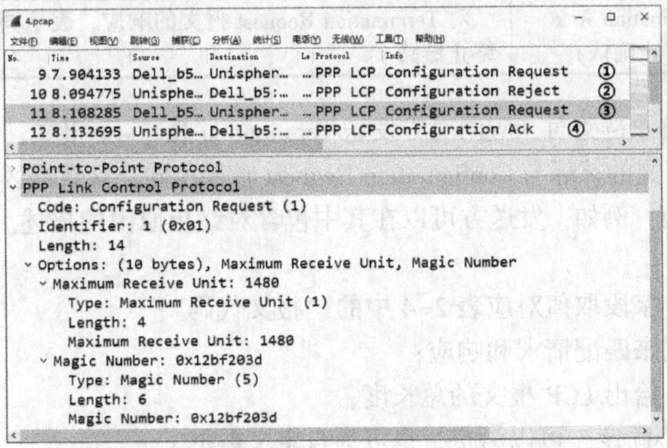

图 2-25 重发 Configuration Request 报文

重新发送的 Configuration Request 报文与第一次（见图 2-23）相比，ID=1，去掉了 callback 选项。

④ Configuration Ack 报文实例如图 2-26 所示。

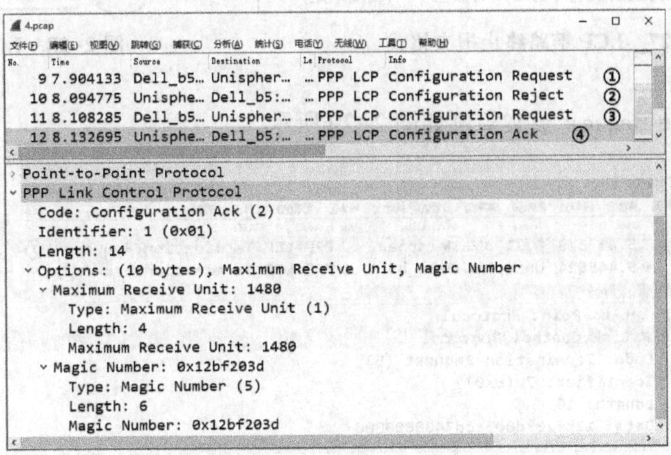

图 2-26 Configuration Ack 报文实例

该报文 ID=1，与③ Configuration Request 报文相匹配，携带选项也与③相同。链路配置成功。

2.4.3.2 链路终止

1. 链路终止报文

链路终止用于结束一个链路，包含两种报文，报文类型与功能见表 2-4。

表 2-4　链路终止报文及功能

类型	报文名称	功能描述	报文代码
链路终止	Termination Request（终止请求）	当通信一方欲终止链路时，向对方发送 Termination Request 报文	5
	Termination Ack（终止确认）	对 Termination Request 报文的响应，表示同意终止链路	6

当通信一方欲终止链路时，应向对方发送 Termination Request 报文，对方则以 Termination Ack 响应。这两种报文的首部与 Configuration Request 首部相同，其数据区可以为空，也可以是发送方自定义的数值，例如，发送方可以在其中包含对终止原因的描述。报文格式如图 2-27 所示。

代码：1 字节，字段取值对应表 2-4 中的“报文代码”；

ID：1 字节，用来匹配请求和响应；

长度：2 字节，给出 LCP 报文的总长度；

数据区：长度不固定，可以为空，也可为自定义数据。

2. 链路终止流程

LCP 链路终止流程如图 2-28 所示。

字节	1	1	2
	代码	ID	长度
	数据区可以为空或发送方自定义的数值……(长度不定)		

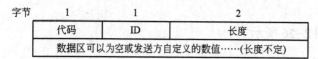

图 2-27　LCP 链路终止报文格式

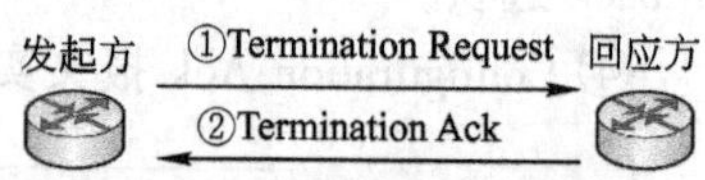

图 2-28　LCP 链路终止流程

① Termination Request 报文实例如图 2-29 所示。

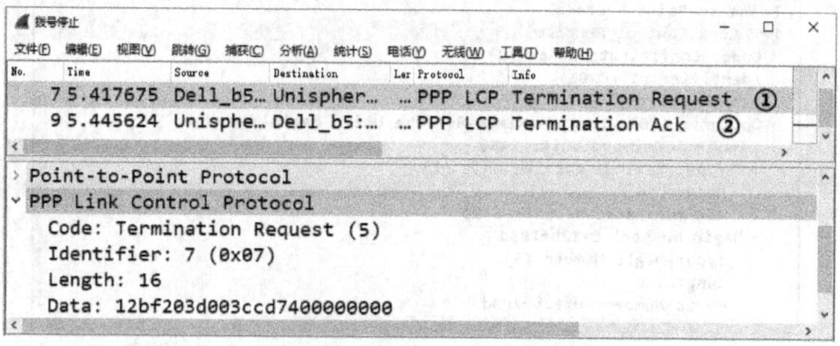

图 2-29　LCP Termination Request 报文实例

“代码”值为 5，说明是 Termination Request 报文；ID = 7；LCP 报文长度为 16 字节；该报文中携带了数据。

② Termination Ack 报文实例如图 2-30 所示。

“代码”值为 6，说明是 Termination Ack 报文；ID = 7，与 Termination Request 报文匹配；LCP 报文长度为 4 字节；该报文数据部分为空。

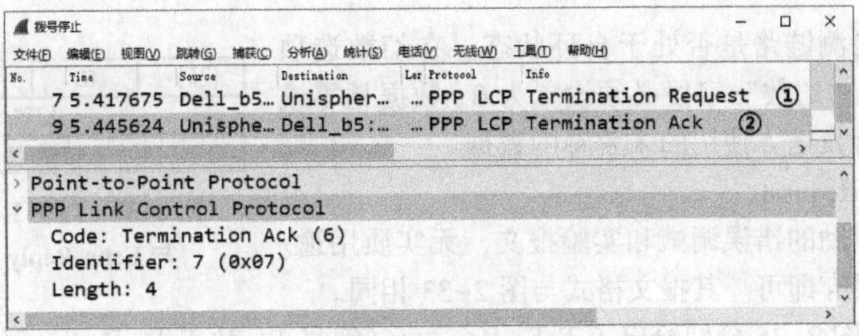

图 2-30　LCP Termination Ack 报文实例

2.4.3.3　链路维护

链路维护报文用于错误通告及链路状态检测，LCP 规定了 5 种链路维护报文，报文类型与功能见表 2-5。

表 2-5　链路维护报文类型及功能

类型	报文名称	功能描述	报文代码
链路维护	Code Reject（代码拒绝）	表示无法识别报文的“代码”字段	7
	Protocol Reject（协议拒绝）	表示无法识别 PPP 帧的“协议”字段	8
	Echo Request（回显请求）	用于链路质量和性能测试	9
	Echo Replay（回显应答）	用于链路质量和性能测试	10
	Discard Request（抛弃请求）	辅助的错误调试和实验报文	11

1. Code Reject

若接收到一个带有未知代码的 LCP 报文时，则必须传送一个 Code Reject 报文给发送方，并终止链路。报文格式如图 2-31 所示。

“被拒绝的报文”字段包含了无法识别的 LCP 报文的全部内容。

2. Protocol Reject

当接收方发现接收到的 PPP 帧的协议字段无法识别时，向发送方回应一个 Protocol Reject 报文，发送方收到该拒绝报文后应停止发送该种协议的报文。报文格式如图 2-32 所示。

代码	ID	长度
被拒绝的报文……		

图 2-31　LCP Code Reject 报文格式

代码	ID	长度
被拒绝的协议		被拒绝的信息……

图 2-32　LCP Protocol Reject 报文格式

其中“被拒绝的协议”字段指明了无法识别的 PPP 协议域，“被拒绝的信息”字段包含了被拒绝的 PPP 帧的数据区。

3. Echo Request 与 Echo Reply

这两种报文用于检测链路双方是否正常运转。可用于链路调试、链路质量和性能测试等。当接收到一个 Echo Request 报文时，必须回送一个 Echo Reply 报文。报文格式如

图 2-33所示。

幻数用于检测链路是否处于自环状态。在幻数选项协商成功之前，“幻数”字段必须设置为 0。数据是零或多个字节，包含发送方使用的未解释的数据。

代码	ID	长度
幻数		
数据……		

图 2-33 LCP Echo Request 与 Echo Reply 报文格式

4. Discard Request

这是一个辅助的错误调试和实验报文，无实质用途。收到这种报文丢弃即可。其报文格式与图 2-33 相同。

图 2-34 和图 2-35 分别给出了 Echo Request（编号 1）和 Echo Reply（编号 2）的报文实例。

在图 2-34 中，“代码”值为 9，说明是 Echo Request 报文；ID = 11；LCP 报文长度为 12 字节；幻数为 0×0182effd；数据为 0×0082e9d0。

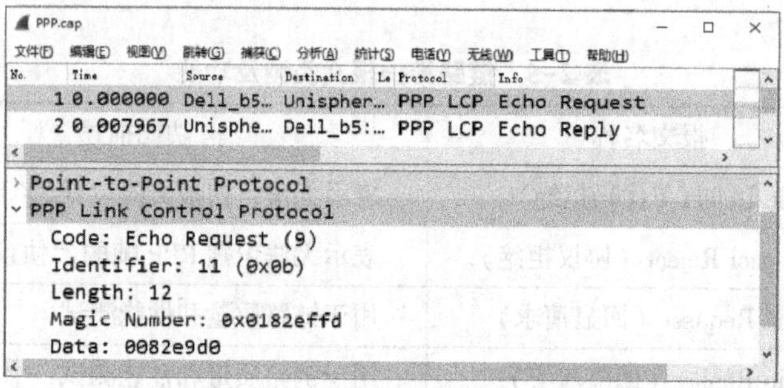

图 2-34 LCP Echo Request 实例

在图 2-35 中，“代码”值为 10，说明是 Echo Reply 报文；ID = 11，与 Echo Request 报文匹配；LCP 报文长度为 12 字节；幻数为 0×0082e9d0；数据为 0×0082e9d0。

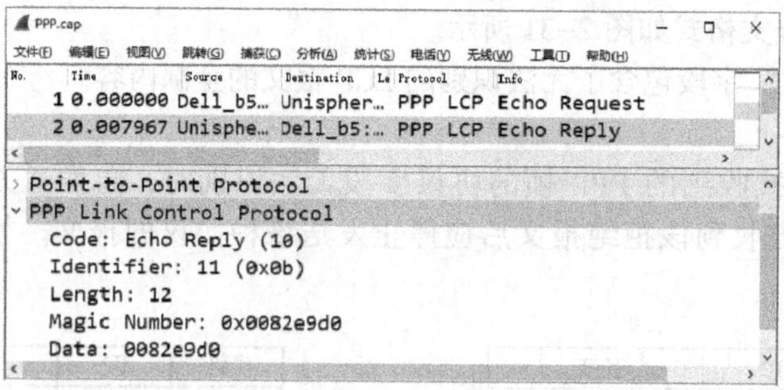

图 2-35 LCP Echo Reply 实例

2.4.4 PAP

1. PAP 报文

PAP 是基于口令的认证方法，包含 3 种报文，报文类型与功能见表 2-6。

表 2-6　PAP 报文及类型

报文名称	功能描述	报文代码
Authenticate-Request（认证请求）	被认证方发送 Authenticate-Request，包含了身份和口令信息	1
Authenticate-Ack（认证应答）	认证通过，则认证方回复 Authenticate-Ack	2
Authenticate-Nak（认证否认）	认证不通过，则认证方回复 Authenticate-Nak	3

图 2-36 给出了上述 3 种报文的格式。

代码：1 字节，字段取值对应表 2-6 中的“报文代码”。

ID：1 字节，用来匹配请求和响应。

长度：2 字节，给出 PAP 报文的总长度。

账号长度：1 字节，给出账号字段的长度。

账号：长度不固定，被认证方的账号信息。

口令长度：1 字节，给出口令字段的长度。

口令：长度不固定，被认证方的口令信息。

消息长度：1 字节，给出消息字段的长度。

消息：长度不固定，可为空或认证方回复的描述信息。若为描述信息，当认证成功时，可为欢迎短语，当认证失败时，可为失败原因。

2. PAP 认证流程

PAP 认证流程如图 2-37 所示。

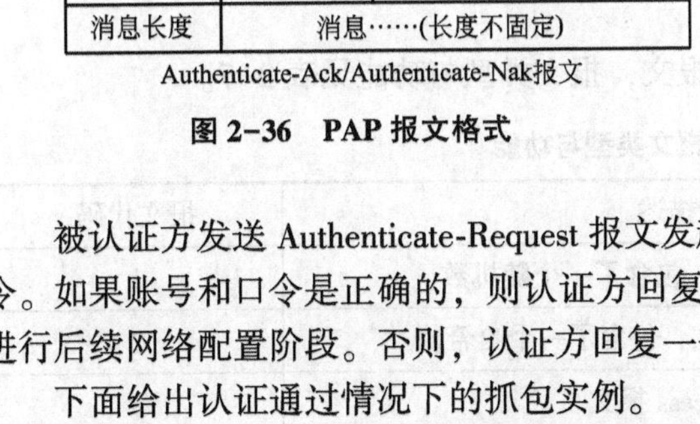

图 2-36　PAP 报文格式

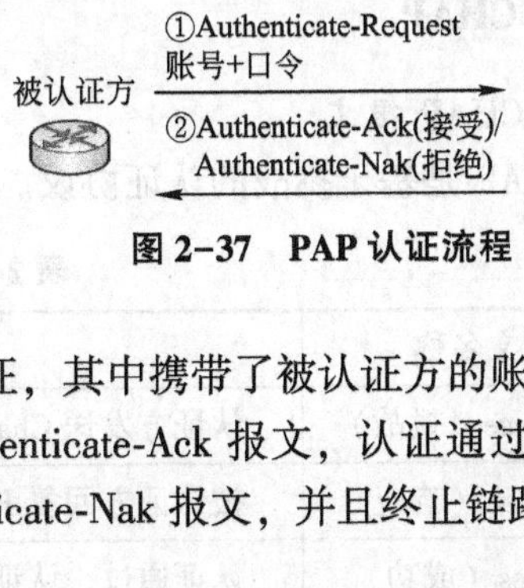

图 2-37　PAP 认证流程

被认证方发送 Authenticate-Request 报文发起身份认证，其中携带了被认证方的账号和口令。如果账号和口令是正确的，则认证方回复一个 Authenticate-Ack 报文，认证通过，可以进行后续网络配置阶段。否则，认证方回复一个 Authenticate-Nak 报文，并且终止链路。

下面给出认证通过情况下的抓包实例。

① Authenticate-Request 报文实例如图 2-38 所示。

“代码”值为 1，说明是 Authenticate-Request 报文；ID=2；PAP 报文总长度为 26 字节；“账号长度”为 12 字节；“账号”为 300000585571；“口令长度”为 8 字节；“口令”为 g2a3w7y4。

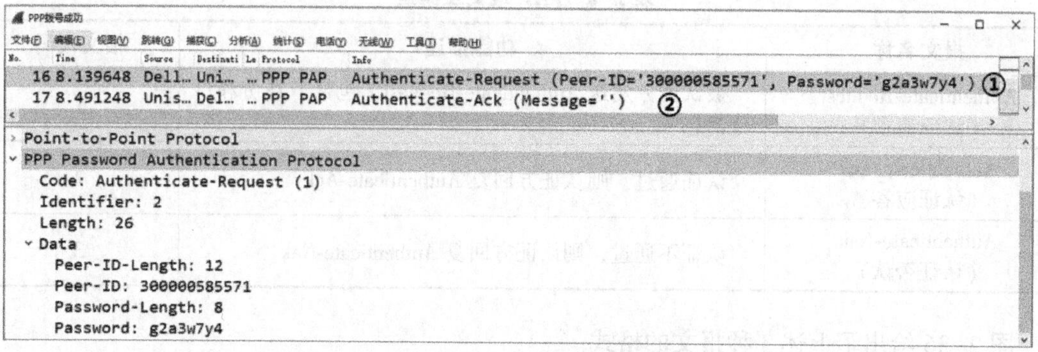

图 2-38 PAP Authenticate-Request 报文实例

② Authenticate-Ack 报文实例如图 2-39 所示。

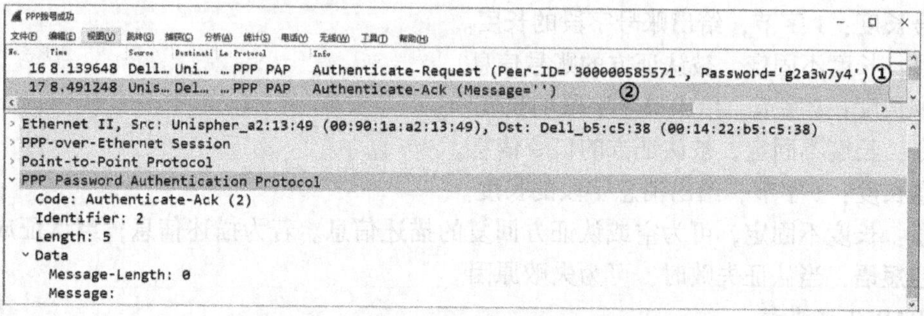

图 2-39 PAP Authenticate-Ack 报文实例

“代码”值为 2，说明是 Authenticate-Ack 报文；ID = 2，与 Authenticate-Request 报文匹配；PAP 报文总长度为 5 字节；“消息长度”为 0 字节；“消息”字段为空。

由报文实例可看出，PAP 认证报文中包含的账号和口令是明文传输的，所以无法防止窃听、重放和穷举攻击。

2.4.5 CHAP

1. CHAP 报文

CHAP 是基于挑战的认证协议。包含 4 种报文，报文类型与功能见表 2-7。

表 2-7 CHAP 报文类型与功能

报文名称	功能描述	报文代码
Challenge（挑战）	认证方发送 Challenge 报文，包含了一个随机数	1
Response（响应）	被认证方回复 Response 报文，包含了一个哈希值	2
Success（成功）	认证通过，认证方回复 Success 报文	3
Failure（失败）	认证不通过，认证方回复 Failure 报文	4

图 2-40 给出了上述 4 种报文的格式。

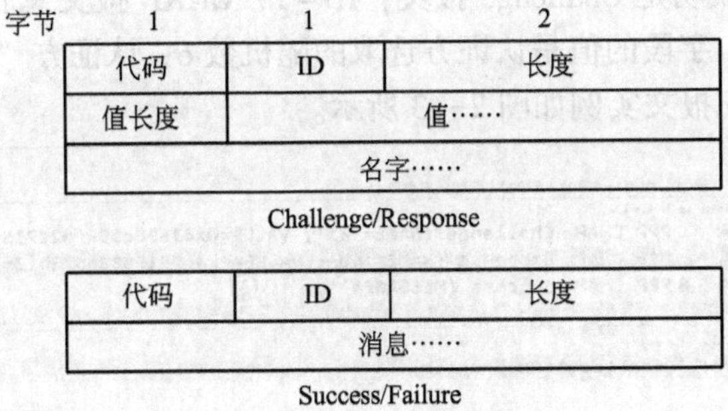

图 2-40　CHAP 报文格式

代码：1 字节，字段取值对应表 2-7 中的“报文代码”。

ID：1 字节，用来匹配请求和响应。

长度：2 字节，给出 CHAP 报文的总长度。

值长度：1 字节，给出值字段的长度。

名字：长度不固定，值为发送该报文的实体名称。

值：长度不固定，Challenge 和 Response 报文中的随机数和哈希值在该字段体现。

消息：长度不固定，可为空或认证方回复的描述信息。若为描述信息，Success 报文中为欢迎短语，Failure 报文中为认证失败原因。

2. CHAP 认证流程

CHAP 认证流程如图 2-41 所示。

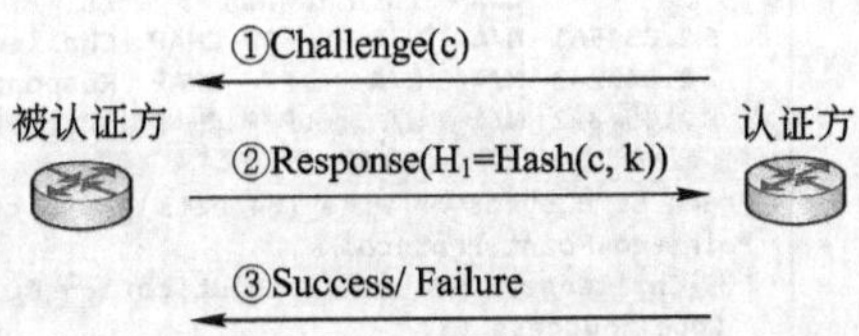

图 2-41　CHAP 认证流程

认证双方事先共享一个密钥 k。认证方向被认证方发送一个 Challenge 报文，其中包含了一个随机数 c 和认证方的名称。被认证方用双方共享的密钥 k 和随机数 c 一起计算哈希值 H_1（哈希函数通常使用 MD5），将 H_1 和被认证方的名称通过 Response 报文返回。认证方在本地将 k 和 c 作为输入，用同一哈希函数计算散列值 H_2，并与 H_1 进行比较，若 $H_1=H_2$，说明被认证方拥有正确的共享密钥，认证通过，返回 Success，否则返回 Failure。

下面给出认证通过情况下的抓包实例。

① CHAP Challenge 报文实例如图 2-42 所示。

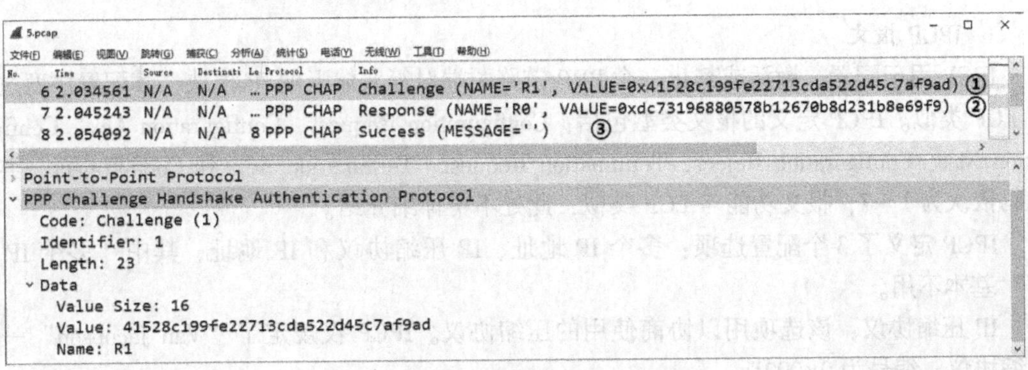

图 2-42　CHAP Challenge 报文实例

“代码”值为1，说明是Challenge报文；ID=1；CHAP报文总长度为23字节；“值长度”为16字节；“值”字段的值是认证方选取的随机数c；认证方“名字”为R1。

② CHAP Response报文实例如图2-43所示。

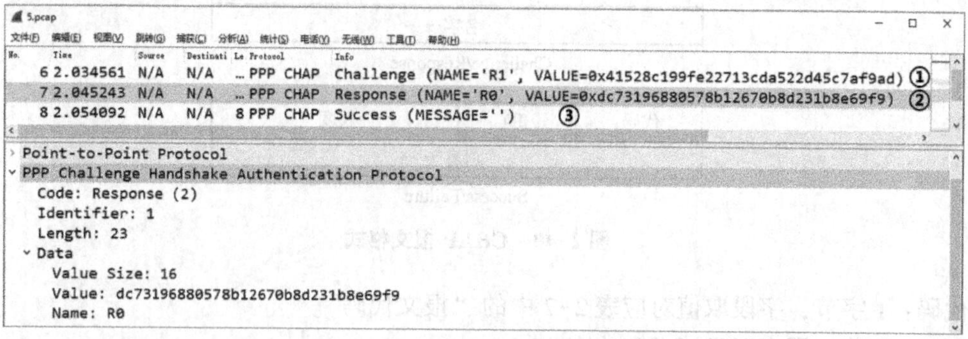

图2-43 CHAP Response报文实例

“代码”值为2，说明是Response报文；ID=1，与Challenge报文匹配；CHAP报文总长度为23字节；“值长度”为16字节；“值”字段的值是被认证方计算的哈希值 H_1；被认证方“名字”为R0。

③ CHAP Success报文实例如图2-44所示。

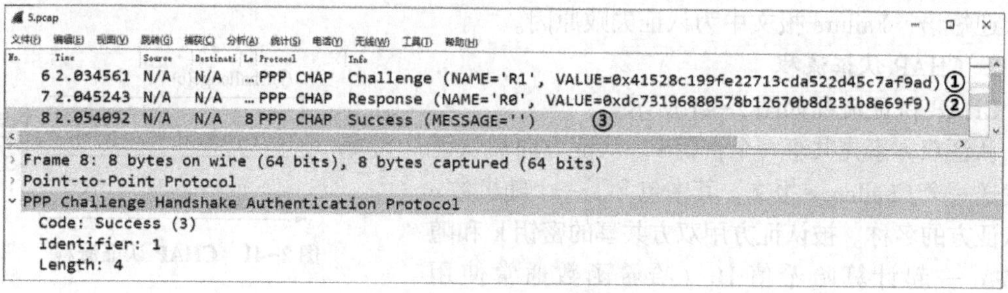

图2-44 CHAP Success报文实例

“代码”值为3，说明是Success报文；ID=1，与前面两个报文匹配；CHAP报文总长度为4字节；消息为空。

2.4.6 IPCP

1. IPCP报文

IPCP用于配置、激活或禁止一个PPP链路两端对等实体上的IP模块，其配置协商过程与LCP类似。IPCP定义的报文类型包括：Configuration Request、Configuration Ack、Configuration Nak、Configuration Reject、Termination Request、Termination Ack和Code Reject，类型代码依次为1～7，报文功能与LCP类似，此处不再详细介绍。

IPCP定义了3个配置选项：多个IP地址、IP压缩协议和IP地址，其中“多个IP地址”基本不用。

IP压缩协议：该选项用以协商使用的压缩协议。IPCP仅规定了“Van Jacobson”一个压缩协议，编号为0×002D。

IP 地址：发起方在 Configuration Request 报文中包含这个选项，请求回应方分配一个预期或任意的 IP 地址；回应方则在 Configuration Nak 中包含该选项，返回一个合法 IP。

IPCP 报文格式如图 2-45 所示。

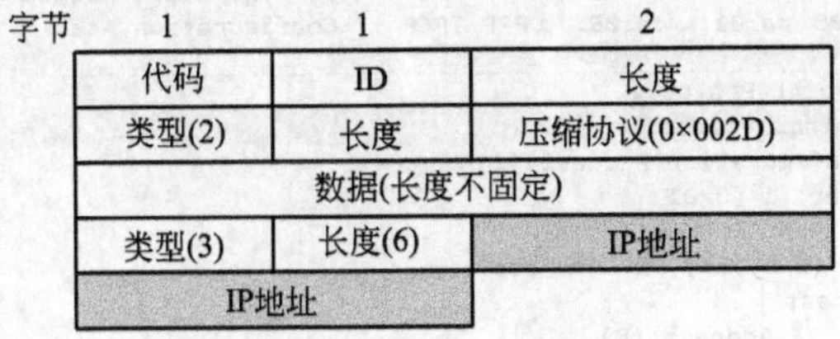

图 2-45　IPCP 报文格式

代码：1 字节，取值 1～7，对应 7 种报文。（与 LCP 相同）

ID：1 字节，匹配请求和响应。

长度：2 字节，给出 IPCP 报文的总长度。

IP 压缩协议选项由 4 个字段组成：类型字段占 1 字节，取值为 2；长度字段占 1 字节，值为 IP 压缩协议选项部分的总长度；压缩协议字段占 2 字节，值为 0×002D；数据字段长度为 0 或多个字节。

IP 地址选项由 3 个字段组成：类型字段占 1 字节，取值为 3；长度字段占 1 字节，取值为 6；IP 地址字段占 4 字节，取值为协商的 IP 地址。

IPCP 协商 IP 地址时，要求通信双方都需要向对端发送 Configuration Request 报文通告 IP 地址。若发送方已有 IP 地址，则在 Configuration Request 报文中 IP 地址选项携带本端 IP 地址，对端收到后会回复 Configuration Ack。若发送方没有 IP 地址，需要对端分配，则在 Configuration Request 报文的 IP 地址选项中将 IP 地址字段值设置为 0. 0. 0. 0，对端收到后会回复 Configuration Nak，其中 IP 地址选项的值设置为对端分配给发送方的 IP 地址。若在 Configuration Request 报文中有选项不可识别，则对端回复 Configuration Reject。

2. IPCP 配置流程

IPCP 的选项配置过程与 LCP 相同，此处不再详细介绍，下面仅以单方向申请对端分配 IP 地址情况举例。IPCP 协商 IP 地址流程如图 2-46 所示。

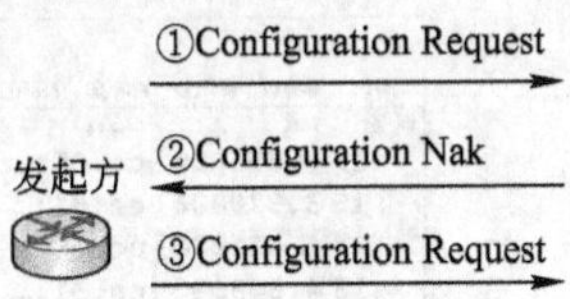

图 2-46　IPCP 协商 IP 地址流程

① Configuration Request 报文实例如图 2-47 所示。

“代码”值为 1，说明是 Configuration Request 报文；ID=1；IPCP 报文总长度为 10 字节；携带了 IP 地址选项，选项值为 0. 0. 0. 0。

② Configuration Nak 报文实例如图 2-48 所示。

“代码”值为 3，说明是 Configuration Nak 报文；ID=1，与 Configuration Request 报文匹配；IPCP 报文总长度为 10 字节；携带了 IP 地址选项，选项值为 10. 0. 2. 16，说明发送方配置的 IP 地址值不被接受，回应方分配 IP 地址 10. 0. 2. 16 给发送方。

③ 重新发送的 Configuration Request 报文实例如图 2-49 所示。

④ Configuration Ack 报文实例如图 2-50 所示。

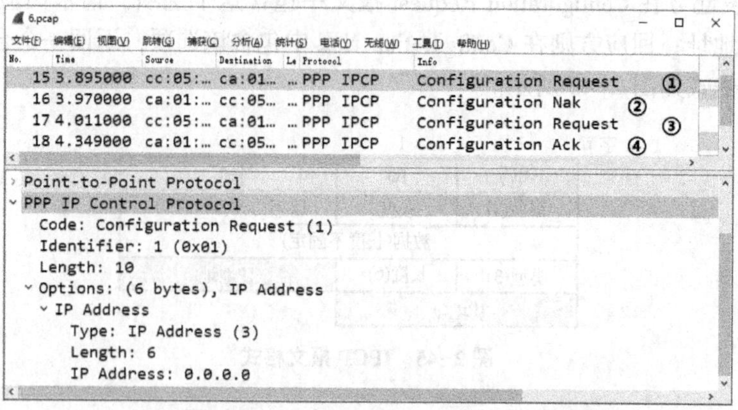

图 2-47 IPCP Configuration Request 报文实例

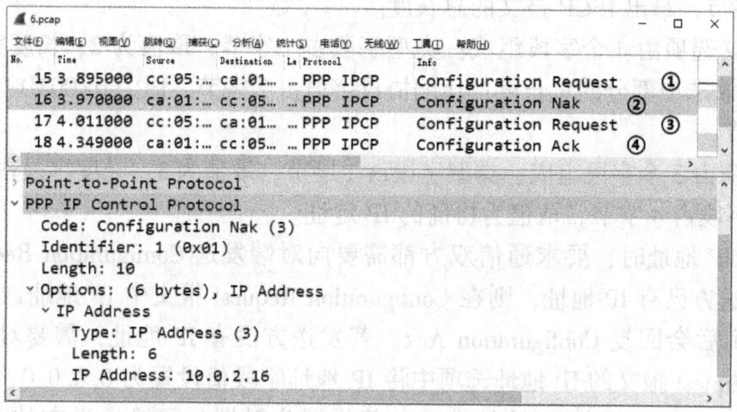

图 2-48 IPCP Configuration Nak 报文实例

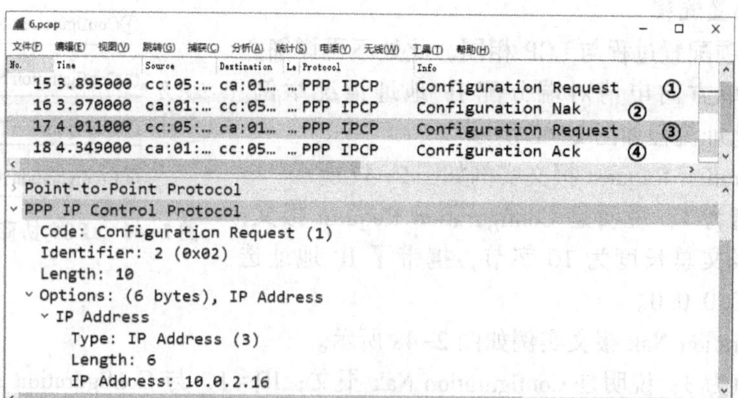

图 2-49 重新发送的 IPCP Configuration Request 报文实例

第二次发送的 Configuration Request 报文和对应的 Configuration Ack 报文不再详细解释。

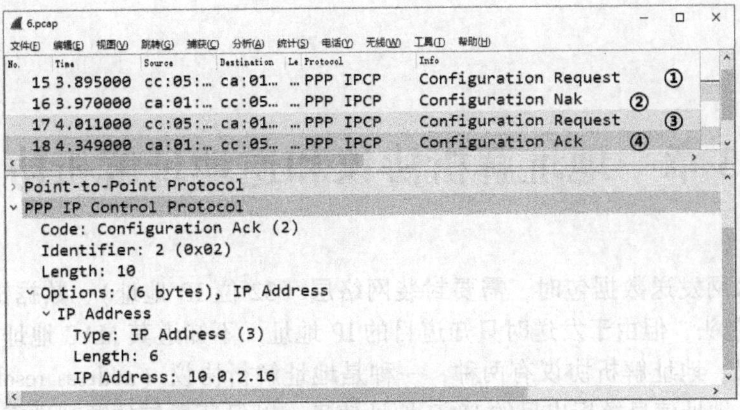

图 2-50　IPCP Configuration Ack 报文实例

习题 2

1. 简述 PPP 协议的工作流程。

2. 简述 LCP 链路配置过程。

3. IPCP 协商 IP 地址过程中，一方发送的 Configuration Request 报文内容为 7E FF 03 80 21 01 02 00 0A 03 06 C0 A8 00 01 ×× ×× 7E，此报文中携带的 IP 地址为多少？该报文中 IPCP 协议部分总长度为多少？(××××表示校验码)

4. PPP 帧的十六进制数据为 7E FF 03 C0 21 01 01 00 1A 01 04 05 DC 03 04 C0 23 04 04 C0 25 05 06 12 6D 79 5B 07 02 08 02 ×× ×× 7E，分析 PPP 数据部分封装的是什么协议？封装的是该协议的哪种类型报文？该类型报文携带了几个选项？第二个选项的内容是什么？(××××表示校验码)

5. 简述 CHAP 进行身份认证的过程。

第 3 章　地址解析协议和逆地址解析协议

当通过以太网发送数据包时，需要封装网络层（32 位 IP 地址）、数据链路层（48 位 MAC 地址）的包头，但由于发送时只知道目的 IP 地址，不知道其 MAC 地址，所以需要使用地址解析协议。地址解析协议有两种，一种是地址解析协议（address resolution protocol，ARP），根据 IP 地址信息解析出目的 MAC 地址信息，以保证通信的顺利进行；另一种是逆地址解析协议（reverse address resolution protocol，RARP），作用是使只知道自己 MAC 地址的主机能够找出其 IP 地址。

3.1　地址解析协议

3.1.1　ARP 的工作原理

网络层使用的是 IP 地址，但在实际网络链路上传输数据帧时，必须用到链路层的 MAC 地址。也就是说，数据包在以太网中是根据 MAC 地址进行寻址的。但在通信时，应用层给出的是访问目标的 IP 地址，且 IP 地址与 MAC 地址之间不存在直接的映射关系，ARP 通过“广播询问，单播应答”的方法实现 IP 地址与 MAC 地址的对应。此处的广播为物理广播，即帧首的目的 MAC 地址为广播地址 ff：ff：ff：ff：ff：ff。

如图 3-1 所示，假设主机 A 要向局域网中的主机 B 发送数据帧，A 首先查看本地 ARP 高速缓存，若缓存中有 B 的 MAC 地址，则直接拿来封装，若没有，需要通过 ARP 协议获取，其流程如下。

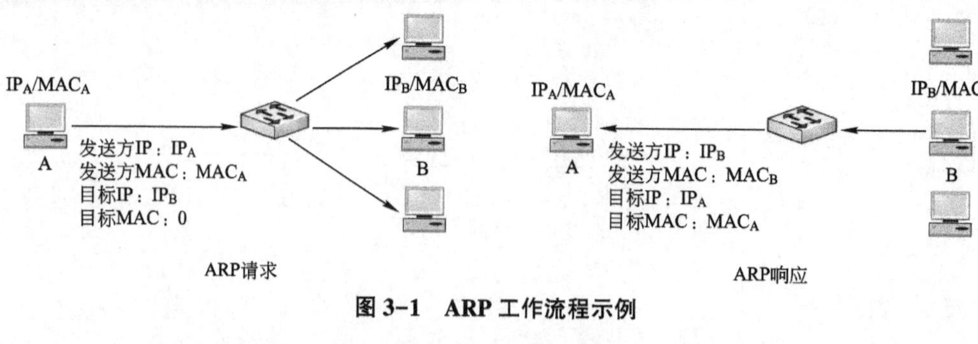

图 3-1　ARP 工作流程示例

（1）主机 A 在局域网中广播一个 ARP 请求包，请求包的主要内容是：“我的 IP 地址是 IP_A，MAC 地址是 MAC_A，谁的 IP 地址是 IP_B，我想要它的 MAC 地址。”

（2）网络中运行的所有主机都收到了这个 ARP 请求包，并将请求包中的查询地址 IP_B

与本机 IP 地址进行比较。

（3）主机 B 发现本机地址与要查询的 IP 地址一致，收下这个 ARP 请求包，并回复一个 ARP 响应，响应包的主要内容是："我的 IP 地址是 IP_B，我的 MAC 地址是 MAC_B。"其他主机 IP 地址与查询地址不匹配，都忽略该请求包。

（4）主机 A 收到主机 B 的 ARP 响应后，就用 MAC_B 封装数据帧。同时将 IP_B 与 MAC_B 的映射关系保存到本地的 ARP 高速缓存中。

3.1.2　ARP 高速缓存

ARP 高效运行的关键是每个主机上都有一个 ARP 高速缓存。这个高速缓存存放了最近一段时间与主机进行通信的其他主机的 IP 地址与 MAC 地址的映射记录。当地址解析协议被询问一个 IP 地址所对应的 MAC 地址时，先在本地 ARP 缓存中查看，若存在，则直接返回与之对应的 MAC 地址，若不存在，才发送 ARP 请求向局域网查询。

ARP 缓存记录包含动态和静态两种。动态记录可自动添加和删除。在图 3-1 中，局域网中的所有主机在收到 ARP 请求后，会将请求包中的源 IP（IP_A）和源 MAC（MAC_A）这对映射添加到本地 ARP 缓存中。主机 A 收到主机 B 的响应后，将响应包中的源 IP（IP_B）和源 MAC（MAC_B）这对映射添加到本地 ARP 缓存中。每个动态 ARP 缓存记录的生命周期默认是 20 min，到期会自动删除。静态项目一直保留在缓存中，直到重新启动计算机为止。

可以用 arp 命令来对 ARP 高速缓存进行操作。常用的 arp 命令有以下几个。

（1）arp -a，查看本地 ARP 缓存，如图 3-2 所示。

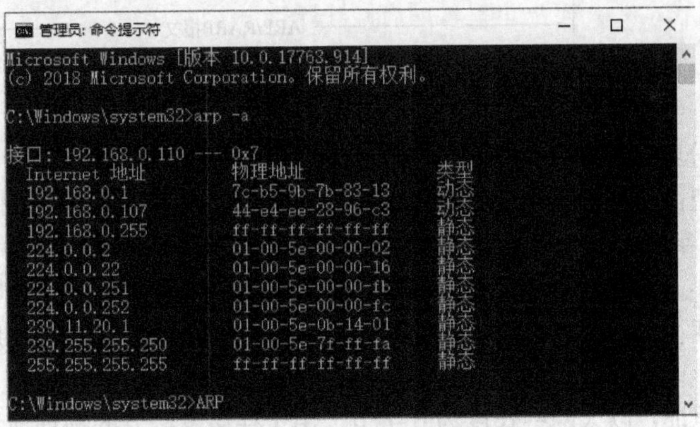

图 3-2　查看本地 ARP 缓存

（2）arp -d，清空本地 ARP 缓存，如图 3-3 所示。

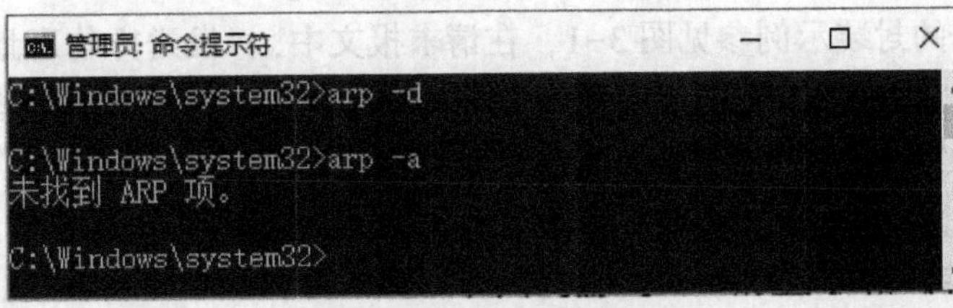

图 3-3　清空本地 ARP 缓存

（3）arp -s IP MAC，静态绑定一对 IP 和 MAC 地址，如图 3-4 所示。

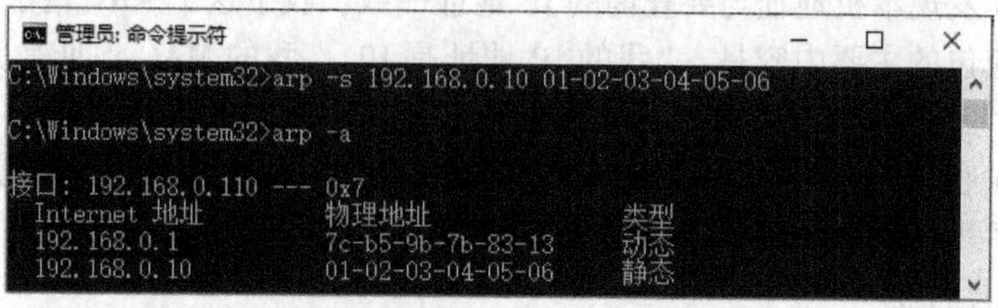

图 3-4　静态绑定 ARP 缓存记录

3.1.3　ARP 报文格式及封装

以用于以太网的 ARP 报文为例给出 ARP 的报文格式，如图 3-5 所示。

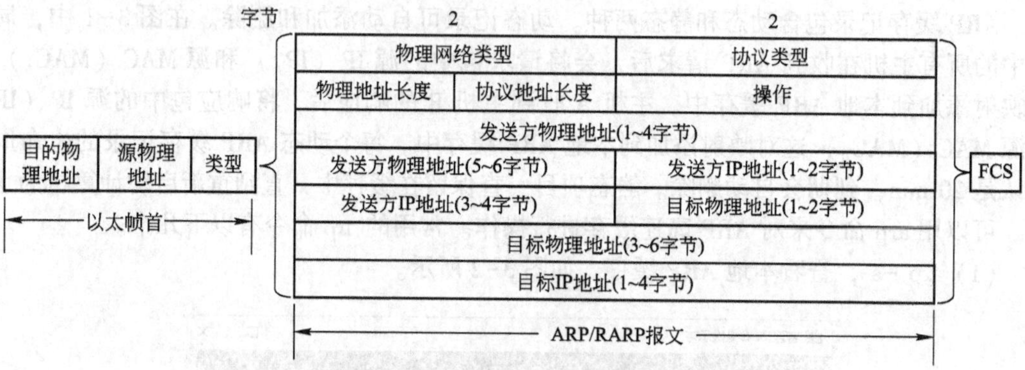

图 3-5　ARP/RARP 报文格式

ARP 协议部分各字段含义如下。

物理网络类型：2 字节，用于确定使用 ARP 的物理网络类型。以太网取值为 1。

协议类型：2 字节，用于确定使用 ARP 的上层协议类型。IP 取值为 0×0800。

物理地址长度：1 字节，用于定义以字节为单位的物理地址长度。以太网物理地址取值为 6。

协议地址长度：1 字节，用于定义以字节为单位的协议地址长度。IP 地址取值为 4。

操作：2 字节，用于确定 ARP 报文的类型。1 表示请求，2 表示响应。

发送方物理地址：以太网中长度为 6 字节，用于存储发送方的物理地址。

发送方 IP 地址：4 字节，用于存储发送方的 IP 地址。

目的物理地址：以太网中长度为 6 字节，用于存储目的主机的物理地址。

目的 IP 地址：4 字节，用于存储目的主机的 IP 地址。

ARP 报文部分的封装示例参见图 3-1，在请求报文中，“发送方物理地址”设置为主机 A 的 MAC 地址，“发送方 IP 地址”设置为主机 A 的 IP 地址，“目的物理地址”设置为 0，“目的 IP 地址”设置为主机 B 的 IP 地址。

在响应报文中，“发送方物理地址”设置为主机 B 的 MAC 地址，“发送方 IP 地址”设置为主机 B 的 IP 地址，“目的物理地址”设置为主机 A 的 MAC 地址，“目的 IP 地址”设置为主机 A 的 IP 地址。

以太帧首部的封装，在请求报文中，“目的物理地址”设置为广播地址，“源物理地址”设置为主机 A 的物理地址。在响应报文中，“目的物理地址”设置为主机 A 的物理地址，“源物理地址”设置为主机 B 的物理地址。类型字段的取值为 0×0806。

3.1.4　ARP 报文分析

1. 普通 ARP 请求和响应

下面给出一对 ARP 请求和响应的抓包实例。

ARP 请求报文（编号 1）如图 3-6 所示。在以太帧首中，“目的物理地址”为广播地址 ff：ff：ff：ff：ff：ff；“源物理地址”为 00：16：ce：6e：8b：24；“类型”字段值为 0×0806，说明帧的数据部分封装的是 ARP 协议报文。

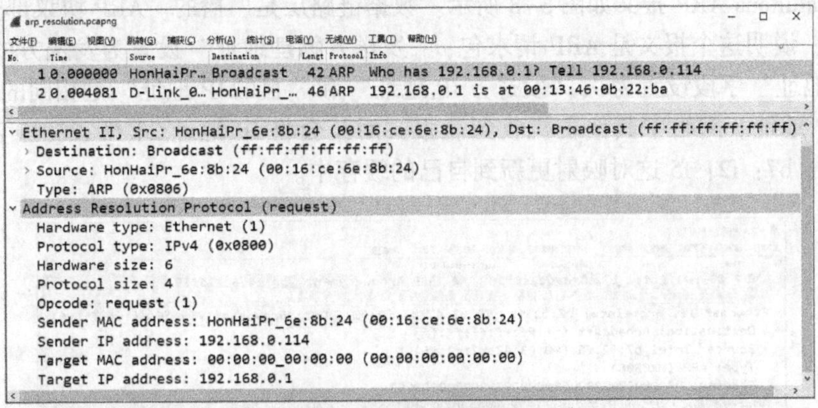

图 3-6　ARP 请求报文

ARP 协议部分，“物理网络类型”值为 1，说明是以太网；“协议类型”值为 0×0800，说明是 IP 协议；“物理地址长度”为 6 字节；“协议地址长度”为 4 字节；“操作”字段值为 1，说明是请求包；“发送方物理地址”为 00：16：ce：6e：8b：24；“发送方 IP 地址”为 192.168.0.114；“目的物理地址”为 00：00：00：00：00：00；“目的 IP 地址”为 192.168.0.1。

该请求包的作用是请求解析 IP 地址为 192.168.0.1 的主机的物理地址。

ARP 响应报文（编号 2）如图 3-7 所示。数据链路层为单播。

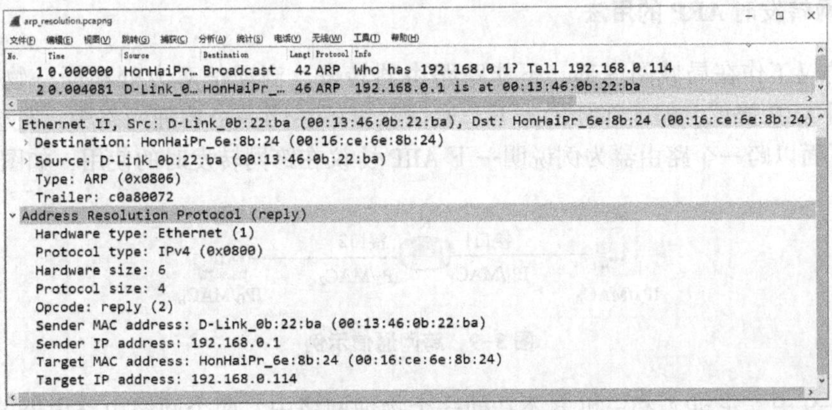

图 3-7　ARP 响应报文

ARP 协议部分，“操作”字段值为 2，说明是响应包；“发送方物理地址”为 00：13：46：0b：22：ba；“发送方 IP 地址”为 192.168.0.1；“目的物理地址”为 00：16：ce：6e：8b：24；“目的 IP 地址”为 192.168.0.114。

由该响应包可知，主机 192.168.0.1 的物理地址为 00：13：46：0b：22：ba。

2. 免费（gratuitous）ARP

这是一种特殊的 ARP 报文。设备的 IP 地址或 MAC 地址是可以改变的，当这种改变发生后，网络中其他主机缓存里的 IP 和 MAC 映射就失效了。为了防止造成通信错误，gratuitous ARP 会被发送到网络中，强制所有收到该报文的设备更新报文中携带的 IP 和 MAC 地址映射到自己的缓存中。gratuitous ARP 通常是以广播形式发送的，这个报文既可以是 ARP 请求报文，也可以是应答报文，具体可由实际的应用场景指定，但通常都是请求报文。

一个 gratuitous ARP 报文如图 3-8 所示。数据链路层是广播的。ARP 协议部分，“操作”字段取值 1，说明这个报文是 ARP 请求包；“发送方物理地址”设置为发送方的物理地址；“目的物理地址”字段设置为 0；“发送方 IP 地址”和“目的 IP 地址”是相同的，都设置为发送方的 IP 地址。网络中其他主机收到该报文后，会将 IP 地址 24.6.125.19 和物理地址 00：03：47：b7：f2：f5 这对映射更新到自己的缓存中。

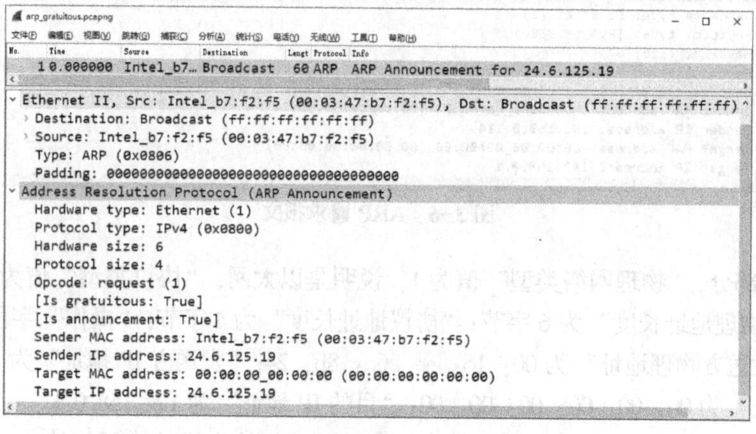

图 3-8 gratuitous ARP 报文

3.1.5 跨网转发时 ARP 的用法

ARP 协议工作在局域网内部，不能跨路由器转发。当通信双方处在同一物理网络时，可直接使用 ARP 协议，但大部分情况下，通信双方不在同一个物理网络中，且会跨越多个路由器，下面以跨一个路由器为例说明一下 ARP 协议在跨网转发时的使用，如图 3-9 所示。

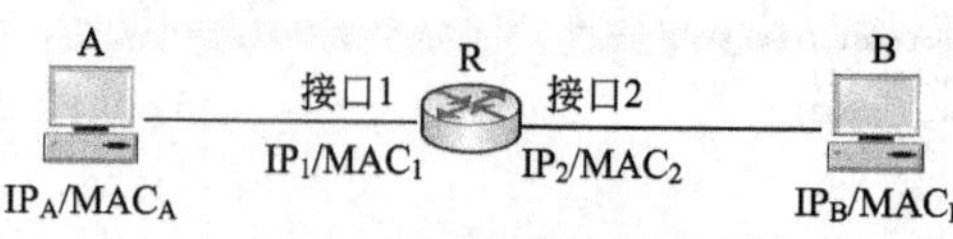

图 3-9 跨网通信示例

在图 3-9 中，主机 A 和主机 B 不在同一个物理网络中，两个网络由路由器 R 连接，主机 A、B 及路由器两个接口的地址信息如图所示。现 A 要向 B 发送数据，ARP 协议的使用及数据帧的转发过程如下。

(1) A 根据目的主机 B 的 IP 地址判断 B 不在本地网络，故应先将数据包发送给网关，即路由器 R 的接口 1，主机 A 使用 ARP 协议获取接口 1 的物理地址 MAC_1，对帧进行封装并转发到网络中。此时在数据帧中，源物理地址为 MAC_A，目的物理地址为 MAC_1，源 IP 为 IP_A，目的 IP 为 IP_B。

(2) 数据帧根据帧首的目的物理地址，到达路由器 R，路由器 R 根据路由表判断主机 B 在接口 2 所连接的网络中，故通过接口 2 转发出去。转发出去之前，使用 ARP 协议获取 B 的物理地址 MAC_B，对帧进行封装并转发到网络中。此时在数据帧中，源物理地址为 MAC_2，目的物理地址为 MAC_B，源 IP 为 IP_A，目的 IP 为 IP_B。

(3) 数据帧根据帧首的目的物理地址，到达主机 B。

当跨越多个路由器时，使用 ARP 的过程以此类推。

在 ARP 的跨网使用中，还有一种功能称为“代理 ARP”。对于没有配置默认网关的主机，要和其他网络中的主机进行通信时，会直接用目的主机 IP 发起 ARP 查询请求，网关收到该 ARP 请求时，会使用自己的 MAC 地址与目的主机的 IP 地址作为映射对源主机进行响应。代理 ARP 主要用于子网划分，它能使得在不影响路由表的情况下添加一个新的路由器，使得子网对该主机来说变得更透明化。

图 3-10 给出了代理 ARP 的工作原理。主机 A 要与主机 B 进行通信，直接发送 ARP 请求询问 B 的物理地址，ARP 请求包的内容是：“谁的 IP 地址是 172.16.20.1，我想要你的物理地址。”路由器 R 收到这个请求，用自己的物理地址代替 B 响应 A，响应包的内容是：“我的 IP 地址是 172.16.20.1，我的物理地址是 00-14-2c-4d-55-01。”A 发送给 B 的数据帧会先发送给 R，再由 R 转发给 B。

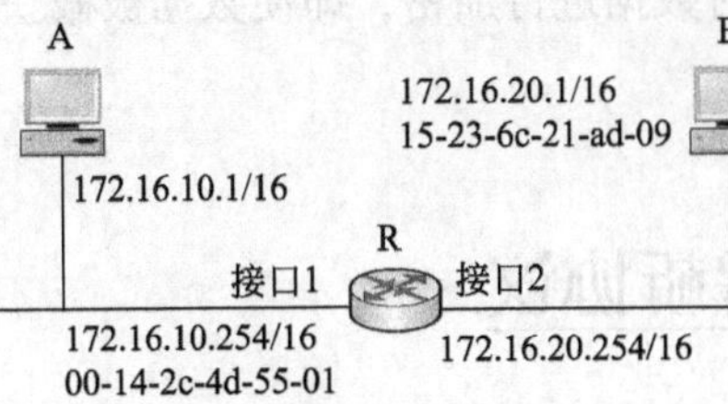

图 3-10　代理 ARP 工作原理

3.1.6　ARP 欺骗攻击

主机收到一个 ARP 响应报文后，会无条件将响应报文中的“发送方物理地址”和“发送方 IP 地址”这对映射更新到 ARP 缓存中。这种设置有效提高了通信效率，但也为通信网络带来了安全风险。ARP 欺骗是目前比较常见的攻击手段，主要有两种形式：会话劫持和断网攻击。

1. *会话劫持*

假设网络中有主机 A、B 和 H，IP 地址分别为 IP_A、IP_B 和 IP_H，物理地址分别为 MAC_A、MAC_B 和 MAC_H，H 要截获 A 和 B 之间的通信数据。H 首先向 A 发送一个 ARP 响应报文，其中包含的映射关系为 IP_B/MAC_H，A 收到这个响应后，将 IP_B/MAC_H 更新到自己的缓存中。同时，H 向 B 发送一个 ARP 响应报文，其中包含的映射关系为 IP_A/MAC_H，B 收到这个响应后，将 IP_A/MAC_H 更新到自己的缓存中。当 A 向 B 发送数据时，数据帧的目的物理地址将被设置为 MAC_H，当 B 向 A 发送数据时，数据帧的目的物理地址也被设置为 MAC_H。至此，A 和 B 之间的所有通信数据都将发送给 H。

在截获了 A 和 B 的通信数据后，H 可以把数据转发到正确的目的地，而 A 和 B 都无法察觉。鉴于 ARP 缓存会定期更新，H 只要以小于更新时间间隔的频率发送 ARP 欺骗报文，就可以持续截获 A 和 B 之间的数据。

2. 断网攻击

假设网络中有主机 A、B 和网关 R，IP 地址分别为 IP_A、IP_B 和 IP_R，物理地址分别为 MAC_A、MAC_B 和 MAC_R，A 向 B 发起断网攻击，使得 B 无法访问外网。A 向 B 发送一个 ARP 响应包，其中包含的映射关系为 IP_R/MAC_X（MAC_X 为不等于 MAC_R 的其他任意物理地址值），B 收到响应包后，将 IP_R/MAC_X 更新到自己的缓存中。当主机 B 访问外网时，要先将数据包发送到网关 R，帧首的目的物理地址字段被设置为 MAC_X，但这并不是网关的 MAC 地址，故数据帧无法到达网关，主机 B 表现为无法访问网络。

3. ARP 欺骗的防范

防范 ARP 欺骗的方法之一是使用静态绑定。DOS 下静态绑定 ARP 缓存表项的命令是“arp-s IP MAC”。除手工配置外，互联网上也有很多免费工具提供 ARP 静态绑定功能。

除此之外，还可使用专门的 ARP 防护工具，如 ARP 防火墙。它会对每个发出去的 ARP 请求和收到的 ARP 响应进行检查，只有符合条件的 ARP 报文才会被进一步处理。

对于会话劫持攻击，可以对数据进行加密，即使数据被截获，攻击方也无法获取真正的通信内容。

3.2 逆地址解析协议

3.2.1 RARP 的工作原理

具有本地磁盘的系统引导时，一般是从磁盘上的配置文件中读取 IP 地址。但是无盘系统，如 X 终端或无盘工作站，则需要采用其他方法来获得 IP 地址。网络上的每个系统都具有唯一的物理地址，它是由网络接口卡生产厂家配置的。无盘系统所在网络配置了一个服务器，用以存储无盘系统的 IP 地址和物理地址的映射。

RARP 的实现过程与 ARP 类似，也是一个询问过程。无盘系统从网络接口卡上读取物理地址，封装在 RARP 请求中以广播形式发送到网络中，服务器收到该请求后，查询本地数据库，找到发送站物理地址对应的 IP 地址，封装在 RARP 应答中以单播形式返回给发送站，过程如图 3-11 所示。

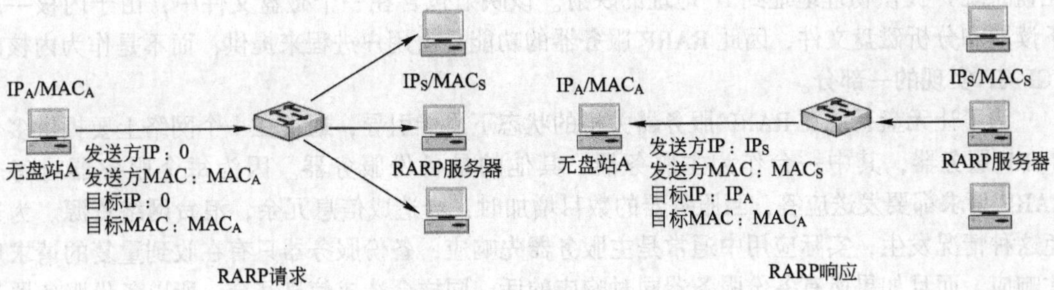

图 3-11　RARP 工作流程示例

3.2.2　RARP 报文格式及封装

RARP 的报文格式及封装与 ARP 相同，参见图 3-5。差别在于其“操作”字段值为 3 或 4，3 表示请求，4 表示响应。RARP 报文封装在物理帧中时，帧首部的“类型”字段应设置为 0×0835。

在图 3-11 中，在 RARP 请求报文中，“发送方物理地址”设置为无盘站 A 的物理地址，“发送方 IP 地址”设置为 0，“目的物理地址”也设置为无盘站 A 的物理地址，“目的 IP 地址”设置为 0。

在 RARP 响应报文中，“发送方物理地址”设置为服务器的物理地址，“发送方 IP 地址”设置为服务器的 IP 地址，“目的物理地址”设置为无盘站 A 的物理地址，“目的 IP 地址”设置为无盘站 A 的 IP 地址。

以太帧首部物理地址的封装与 ARP 相同。

图 3-12 给出了一个 RARP 请求报文的实例。“操作”字段取值为 3，表示 RARP 请求报文；“发送方物理地址”为 00：00：a1：12：dd：88；“发送方 IP 地址”为 0；“目的物理地址”也设置为 00：00：a1：12：dd：88；“目的 IP 地址”为 0。

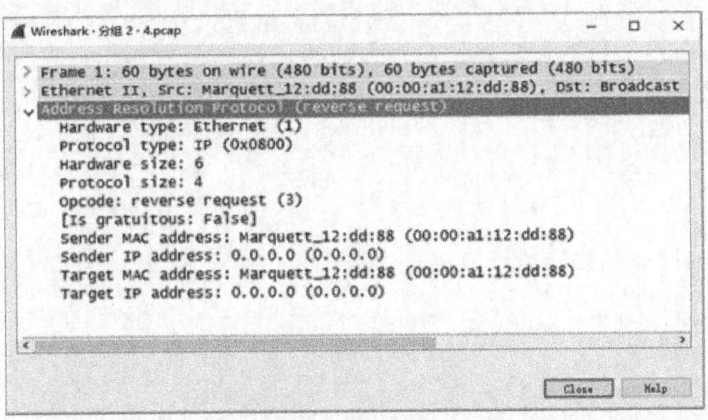

图 3-12　RARP 请求报文

3.2.3　RARP 服务器的设计

RARP 服务器的设计与系统相关且比较复杂。服务器一般要为多个主机（网络上所有的无盘系统）提供物理地址到 IP 地址的映射。该映射包含在一个磁盘文件中，由于内核一般不读取和分析磁盘文件，因此 RARP 服务器的功能是由用户进程来提供，而不是作为内核的 TCP/IP 实现的一部分。

为了让无盘系统在 RARP 服务器关机的状态下也能引导，通常在一个网络上要提供多个 RARP 服务器，其中一台作为主服务器，其他的是备份服务器。因为每个服务器对每个 RARP 请求都要发送应答，当服务器的数目增加时，会造成信息冗余，浪费网络资源。为避免这种情况发生，实际应用中通常是主服务器先响应，备份服务器只有在收到重复的请求后才响应。而且如果所有备份服务器同时响应的话，同样会造成信息冗余，所以备份服务器不是立即响应，而是随机延迟一段时间后再响应。

习题 3

1. 若主机 A 的 ARP 缓存中含有主机 B 的 MAC 地址信息，当 A 向 B 发送数据时，启动 Wireshark 抓包，能否捕获到 A 到 B 的 ARP 报文？解释一下原因。

2. 分析跨越 2 个路由器的情况下 ARP 的工作流程，并给出每个网络中数据帧的物理地址和 IP 地址的封装情况。

3. 假设网络中有主机 A（IP_A/MAC_A）、主机 B（IP_B/MAC_B）和网关 R（IP_R/MAC_R），A 要向 B 发起断网攻击，发送的是哪种类型的 ARP 报文？写出该报文对应的下图中各地址的值。

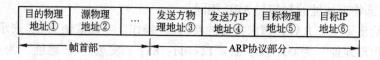

目的物理地址①	源物理地址②	…	发送方物理地址③	发送方IP地址④	目标物理地址⑤	目标IP地址⑥
帧首部			ARP协议部分			

第 4 章　互联网协议

互联网协议（Internet protocol，IP）是 TCP/IP 体系中最重要的协议之一。它可以接收来自外部网络的报文，将其交付上层协议或转发到其他网络，也可以接收来自上层协议的报文并将其发送到外部网络。通过 IP 地址，保证了联网设备的唯一性，实现了网络通信的面向无连接和不可靠的传输功能。互联网协议有两种版本：IPv4 和 IPv6。

4.1 IP 的基本原理

IP 是 TCP/IP 体系中的网络层协议。设计 IP 协议的目的是提高网络的可扩展性：一是解决网络互连问题，实现大规模、异构网络的互连互通；二是分割顶层网络应用和底层网络技术之间的耦合关系，以利于两者的独立发展。

根据端到端的设计原则，IP 只为主机提供一种无连接、不可靠的、尽最大努力的数据报传输服务。

(1) IP 提供了一种无连接的投递机制。网络层传输的每个数据报都是独立的，在传输前不建立连接，从同一源主机到同一目的主机的数据报可能经过不同的传输路径，到达目的主机的先后顺序也不确定。

(2) IP 不保证数据报传输的可靠性。数据报在传输过程中可能出现丢失、重复、延迟和乱序，但 IP 不会将这些现象报告给发送方和接收方，也不会试图去纠正传输中的错误。

(3) IP 提供了尽最大努力的投递机制。IP 会尽最大努力发送数据报，也就是说，它不会随意放弃数据报，只有当资源耗尽或底层网络出现故障时，才会出现数据报丢失的情况。

4.2 IP 数据报格式

IP 数据报的格式说明 IP 协议都具有什么功能，它由两部分组成，数据报首部和数据部分。上层协议数据交给 IP 后，在其前面添加数据报首部，封装成 IP 数据报。IP 数据报的完整格式如图 4-1 所示。

IP 首部由固定部分（20 字节）和选项部分（0～40 字节）组成，各字段含义说明如下。

1. 版本

版本占 4 位，用于标识 IP 协议的版本。对于 IPv4，该字段的值为 4。无论是主机还是路由器，在处理每个接收到的 IP 数据报时，首先要检查它的版本字段值，以选择相应版本

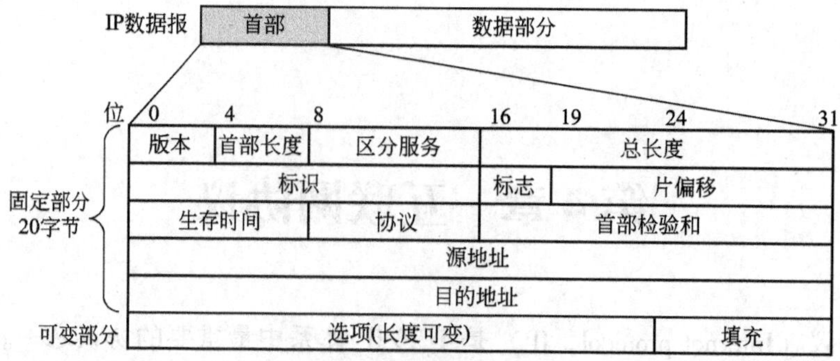

图 4-1　IP 数据报格式

的 IP 协议模块来进行处理。

2. 首部长度

首部长度占 4 位，可表示的最大十进制数是 15，以 4 字节为单位，给出了数据报的首部长度。数据报首部中选项部分长度可变，所以数据报首部的长度是可变的。固定部分长度为 20 字节，所以该字段的最小值为 5。当该字段取最大值 15 时，首部长度为 60 字节。当 IP 首部长度的值不是 4 字节的整数倍时，必须利用填充字段加以填充。

3. 区分服务

区分服务占 8 位，规定了对数据报的处理方式。这个字段在旧标准中叫作“服务类型”，但实际上一直没有被使用过。1998 年，IETF 通过 RFC 2474 对服务类型字段进行了重新定义，以满足一系列不同服务的需要。这种新的定义方式引入了“码点”（code point）的概念，并用码点区分不同的服务，这种码点被称为区分服务码点（differentiated service code point，DSCP）。其中前 6 比特组成了“码点”字段，后 2 比特则没有使用。6 位码点可以表示 64 种服务，大大拓宽了服务定义的范围。具体如图 4-2 所示。

只有在使用区分服务时，这个字段才起作用，一般情况下都不使用这个字段。

4. 总长度

总长度占 16 位，描述了整个数据报的长度，包括首部及数据部分，单位为字节。IP 数据报的最大长度为 $2^{16}-1=65\ 535$ 字节。实际上现实中很少传送这样长的数据报，具体原因见 4.3.1。

5. 标识

标识（identification，ID），占 16 位，主要用于数据报分片及重组。IP 协议在存储器中维持一个计数器，每产生一个数据报，计数器就加 1，并将此值赋给标识字段。但标识不是序号，IP 是无连接服务，不存在按序接收的问题。当数据报由于总长度超过 MTU 而导致分片时，这个字段的值被复制到所有分片的标识字段中，相同的 ID 值使得同一数据报的各个分片能正确地重组回原来的数据报。

6. 标志

标志占 3 位，由 3 个字段组成，如图 4-3 所示。

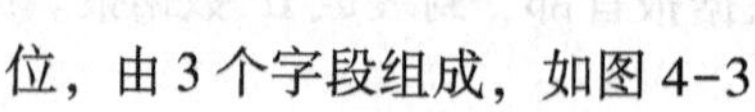

图 4-2　使用 DSCP 的区分服务字段

图 4-3　标志字段

最低位记为 MF（more fragment）。MF=1 表示后面还有分片，MF=0 表示这是所有分片中的最后一片。

中间一位记为 DF（don't fragment）。DF=1 表示不允许分片，DF=0 时数据报才能分片。

最高位保留未用，必须设置为 0。

7. 片偏移

片偏移占 13 位，指出某分片数据部分的第一个字节在原数据报中的相对位置。片偏移以 8 字节为偏移单位，即分片在原数据报中的实际偏移量等于片偏移字段的值乘 8。也就是说，除了最后一个分片外，其他所有分片的长度一定是 8 字节的整数倍。

8. 生存时间

生存时间占 8 位，通常称为 TTL（time to live），表明数据报在网络中的寿命。在数据报投递过程中，有可能因为中间路由器的路由表出现错误而导致数据报在网络中永无休止地循环投递，因而浪费网络资源。由发送方设置这个字段值。最初这个字段以秒为单位，每经过一个路由器，将 TTL 值减去路由器处理数据报所消耗的时间，若时间小于 1 s，则减去 1。当 TTL 减为 0 时，路由器丢弃这个数据报。

随着技术的进步，路由器处理数据报的时间一般都小于 1 s，就把 TTL 的功能改为跳数限制，即数据报在网络中最多经过的路由器个数。路由器每次转发数据报之前，先将 TTL 值减 1，若减到 0，则丢弃这个数据报。

9. 协议

协议占 8 位，指出数据报携带的数据部分为哪种协议类型，以便使目的主机的 IP 层知道应该将数据部分上交给哪个协议处理。常用的协议及其对应的协议字段值见表 4-1。

表 4-1 常用协议和相应的协议字段值

协议名	ICMP	IGMP	IP	TCP	EGP	IGP	UDP	IPv6	ESP	AH	ICMP-IPv6	OSPF
协议字段值	1	2	4	6	8	9	17	41	50	51	58	89

10. 首部校验和

首部校验和占 16 位，用于保证数据报首部在传输过程中的完整性，该字段只校验数据报的首部，不校验数据部分。其基本原理是：源主机在发送数据报前，先计算首部校验和，并将计算结果置于首部校验和字段中。当中间路由器或目的主机收到数据报后，先验证首部校验和。如果验证失败，则将数据报丢弃，成功则进一步对数据报进行处理。中间路由器在转发数据报之前，因为 TTL 等字段的值发生变化，要重新计算校验和。首部校验和的计算方法见 4.4 节。

11. 源地址

源地址占 32 位，数据报最初发送方的 IP 地址。

12. 目的地址

目的地址占 32 位，数据报最终接收方的 IP 地址。

13. IP 数据报的可变部分

IP 数据报的可变部分由选项字段和填充部分组成，长度可变。选项字段用来支持排错、测量及安全等措施。数据报可以包含 0 到多个选项，如果选项长度不是 4 字节的整数倍，则用全 0 的填充字段补齐。

图 4-4 为 IP 数据报抓包实例。

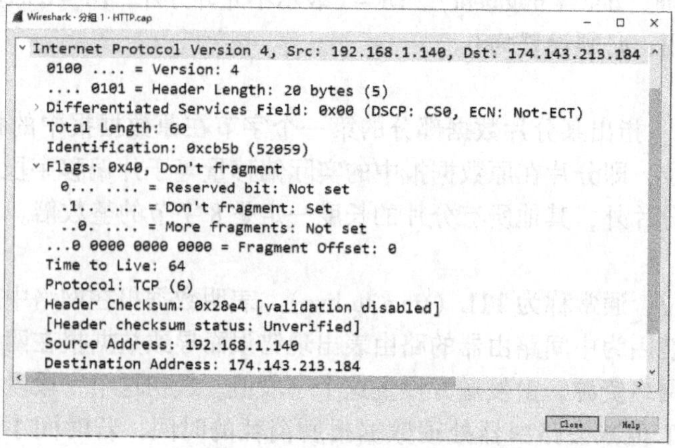

图 4-4　IP 数据报抓包实例

“版本”字段取值为 4，说明协议版本为 IPv4；“首部长度”字段取值为 5，说明首部长度为 5×4=20 字节；“区分服务”字段取值为 0；“总长度”为 60 字节；“标识（ID）”字段取值为 0×cb5b（52059）；DF=1，说明该 IP 数据报不允许分片；MF=0，说明这是最后一片；TTL=64，说明该数据报最多可经过 64 个路由器；“协议”字段取值为 6，说明该 IP 数据报的数据部分为 TCP 协议；“首部校验和”字段值为 0×28e4；“源地址”为 192.168.1.140；“目的地址”为 174.143.213.184。

4.3　IP 数据报的分片与重组

4.3.1　数据链路层的 MTU

每一种物理网络的数据链路层都规定了数据帧中数据字段的最大值，称为最大传送单元（maximum transfer unit，MTU）。由于不同类型的数据链路的使用目的不同，所以每种物理网络的 MTU 都不尽相同，表 4-2 列出了不同链路的 MTU。当一个 IP 数据报封装成帧时，数据报的总长度一定不能超过链路层规定的 MTU 值，否则需要对数据报进行分片处理。

表 4-2　不同数据链路的 MTU

数据链路	MTU/字节	数据链路	MTU/字节	数据链路	MTU/字节
IP 的最大 MTU	65 535	IP over ATM	9 180	FDDI	4 352
Hyperchannel	65 535	IEEE 802.4 Token Bus	8 166	以太网	1 500
IP over HIPPI	65 280	IEEE 802.5 Token Ring	4 464	PPP（Default）	1 500
IEEE 802.3 Ethernet	1 492	PPPoE	1 492	IP 的最小 MTU	68

以太网也可以使用大于 1 500 字节的 MTU。随着以太网传输速率的提高，以太网中每秒发送的数据包的数量很大。由于每个数据包都需要网络设备来进行处理，由此带来的额外开销也将很大，而且这个开销随着网络速度的提高将越加明显。一些厂商提出了“jumbo frame”（巨型帧）的概念，把以太网的最大帧长扩展到了 9 K。使用 jumbo frame 需要主机、路由器、交换机和网桥的同时支持。

4.3.2 分片处理

为了使目的主机能把分片正确地重组成源主机所发送的数据报，必须解决以下 3 个问题：

（1）如何标识同一个数据报的各个分片？

（2）如何标识同一个数据报各分片的顺序？

（3）如何标识同一个数据报分片的结束？

IP 使用“标识”字段来标识同一个数据报的各个分片，数据报各分片使用与原数据报相同的“标识”值。

IP 使用“片偏移”来指示各分片中的数据在原数据报中的起始位置。不论各分片到达目的主机的先后顺序如何，目的主机在重组时，根据片偏移量的指示，即可知道各分片在原数据报中的位置。

IP 使用“标志”字段中的 MF 位来解决第三个问题。若 MF=1，说明该片后还有更多的分片；若 MF=0，说明是最后一片。

分片时应如何选择各分片的大小，IP 并未予以具体规定。但 IP 要求各个分片应能通过一个物理帧发送，且其偏移量应是 8 的整数倍。也就是说，除了最后一个分片外，各分片的数据部分长度应是 8 字节的倍数。实践中，通常将分片的大小选择为接近物理网络 MTU（最后一个分片除外）。

例：假定主机 A 向主机 B 发送数据长度为 3 000 字节的未包含任何选项的 IP 数据报，且该数据报首部标志字段中的 DF 为 0，即允许分片。已知以太网的 MTU 为 1 500 字节，给出主机 A 在发送该数据报之前要进行的分片处理过程。

解：分片之前，首先确定原数据报数据部分长度为 3 000 字节，首部长度为 20 字节。所在物理网络数据链路的 MTU 为 1 500 字节，在没有携带选项的情况下，各分片首部长度均为 20 字节，故各分片所能包含的数据部分的最大值为 1 500−20=1 480 字节。一般分片原则为前面分片数据长度均为 1 480 字节，最后一片为剩余数据。

将 3 000 字节按照最大 1 480 字节分片，可以分成 3 片，数据长度分别为 1 480 字节、1 480字节、40 字节。因为首部长度为 20 字节，各分片的总长度依次为 1 500 字节、1 500 字节、60 字节。

假设原数据报标识字段值为 X，则分片后各分片首部中的标识字段均为 X。

片偏移字段值等于数据部分起始字节在原数据报中的实际偏移量除以 8，数据部分字节从 0 开始排序。则原数据报中片偏移=0/8=0；第一个分片包含的数据为第 0～1 479 字节，片偏移=0/8=0；第二个分片包含的数据为第 1 480～2 959 字节，片偏移=1 480/8=185；第三个分片包含的数据为第 2 960～2 999 字节，片偏移=2 960/8=370。

前面分片的 MF=1，只有最后一片的 MF=0。

详细分片过程见图 4-5。

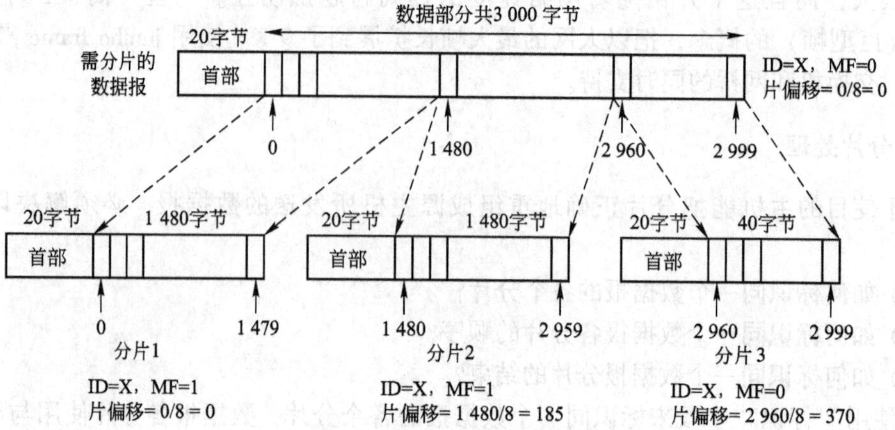

图 4-5　IP 数据报分片示例

分片 1 的报文实例如图 4-6 所示。

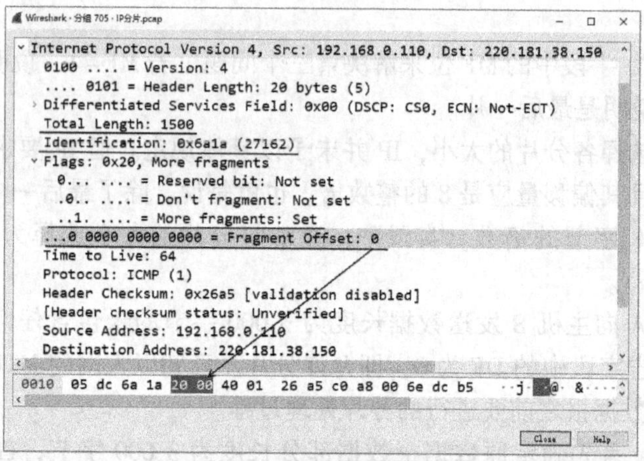

图 4-6　分片 1 的报文实例

IP 报文总长度为 1 500 字节，首部长度为 20 字节，故数据长度为 1 480 字节；ID = 27 162；

偏移量=0（字段值=0，即 0×2000 的后 13 位）；MF=1。

分片 2 的报文实例如图 4-7 所示。

IP 报文总长度为 1 500 字节，首部长度为 20 字节，故数据长度为 1 480 字节；ID = 27 162；

偏移量=1 480（字段值=185，即 0×20b9 的后 13 位）；MF=1。

分片 3 的报文实例如图 4-8 所示。

IP 报文总长度为 60 字节，首部长度为 20 字节，故数据长度为 40 字节；ID=27 162；偏移量=2 960（字段值=370，即 0×0172 的后 13 位）；MF=0。

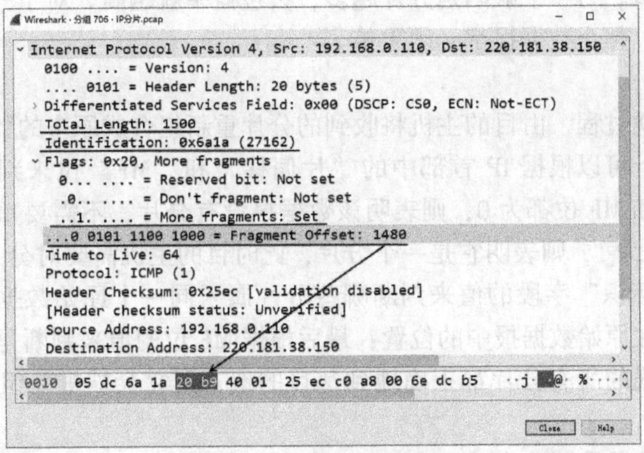

图 4-7　分片 2 的报文实例

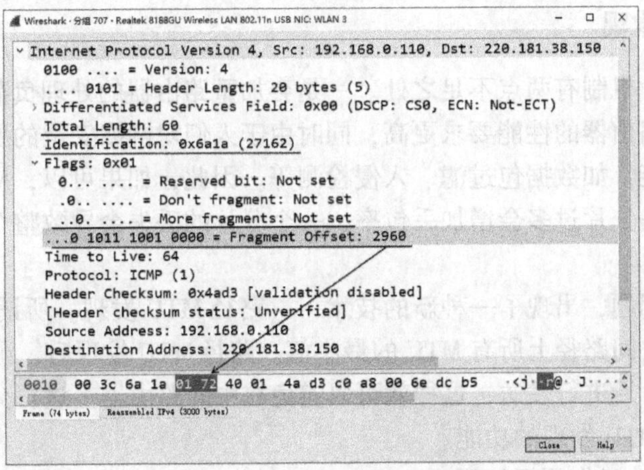

图 4-8　分片 3 的报文实例

4.3.3　分片重组

1. 重组地点

IP 数据报分片的重组地点是目的主机，中间路由器可对数据报进行分片，但不对任何分片进行重组，即使其转发接口的 MTU 非常大。

这样处理是由诸多方面的因素造成的。首先，路由器不进行数据报重组，可以简化路由器的功能，提高路由器的处理效率。其次，可以避免重复分片。在数据报投递过程中，途经网络的 MTU 是不可预知的。假如分片后的数据报在某个路由器处重组，后面遇到 MTU 较小的网络，还需要再次分片。最后，由于 IP 分组是独立选路的，所以无法保证每个分片经过同一路由器，当然也无法实现路由器重组。

在目的主机重组分片也具有一定的缺陷。首先，每个分片都要有一个首部，对于一个数据报而言，分片越多，增加的首部数据越多，网络负荷越重。且路由器只分片不重组，有可能导致分片越来越多。另一个缺陷是分片越多，丢包概率就越高。对于一个数据报而言，一旦丢失了一个分片，整个数据报都必须重传。

2. 重组过程

重组是分片的逆过程，由目的主机将收到的分片重新组合成原来的数据报。当目的主机收到一个数据报时，可以根据 IP 首部中的“片偏移”和“MF”位来判断它是否是一个分片。如果片偏移量和 MF 位都为 0，则表明该数据报没有分片，不需要重组。如果片偏移量不为 0，或者 MF 位为 1，则表明它是一个分片，此时目的主机需要对分片进行重组。首先，根据数据报首部“标识”字段的值来判断哪些分片属于同一个原始数据报；其次，根据片偏移量来确定分片在原始数据报中的位置；最后根据 MF 位的值来判断是否所有分片都已到达。如果一个数据报的所有分片都正确地到达目的地，则它会被重新组合成一个完整的数据报。

为防止由于分片丢失而造成重组过程无限期延长，IP 在重组分片时要启动一个计时器。如果计时器超时但仍然没有收到一个数据报的全部分片，则丢弃该数据报。

4.3.4 路径 MTU 发现

如上所述，分片机制有两点不足之处。一是会加重路由器的处理负荷。随着网络技术的发展，高速链路对路由器的性能要求更高，同时由于人们对网络安全的要求提高，路由器中也添加了更多的功能，如数据包过滤、入侵检测等。因此，如果可以，应尽量避免路由器做分片处理操作。二是分片过多会增加丢包率，一个分片的丢失会导致整个数据报重传，会导致网络性能下降。

为了应对以上问题，出现了一种新的技术——路径 MTU 发现。所谓路径 MTU，是指从源主机到目的主机之间路径上所有 MTU 的最小值。路径 MTU 发现后，源主机按照路径 MTU 的大小对数据报分片后进行发送，这样就可以避免在中间路由器上进行分片处理。很多操作系统都实现了路径 MTU 发现的功能。

路径 MTU 发现的工作原理如下。

先将源主机发送的 IP 数据报首部中“标志”字段的 DF 位设置为 1，若中间路由器遇到数据报需要分片的情况，会丢弃这个报文。同时，通过向源主机发送一个代码值为 4 的 ICMP 目的站不可达报文，说明 IP 数据报需要分片但 DF 设置为 1。ICMP 报文中会携带下一个 MTU 的值。

然后，源主机根据 ICMP 报文所通知的 MTU 对数据报进行分片处理，重新发送。如此反复，直到数据报到达目的主机。则最后一次 ICMP 所通知的 MTU 即为路径 MTU。

需要说明的是，传统 ICMP 报文可能不包含下一个 MTU 值，这种情况需要源主机不断调整数据报的大小，以确定一个合适的路径 MTU 的值。

在图 4-9 中，5 号数据包为源主机发送的一个总长度为 1 500 字节的 IP 数据报，DF 位设置为 1。

在图 4-10 中，6 号数据包为中间路由器回复的 ICMP 差错报文。在 ICMP 部分中，“类型”值为 3，“代码”值为 4，表示因无法分片导致数据报无法到达目的地。“下一跳 MTU”为 1 400 字节。

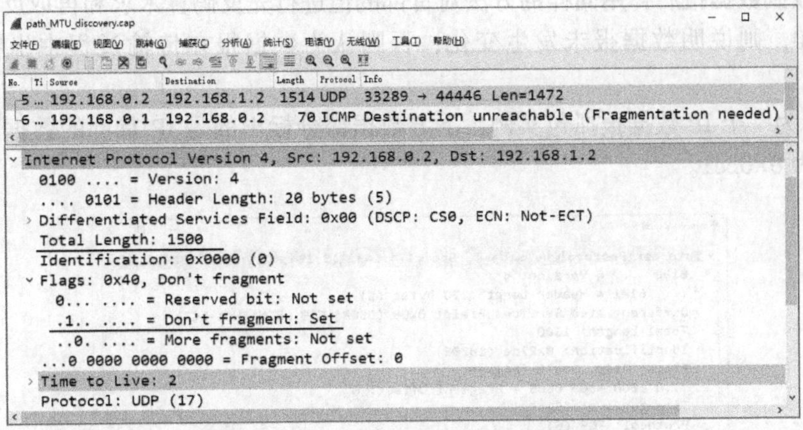

图 4-9　一个 DF=1 的 IP 报文实例

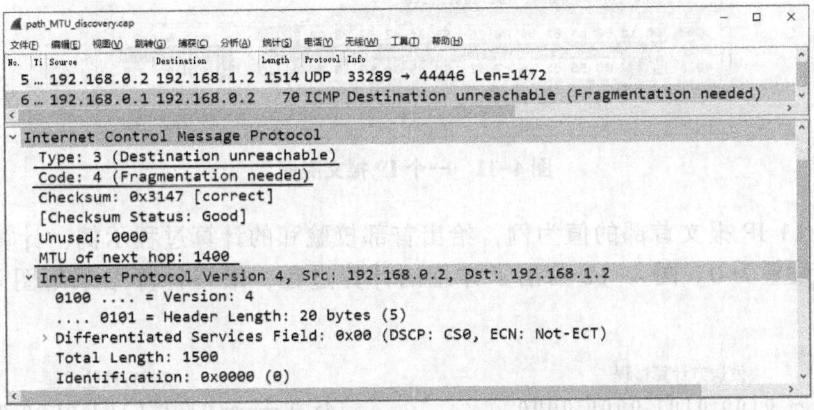

图 4-10　携带下一跳 MTU 的 ICMP 差错报告报文

4.4　IP 首部校验和的计算

为了防止 IP 数据报在传输过程中出现差错，IP 协议使用了首部校验和。发送方将计算所得的首部校验和添加到首部中，由接收方进行校验。校验失败说明首部内容在传输过程中出现了差错，接收方将丢弃数据报。

首部校验和的计算方法如下。

首先，发送方将 IP 首部按照 16 位一组进行划分，此时校验和字段的值设置为 0。然后将划分后的 16 位序列用反码算术运算求和，将得到的和再取反，所得的值即为首部校验和，将该值写入校验和字段。

反码算术运算求和的规则是：从低位到高位逐列进行带进位的二进制加法运算，即 0 加 0 等于 0，0 加 1 等于 1，1 加 1 等于 0 并向高位进一个 1。若高位相加后有进位，则将高出 16 位的数值加到低位中。

接收方收到数据报后，用同样的方法对首部的值进行先反码算术求和再取反的运算，若计算结果为 0，则说明数据报未发生变化，否则认为数据报在传输过程中出错，并将其丢弃。

图 4-11 为一个 IP 数据报抓包实例，下方数据部分标出的是 IP 首部的数据内容，校验和字段的值为 0×0bc1。

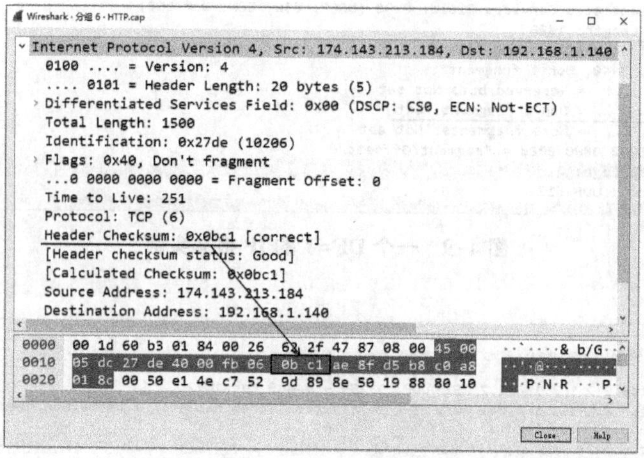

图 4-11　一个 IP 报文实例

以图 4-11 IP 报文首部的值为例，给出首部校验和的计算过程示例，计算时首部校验和字段要设置为 0。图 4-12 给出了详细的计算过程，最终计算结果与图 4-11 中的值一致。

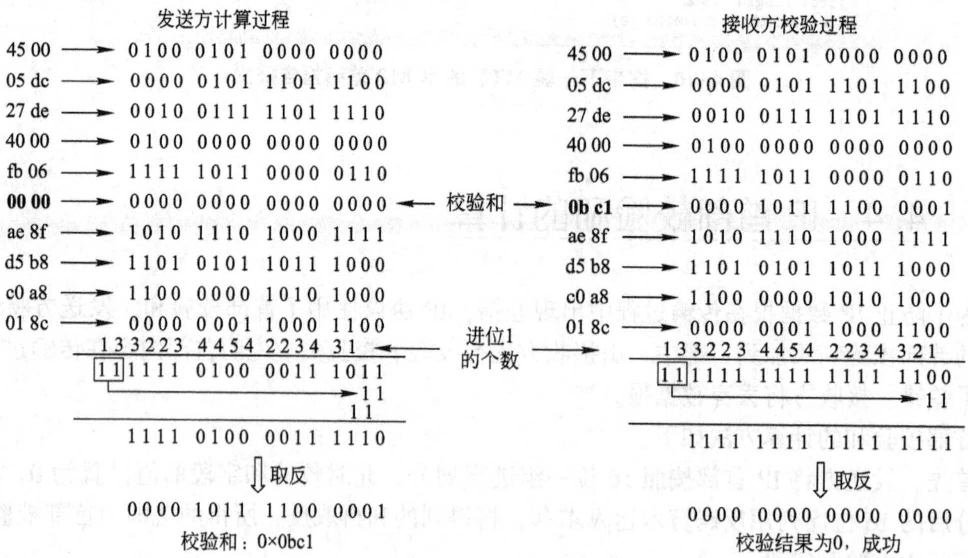

图 4-12　IP 首部校验和的计算和验证过程举例

4.5　IP 首部的选项

IP 选项主要用于网络测试，长度取决于具体的选项类型。IP 选项的基本格式如图 4-13 所示。它由 1 字节的“代码”字段，1 字节的“长度”字段和 n 字节的选项数据组成。“代码”字段又包括 1 位的“复制”（COPY）标志、2 位的“选项类”和 5 位的“选项号”。

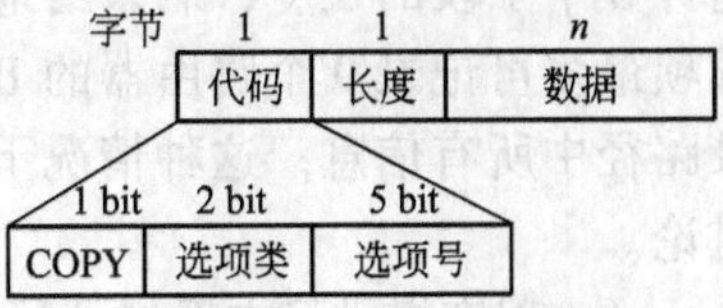

图 4-13　IP 选项格式

“COPY”标志用于指明数据报在分片过程中对该选项的处理方法，其值设置为 1 表明该选项应被复制到所有分片中，设置为 0 表明该选项只需复制到第一个分片中。“选项类”字段指明了选项的类型，00 表示数据报或网络控制选项，10 表示测试和度量选项。“选项号”指明类型中的一个具体选项。表 4-3 列举了几个常见选项。

表 4-3　常见 IP 选项

COPY	选项类	选项号	代码值	名称	含义
0	0	0	0	EOOL	选项表结束
0	0	1	1	NOP	无操作，主要为了使选项表保持字节对齐
1	0	3	131	LSR	宽松源路由，为数据报指定路径
0	0	7	7	RR	记录路由，记录中间路由器 IP 地址
1	0	9	137	SSR	严格源路由，为数据报指定必经路径
0	2	4	68	TS	时间戳选项

4.5.1　记录路由选项

记录路由选项（record route，RR）可以记录从源主机到目的主机所经过的路由器。其原理是：由源主机生成一个可存放 IP 地址的空表，每到达一个中间路由器，路由器将自己的 IP 地址顺序存入表中。IP 首部记录路由格式如图 4-14 所示。

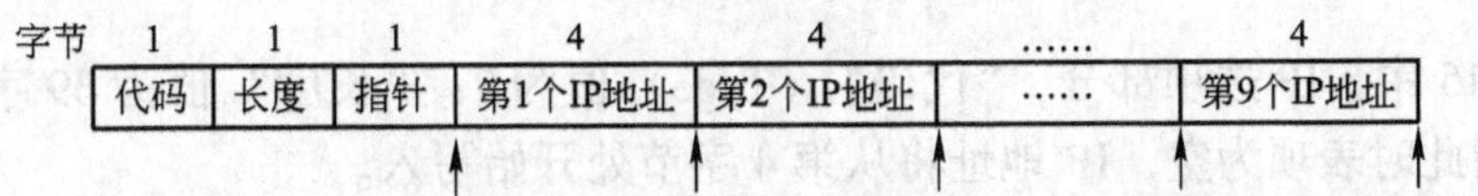

图 4-14　IP 首部记录路由格式

“代码”字段占 1 字节，值为 7，其中 COPY 位为 0，选项类为 0，选项号为 7；“长度”字段占 1 字节，表示本选项的总长度，以字节为单位；“指针”字段占 1 字节，指出下一个可存放 IP 地址的位置；从“第 1 个 IP 地址”开始，给出了地址表，用于记录路由器的 IP 地址。

路由器收到一个带有记录路由选项的数据报，先比较“指针”字段与“长度”字段的值。如果“指针”字段值大于“长度”字段值，表明地址表已满，路由器不用添加其地址而直接转发数据报。否则，路由器从指针指示的位置处，添加其 IP 地址，然后把指针值加 4。

由于 IP 选项部分的最大长度为 40 字节，如果携带记录路由选项，除去代码、长度、指针 3 个字段的长度，剩余给地址表的最大长度为 37 字节，IP 地址长度为 4 字节，故该选项最多可记录 9 个路由器的 IP 地址。当所经过路由器的个数大于 9 时，该选项无法记录路径中所有信息。这种情况下的解决方案是使用 Traceroute，将在第 5 章 ICMP 协议处讨论。

ping 程序提供了查看 IP 记录路由选项的机会，命令为 ping-r num IP，num 为源端指定的记录路由器的个数，大多数版本的 ping 程序都提供-r 选项。ping 程序在发送出去的 IP 数据报中设置记录路由选项，每个处理该数据报的路由器都把它的 IP 地址写入选项字段中。当数据报到达目的端时，IP 地址清单复制到 ICMP 回显应答中，同时返回途中所经过的路由器地址也被加入表项中。此时路由器记录的是路径上的出口地址。

下面是在主机 10. 128. 100. 16 上执行 ping-r 9 10. 159. 240. 51 后的抓包结果，图 4-15 和图 4-16 分别给出了 ICMP 回送请求（编号 1804）和 ICMP 回送应答（编号 1808）中携带的 IP 记录路由选项内容。

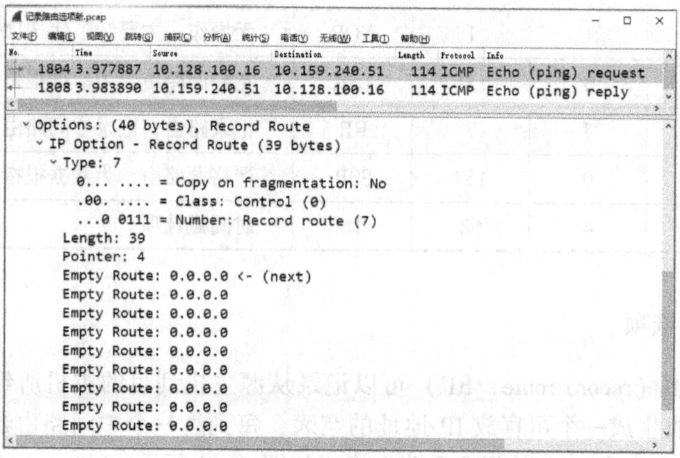

图 4-15　ICMP 回送请求时携带的 IP 记录路由选项

在图 4-15 中，IP 选项部分，“代码”（Type）值为 7；“长度”值为 39 字节；“指针”值为 4，说明此时表项为空，IP 地址将从第 4 字节处开始写入。

在图 4-16 中，IP 选项部分，“指针”值为 36，说明表中已填入 8 个地址，下一个地址从第 36 字节处写入。由表中地址清单可知，数据包去时路径为 192. 168. 138. 10、192. 168. 138. 19、10. 159. 240. 254、10. 159. 240. 51，返回时路径为 10. 159. 240. 51、192. 168. 138. 18、192. 168. 138. 9、10. 128. 101. 254。其网络拓扑如图 4-17 所示。

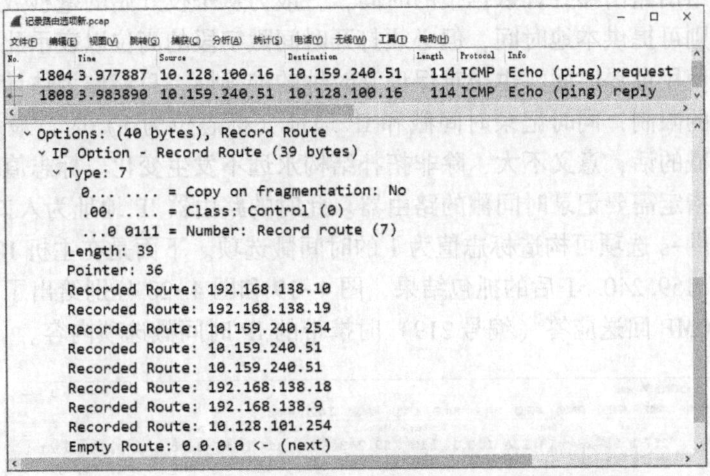

图 4-16　ICMP 回送应答时携带的 IP 记录路由选项

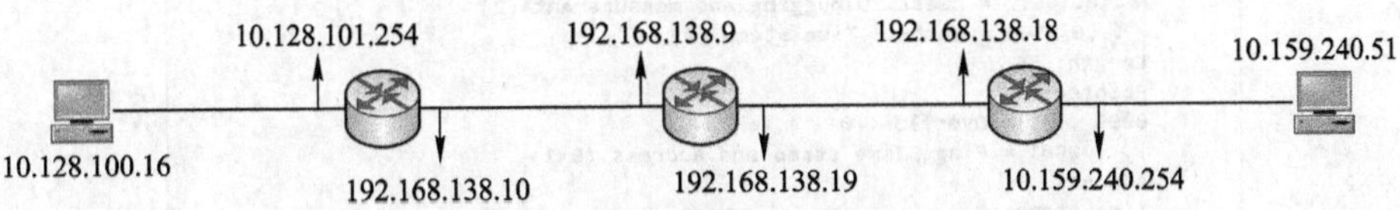

图 4-17　记录路由选项实例网络拓扑

4.5.2　时间戳选项

时间戳选项（time stamp，TS）用于记录路由器收到数据报的时间，其用法与记录路由选项类似。IP 首部时间戳选项格式如图 4-18 所示。

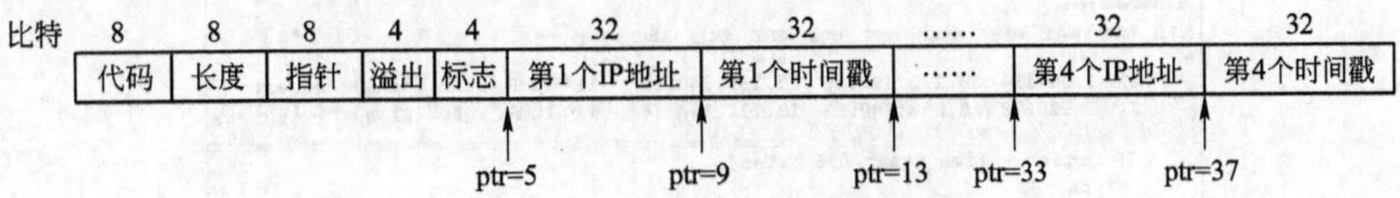

图 4-18　IP 首部时间戳选项格式

“代码”字段占 1 字节，取值 68，其中 COPY 位为 0，选项类为 2，选项号为 4；“溢出”占 4 位，用于记录因选项空间有限而无法记录时间戳的路由器的个数；“标志”占 4 位，规定了选项的具体格式，其取值及含义见表 4-4。

表 4-4　IP 首部时间戳选项“标志”字段取值及含义

取值	含义
0	只记录时间戳，不记录路由器 IP 地址
1	同时记录路由器 IP 地址和时间戳
3	由发送方指定 IP 地址，仅当列表中下一个 IP 地址与路由器匹配时，才记录时间戳

时间戳取值给出路由器处理数据报的时间，一般为从午夜开始的毫秒数。如果路由器未使用标准时间，则可提供本地时间，但必须打开时间戳字段的高位以表示此为非标准值。即使所有路由器都使用世界时间，也很难保证其时钟的准确性，只能作为估计值使用。

受选项长度的限制，同时记录时间戳和 IP 地址（标志位为 1）时，最多可以记录 4 对值。只记录时间戳的话，意义不大，除非拓扑结构永远不发生变化。标志值取 3 时是比较理想的情况，可以指定需要记录时间戳的路由器。此时的路由器 IP 地址为入口地址。

ping 程序提供-s 选项可构造标志值为 1 的时间戳选项。下面是在主机 10.128.100.16 上执行 ping-s 4 10.159.240.51 后的抓包结果，图 4-19 和图 4-20 分别给出了 ICMP 回送请求（编号 217）和 ICMP 回送应答（编号 219）时携带的 IP 时间戳选项内容。

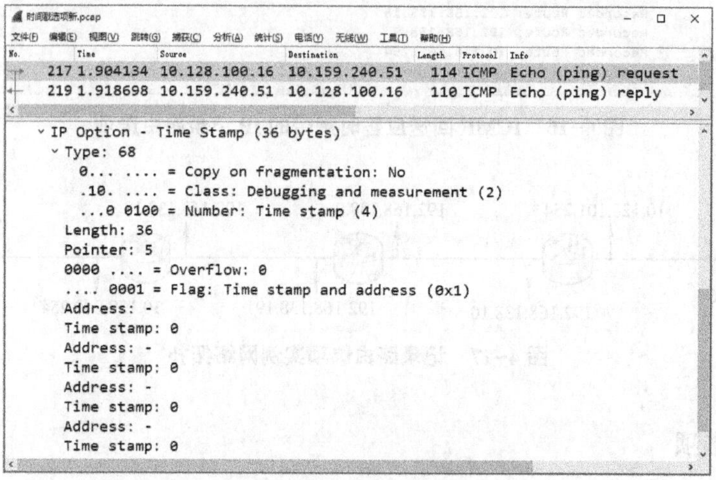

图 4-19　ICMP 回送请求时携带的 IP 时间戳选项

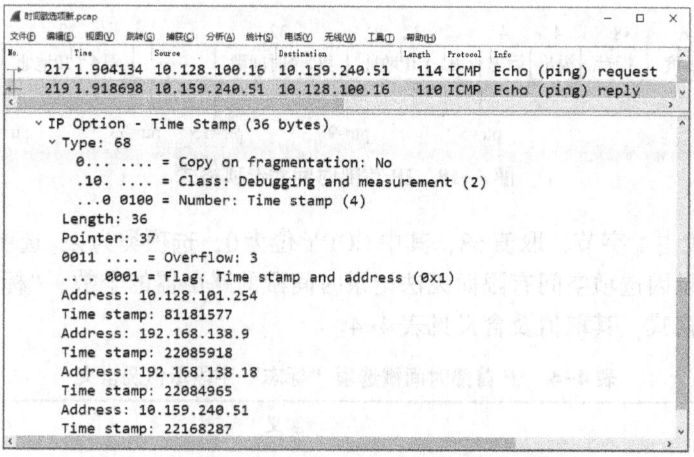

图 4-20　ICMP 回送应答时携带的 IP 时间戳选项

在图 4-19 中，“代码”值为 68；“长度”值为 36 字节；“指针”值为 5，说明此时表项为空，第一个 IP 地址将从第 5 字节处开始写入。“溢出”值为 0；“标志”值为 1，表示同时记录路由器地址和时间戳。

在图 4-20 中，“溢出”值为 3，表明因选项长度限制而未能记录下地址和时间戳的路由器个数为 3 个。表项里给出了路径上前 4 个路由器的 IP 地址及其时间戳。其网络拓扑参见图 4-17。

4.5.3　源路由选项

源路由选项（source route，SR）可为数据报指定转发路径，即源站可指定转发数据报所经过的路由器序列。源路由选项包括两种形式，具体如下。

一是严格源路由（strict source route，SSR）：发送方指明 IP 数据报所必须经过的确切路由。如果一个路由器发现源路由选项所指定的下一跳路由器不在其直接连接的网络上，那么它就返回一个“源站路由失败”的 ICMP 差错报文。

二是宽松源路由（loose source route，LSR）：发送方指明了一个数据报需经过的 IP 地址清单，但是数据报在清单上指明的任意两个地址之间可以通过其他路由器。

无论哪种形式，选项中都包含一个 IP 地址表，用以指定数据报必须经过的路径。其格式如图 4-21 所示。

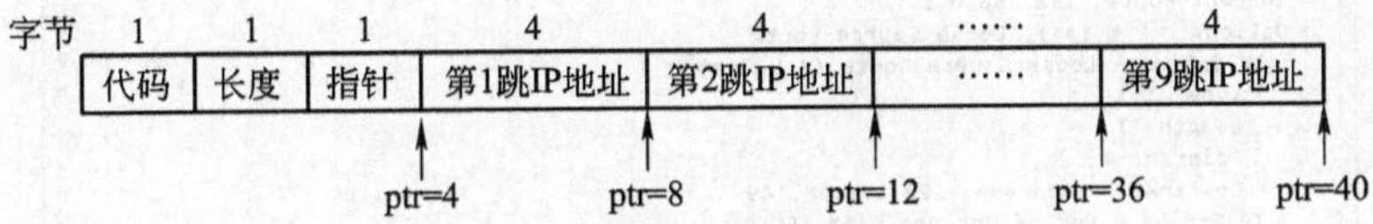

图 4-21　IP 首部源路由选项格式

“代码”字段占 1 字节。值为 137 时表示严格源路由，其中 COPY 位为 1，选项类为 0，选项号为 9；值为 131 时表示宽松源路由，其中 COPY 位为 1，选项类为 0，选项号为 3。

如图 4-22 所示，通信的源端和目的端分别为主机 S 和 D，中间经过 3 个路由器 R_1、R_2、R_3，R_1 的两个接口为 R_{11}、R_{12}，R_2 的两个接口为 R_{21}、R_{22}，R_3 的两个接口为 R_{31}、R_{32}。图 4-22 中给出了源端和中间路由器发送数据报时数据报首部目的地址和源路由选项地址表的情况。

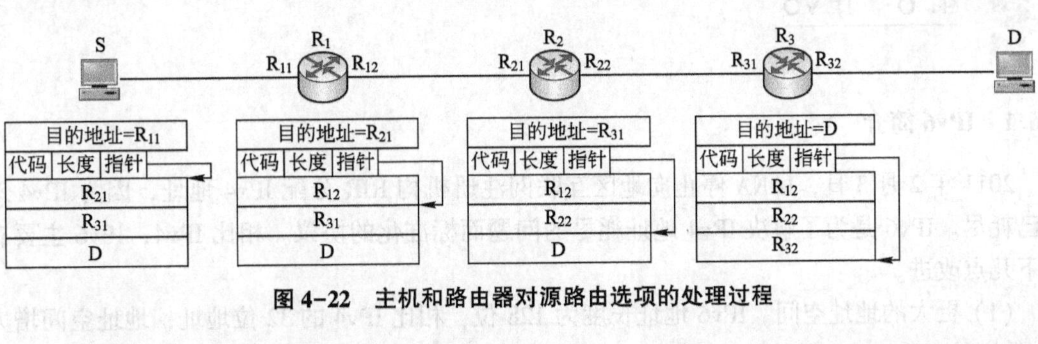

图 4-22　主机和路由器对源路由选项的处理过程

在源端 S，应用层指明数据报的目的地址是 D，途经的路由器地址序列为 R_{11}、R_{21}、R_{31}。可通过命令 ping-k R_{11} R_{21} R_{31} D 实现。

主机 S 的 IP 模块从应用程序接收源站路由序列，将第一个路由器的 IP 地址填入 IP 首部目的地址字段，将第二、第三个路由器的 IP 地址填入源路由选项表单的前两个位置，将目的端主机 D 的地址填入表单的第三个位置，指针值为 4，指向第一个表项。

路由器 R_1 收到这个报文后，发现其目的地址是自己的一个接口地址，于是对数据报进行以下操作：把选项表中指针指向的地址 R_{21} 放到目的地址字段，用自己转发这个数据报的出口地址 R_{12} 覆盖指针指向的位置，最后把指针加 4。

路由器 R_2 和 R_3 重复上述处理过程，直到数据报到达目的主机 D。

图 4-22 是一个严格源路由的例子，当使用宽松源路由时，如果路由器发现目的 IP 地址不是自己任何一个接口的 IP 地址，正常转发这个数据报即可，不需要进行源路由选项的处理。

图 4-23 是一个携带 IP 源路由选项的报文实例。

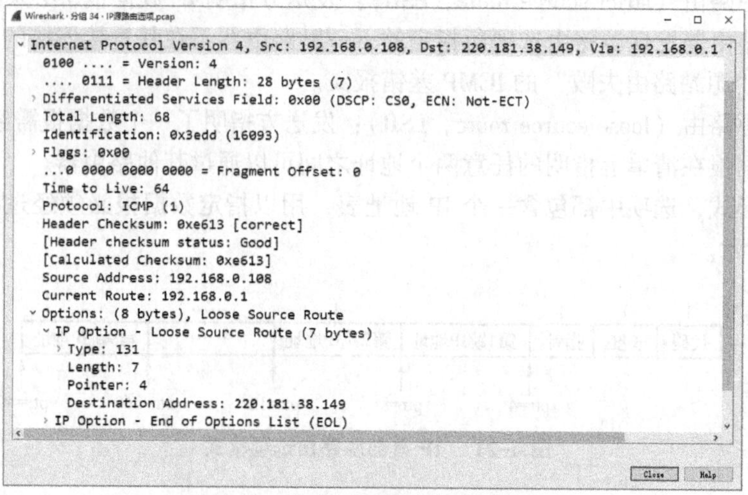

图 4-23　携带 IP 源路由选项的报文

在 IP 源路由选项中，“代码”值为 131，说明此为宽松源路由选项；“选项长度”为 7 字节；“指针”值为 4；地址列表中只指定了一个 IP 地址 220.181.38.149。

4.6　IPv6

4.6.1　IPv6 简介

2011 年 2 月 3 日，IANA 停止向地区互联网注册机构 RIR 分配 IPv4 地址，因为 IPv4 地址已耗尽。IPv6 是为了解决 IPv4 地址耗尽的问题而标准化的协议。相比 IPv4，IPv6 主要有以下几点改进。

（1）更大的地址空间。IPv6 地址长度为 128 位，相比 IPv4 的 32 位地址，地址空间增大了 2^{96} 倍。

（2）扩展的地址层次结构。因为地址空间变大，可以划分为更多的层次。

（3）灵活的首部格式。首部长度固定为 40 字节，选项放在了有效载荷中。取消了首部校验和。

（4）允许协议继续扩充。

（5）支持即插即用。因此 IPv6 不需要使用 DHCP。

（6）支持资源预分配。IPv6 支持实时视频等要求保证一定带宽和时延的应用。

（7）采用认证与加密功能。应对伪造 IP 地址及防止线路窃听。

（8）首部改为 8 字节对齐。

4.6.2　IPv6 地址

IPv6 地址长度为 128 位，地址空间约为 3.4×10^{38}，在可以想见的未来，IPv6 地址是足够用的。IPv6 使用“冒号十六进制”记法，将 128 位 IP 地址划分为 16 位一组，每组用冒号“:”隔开，如：

fe80：0000：0000：0000：9c09：b416：0768：ff42

在十六进制记法中，允许省略数字前面的 0，则上面地址可简写为：

fe80：0：0：0：9c09：b416：768：ff42

冒号十六进制允许零压缩，即一连串连续的 0 可用一对冒号替代，则上面地址可进一步压缩为：

fe80：：9c09：b416：768：ff42

每个地址只允许使用一次零压缩。

在 IPv4 向 IPv6 过渡阶段，可允许将冒号十六进制和点分十进制结合，如：

0：0：0：0：0：0：192.168.0.1

在这种表示方法中，“冒号”分隔的是 16 位数值，“点”分隔的是 8 位数值。上述地址使用零压缩可表示为：

：：192.168.0.1

4.6.3　IPv6 数据报格式

IPv6 报文格式如图 4-24 所示。

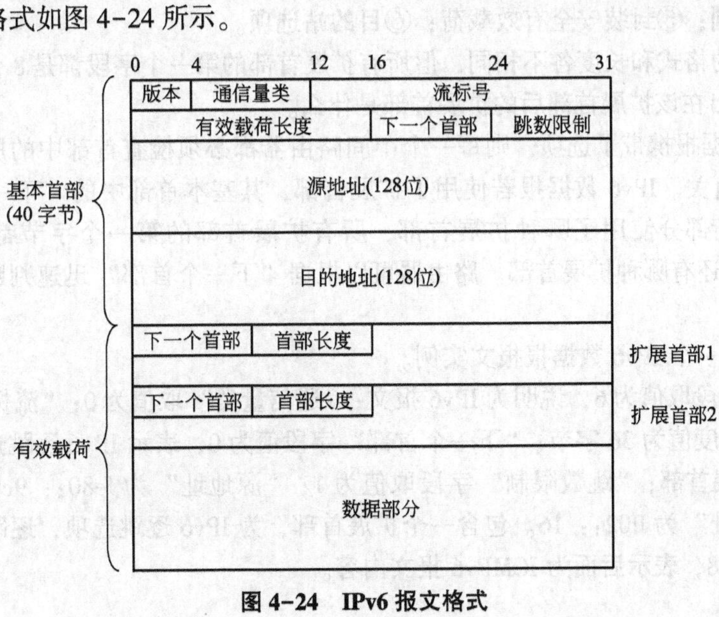

图 4-24　IPv6 报文格式

1. 版本

版本占 4 位。指明了协议的版本号，IPv6 取值为 6。

2. 通信量类

通信量类占 8 位。相当于 IPv4 的区分服务位。用于区分 IPv6 数据报的类别或优先级。

3. 流标号

流标号占 20 位。IPv6 支持资源预分配，允许路由器把一个数据报与一个给定的资源分配相联系。所谓“流”，是指互联网上从特定源点到特定终点的一系列数据报，“流”所经过的路径上的路由器都能保证指明的服务质量。属于同一个流的数据报具有相同的流标号。路由器收到这种报文后，查找与流标号对应的服务质量控制信息并对数据报进行处理。

4. 有效载荷长度

有效载荷长度占 16 位。指明 IPv6 数据报除基本首部外的字节数，最大值为 65 535。

5. 下一个首部

下一个首部占 8 位。相当于 IPv4 的协议字段或选项字段。当 IPv6 数据报不包含扩展首部时，下一个首部字段的作用与 IPv4 的协议字段相同。当包含扩展首部时，下一个首部字段给出后面第一个扩展首部的类型。

6. 跳数限制

跳数限制占 8 位。与 IPv4 的生存时间字段类似。源端在发送数据报时，设置跳数限制字段的值，路由器在转发数据报时，将跳数限制字段的值减 1。当该字段的值减为 0 时，路由器丢弃数据报。

7. 源地址和目的地址

源地址和目的地址各占 128 位。数据报源端和目的端的 IP 地址。

8. 扩展首部

IPv6 的首部长度是固定的，无法将选项加入其中。IPv6 使用扩展首部实现选项功能，扩展首部属于有效载荷部分。IPv6 中定义了 6 种扩展首部：①逐跳选项；②路由选择；③分片；④鉴别；⑤封装安全有效载荷；⑥目的站选项。

扩展首部的格式和长度各不相同，但所有扩展首部的第一个字段都是 8 位的“下一个首部”字段，指出在该扩展首部后的扩展首部是什么。

若 IPv4 数据报携带了选项，则每一个中间路由器都必须检查首部中的所有选项，看是否与本路由器有关。IPv6 数据报若使用了扩展首部，其基本首部中的“下一个首部”字段会指出有效载荷部分使用了哪种扩展首部，所有扩展首部的第一个字节都是“下一个首部”，指出后面还有哪种扩展首部。路由器可以根据“下一个首部”迅速判断有无自己需要处理的选项。

图 4-25 是一个 IPv6 数据报报文实例。

“版本”字段取值为 6，说明为 IPv6 报文；“通信量类”取值为 0；“流标号”取值为 0；“有效载荷”长度值为 36 字节；“下一个首部”字段值为 0，表示 IPv6 逐跳选项，说明该数据报携带了扩展首部；“跳数限制”字段取值为 1；“源地址”为 fe80::9c09:b416:768:ff42；“目的地址”为 ff02::16。包含一个扩展首部，为 IPv6 逐跳选项，逐跳选项给出的下一个首部值为 58，表示后面为 ICMPv6 报文内容。

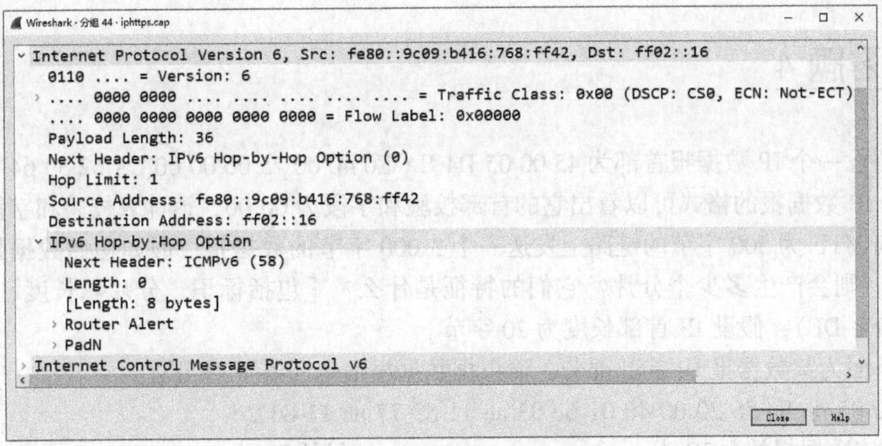

图 4-25　IPv6 数据报报文实例

4.7　IP 的安全问题

1. 窃听

IP 在传输过程中没有加密，是以明文形式进行传输的，攻击者只要进行窃听就能够截获到 IP 数据报，查看其首部及数据部分的信息。

2. IP 地址欺骗

IP 规定，路由器只需根据 IP 数据报首部的目的地址来确定从哪个接口转发出去，而不关心该 IP 数据报的源 IP 地址。所以攻击者可以修改数据报源 IP 地址或目的 IP 地址，网络设备无法判断相关信息是否被修改过。IP 地址欺骗可为拒绝服务攻击提供支持，避免被追踪而受到惩罚。

3. IP 碎片攻击

在主机或路由器上设置包过滤规则，可以对数据包的协议字段进行规则过滤，如对 TCP 的目的端口进行过滤。高层分组都是封装在 IP 数据报的数据部分进行传输的，如果 IP 数据报进行了分片，正常情况下，一般协议头部信息都只包含在第一片中，所以很多路由器设置过滤规则时，只对第一片进行匹配，对同一报文的后续分片将采取同第一片相同的处理方式。

可以在源端发送数据报时，生成极小的分片，使得目的端口号进入第二个分片，则路由器在对第一片进行检查的时候，导致过滤规则匹配不上而允许报文通过。

4. Teardrop

这种攻击方法同样利用了分片机制。在设置片偏移量字段时，使后一个分片的偏移量小于前一个分片结束的位置，从而造成两个分片重叠。某些 IP 实现在重组分片时无法处理这种情况，从而出现系统异常。

习题 4

1. 假设一个 IP 数据报首部为 45 00 05 D4 CA E0 40 00 75 06 00 00 CA 62 39 64 C0 A8 00 02，根据 IP 数据报的格式可以看出它的首部校验和字段为 00 00，请计算校验和字段的值。

2. 向 MTU 为 500 字节的链路上发送一个 3 000 字节的数据报。假如初始数据报具有标识号 422，则会产生多少个分片？它们的特征是什么？［包括标识、分片总长度、偏移值、标志（MF、DF）；假设 IP 首部长度为 20 字节］

3. 下面为某数据报 IP 首部部分，请根据数据报信息回答下列问题：

45 00 05 dc 8a 56 20 00 40 01 6c 03 ac 11 83 77 ac 11 83 2d

（1）该数据报的源 IP 为__________，目的 IP 为__________。

（2）该数据报携带数据部分长度为__________字节。

（3）该数据报是否被分片？__________。

（4）该数据报携带上层协议为__________。

4. 简述目的主机重组数据报的过程。

5. 当某个路由器发现一个 IP 数据报的检验和有差错时，为什么采取丢弃的办法而不是要求源站重传此数据报？

6. 什么是最大传送单元 MTU？它和 IP 数据报的首部中的哪个字段有关系？

7. 为什么 IP 数据报分片只能在目的主机重组？

第5章 网际控制报文协议

网际控制报文协议（internet control message protocol，ICMP）是一种面向无连接的协议，用于传输差错报告及控制信息。它属于网络层协议，主要用于在主机与路由器之间传递控制信息，包括报告错误，交换受限控制和状态信息等。当遇到 IP 数据报无法访问目的主机，IP 路由器无法按当前的传输速率转发数据包等情况时，会自动发送 ICMP 报文。它是一个非常重要的协议，同时对于网络安全具有极其重要的意义。ping 和 tracert 是两个常用网络管理命令，ping 用来测试网络可达性，tracert 用来显示到达目的主机的路径。ping 和 tracert 都利用 ICMP 来实现网络功能，它们是把网络协议应用到日常网络管理的典型实例。

本章主要介绍 ICMP 的报文种类及其典型应用。

5.1 辅助 IP 的 ICMP

IP 是一种不可靠、无连接的数据报协议。IP 数据报在发送到目的主机的过程中，可能经过一个或多个路由器。数据报在通过路由器进行转发时，可能会出现各种问题，导致数据报无法到达目的主机，情况如下。

(1) 在路由时发生选路回路，如果不采取措施，会造成 IP 数据报在网络中无限循环下去。如果网络中这种数据报过多，会最终耗尽网络资源。为避免这种情况发生，IP 数据报首部设置了 TTL 字段，每一个中间路由器在转发数据报之前，先将 TTL 值减 1。一旦 TTL 值降为 0，就丢弃该报文，报文投递失败。

(2) 某些数据报因为应用需求，会将 IP 首部标识字段的 DF 位设置为 1，不允许数据报在传输过程中进行分片。如果路径上的某个物理网络的 MTU 小于该 IP 数据报的总长度，将导致该报文无法传输，路由器丢弃该报文。

(3) 若一个 IP 数据报在传输过程中进行了分片，目的主机会对这些分片进行重组。在重组时，目的主机会为每个数据报分配一块存储区域，并等待所有分片到来。为防止因某个分片丢失而无限期等待，目的主机在重组分片时会设置一个超时计时器。如果计时器计时结束，还未收到所有分片，则重组失败，该数据报被丢弃。

(4) 路由器找不到到达目的主机所在网络的路径、目的主机端口没有开放、目的主机不在线或目的主机无法识别 IP 数据报首部包含的协议字段等，数据报将被丢弃。

在遇到上述问题时，IP 的处理方式是丢弃数据报，并向源主机发送差错报告报文，通知源主机数据报被丢弃的原因。

除此之外，为确保网络正常运行，网络层还需要一些控制机制，具体如下。

(1) 源主机在发送数据之前，想要先判断一下目的主机当前是否可达。

(2) 从源端到目的端可能存在多条路径，但当前选择的路径并不是最优的，如果路由器发现有更优路径，会通知源端。

(3) 为了对各个路由器的时钟进行同步，需要获取各个路由器的本地时间。

为解决上述差错报告和网络控制问题，网络层引进了 ICMP，ICMP 是 IP 的辅助协议。ICMP 的主要功能包括：确认 IP 数据报是否成功到达目的地，向源端通知在发送过程中数据报被丢弃的原因，优化网络设置等。以上仅列出了几种需要 ICMP 处理的情况，实际上 ICMP 的功能远不止这些。

5.2 ICMP 报文

ICMP 报文大致可以分为两类：一是用于通知出错原因的差错报告类报文，二是用于查询和性能优化的控制类报文。

目前常用的 ICMP 报文类型见表 5-1。

表 5-1 常用的 ICMP 报文类型及分类

类型值	ICMP 报文类型	类别	
3	目的站不可达	差错报告	
11	数据报超时		
12	数据报参数错误		
40	Photuris		
0	回送应答	请求/应答	控制
8	回送请求		
9	路由器通告		
10	路由器请求		
13	时间戳请求		
14	时间戳应答		
5	重定向（改变路由）	通知	

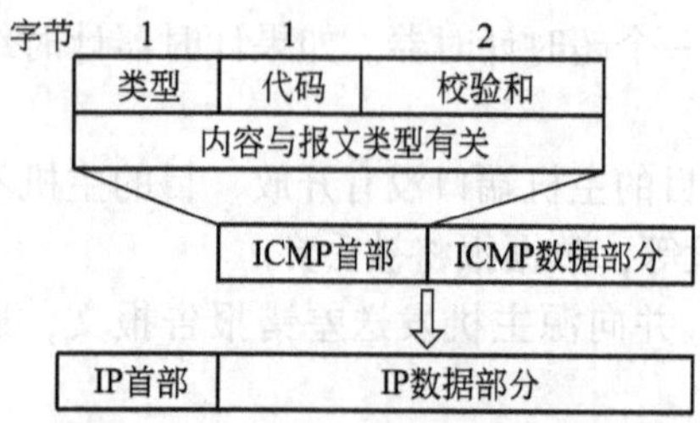

图 5-1 ICMP 报文格式及封装

ICMP 报文格式及封装如图 5-1 所示。不同种类的 ICMP 报文格式是不相同的，但首部长度都是 8 字节，且所有报文的首部前三个字节都是相同的。分别是 1 字节的“类型”字段、1 字节的“代码”字段和 2 字节的“校验和”字段。其中“类型”字段标识 ICMP 报文的类型，见表 5-1。“代码”字段提供了有关报文类型更为细致的信息。“校验和”字段则用于保证报文的完整性，校验和对整个报文进行校验，计算方法与 IP 首部校验和计算方法相同。

ICMP 报文是封装在 IP 数据报中发送的，此时 IP 数据报首部协议字段的值设置为 1。虽然 ICMP 封装在 IP 中，但不应该把它看成是一个高层协议，它只是 IP 功能的一个补充。

5.3　差错报告类报文

如果在转发 IP 数据报时发生了错误，导致数据报无法正常到达目的地，则要使用 ICMP 的差错报告报文。差错报告报文需遵循以下规则。

(1) ICMP 差错报告报文的数据部分内容规定为发生差错的 IP 数据报首部及其数据部分的至少前 64 位。这是因为 IP 数据报首部及其数据区的前 64 位包含了出错数据报的重要信息，这些信息能够为源端采取差错处理措施提供依据。

(2) 只向源主机报告差错，而不向中间路由器报告差错。这是因为当数据报在某个路由器出错时，该路由器并不知道数据报前面经过哪些路由器，所能知道的只有源和目的地址。

(3) 当携带 ICMP 差错报告报文的 IP 数据报出现差错时，不再生成 ICMP 差错报告报文。

(4) 仅对 IP 数据报的第一个分片应用 ICMP。

(5) 网络层或数据链路层目的地址是广播地址或组播地址的数据报出错，不产生 ICMP 差错报告报文。

(6) 源地址不是单个主机地址的数据报，不产生 ICMP 差错报告报文。即源地址不能为零地址、环回地址、广播地址或组播地址。

差错报告类报文包括以下 4 种：目的站不可达报文、数据报超时报文、数据报参数错误报文及 Photuris 报文。

5.3.1　目的站不可达报文

当路由器因各种原因无法转发或交付数据报时，会向源主机发送一个 ICMP 目的站不可达（destination unreachable）报文，通知源主机目的站不可达的原因。ICMP 目的站不可达报文格式如图 5-2 所示。

字节 1	1	2
类型(3)	代码(0~15)	校验和
未用(0)		
IP数据报首部+数据区的前64比特		

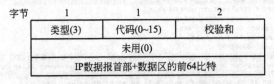

图 5-2　ICMP 目的站不可达报文格式

“类型”值为 3，“代码”值为 0～15，分别给出了目的站不可达的原因，详见表 5-2。

表 5-2　ICMP 目的站不可达报文“代码”字段取值及含义

代码值	含义
0	网络不可达（选路失败）
1	主机不可达（交付失败）
2	协议不可达（不能识别数据报中标识的上层协议）
3	端口不可达（TCP 或 UDP 报文中的端口无效）
4	需要分片但 DF 位设置为 1（不能进行分片）
5	源路由选路失败
6	目的网络不认识
7	目的主机不认识
8	源主机被隔离（已废弃不用）
9	目的网络被强制禁止通信
10	目的主机被强制禁止通信
11	网络不可达（无法满足所请求的服务类型）
12	主机不可达（无法满足所请求的服务类型）
13	出于管理需要，通信被强制禁止
14	主机越权
15	在实际通信时优先级被中止

需要注意的是，当代码值为 4 时，报文格式中“未用”字段占 2 字节，其后的 2 字节为“下一个 MTU”字段。4.3.4 节给出了一个代码值为 4 的 IMCP 目的站不可达报文实例。

图 5-3 是一个 ICMP 端口不可达报文实例。“类型”值为 3，“代码”值为 3，说明这是一个端口不可达报文。这是一个由 UDP 报文交付失败产生的差错报告报文。UDP 的规则之一是，如果收到一份 UDP 数据报而目的端口与某个正在使用的进程不相符，那么 UDP 返回一个 IMCP 目的站不可达报文。其数据区为出错报文的 IP 首部及其上层 UDP 协议的源端口和目的端口。整个 ICMP 报文数据如图 5-3 所示。

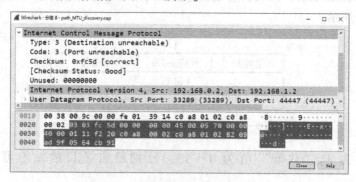

图 5-3　ICMP 端口不可达报文实例

5.3.2　数据报超时报文

ICMP 数据报超时（time exceeded）报文的产生有两种情况。一是 TTL 值超时，若 IP 数据报在传输过程中 TTL 值减为 0，需要丢弃该数据报，这时，路由器会向源主机发送一个 ICMP 超时报文。二是分片重组超时，目的主机在重组数据报分片时，重组计时器结束但未收到所有分片，目的主机会丢弃该数据报并向源主机发送 ICMP 超时报文。

ICMP 数据报超时报文格式如图 5-4 所示。其“类型”值为 11；“代码”值为 0 或 1，为 0 时表示 TTL 超时，为 1 时表示重组超时。

字节 1	1	2
类型(11)	代码(0/1)	校验和
未使用(0)		
IP数据报首部+数据区的前64比特		

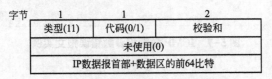

图 5-4　ICMP 数据报超时报文格式

图 5-5 为 TTL 数据报超时报文实例。“类型”值为 11，“代码”值为 0，表示 TTL 超时。由图 5-5 可见，该 ICMP 报文数据部分携带的出错 IP 报文首部 TTL = 1，路由器转发该报文时，要先将 TTL 减 1，则 TTL 值减为 0，路由器不能发送 TTL = 0 的报文，所以将报文丢弃，并发送 ICMP 差错报告报文。

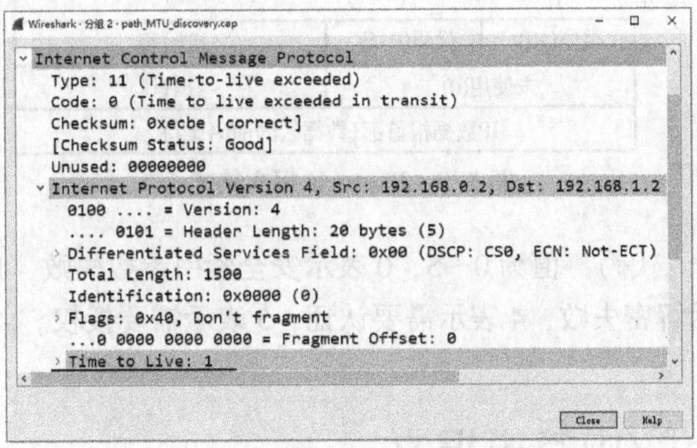

图 5-5　ICMP TTL 数据报超时报文实例

5.3.3　数据报参数错误报文

当主机或路由器处理数据报时，发现由于协议首部的参数错误而不得不丢弃数据报时，需要向源主机发送参数错误（parameter problem）报文。在该报文中，“类型”值为 12，“代码”值为 0～2，0 表示具体错误由指针字段指明，1 表示数据报缺少必需的选项，2 表示数据报长度错误。“指针”字段指明发生错误的第一个字节在数据报中的位置。ICMP 数据报参数错误报文格式如图 5-6 所示。

字节 1	1	2
类型(12)	代码(0/1/2)	校验和
指针	未使用(0)	
IP数据报首部+数据区的前64比特		

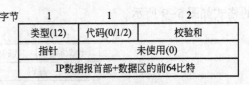

图 5-6　ICMP 数据报参数错误报文格式

图 5-7 为 ICMP 数据报参数错误报文实

例。“类型”值为 12；“代码”值为 0；“指针”值为 0。

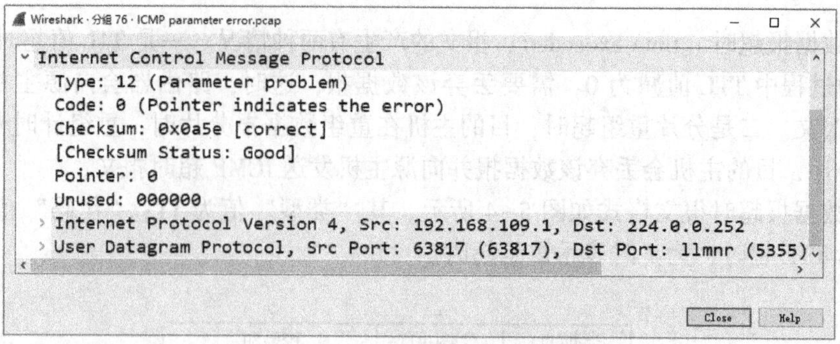

图 5-7　ICMP 数据报参数错误报文实例

5.3.4　Photuris 报文

Photuris 报文用于 IPSec。IPSec 是用于网络层的安全套件，提供数据机密性和完整性保护、对等身份认证、数据压缩等功能。IPSec 功能的实现依托一系列参数，如加密算法、压缩算法、密钥等。当 IPSec 功能失败时，主机或路由器向源主机发送 ICMP Photuris 报文。

Photuris 报文格式如图 5-8 所示。

字节 1	1	2
类型(40)	代码(0~5)	校验和
未使用(0)		指针
IP数据报首部+数据区的前64比特		

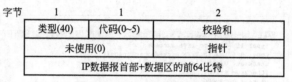

图 5-8　Photuris 报文格式

“类型”值为 40；“代码”值为 0~5，0 表示安全索引参数失败，1 表示认证失败，2 表示解压缩失败，3 表示解密失败，4 表示需要认证，5 表示需要授权。

5.4　请求/应答类报文

5.4.1　回送请求和回送应答报文

ICMP 的回送请求（echo request）和回送应答（echo reply）报文可用于测试网络的连通性。源主机向目的主机发送回送请求报文，目的主机收到后回复回送应答报文。这两种报文的格式如图 5-9 所示。

字节 1	1	2
类型(8/0)	代码(0)	校验和
标识		序号
可选数据		

图 5-9　ICMP 回送请求和回送应答报文格式

“类型”字段值表示报文种类，8 表示回送请求报文，0 表示回送应答报文。两种报文中“代码”都为 0。“标识”和“序号”用于匹配请求和应答，一对请求和应答的“标识”和“序号”值相同。“可选数据”长度可变，内容由具体实现决定，接收方必须将“可选数据”复制回显。

图 5-10 为 ICMP echo request 报文实例，编号为 939。其中，“类型”值为 8；“代码”值为 0；“标识”值为 1（BE）；“序号”值为 5（BE）。

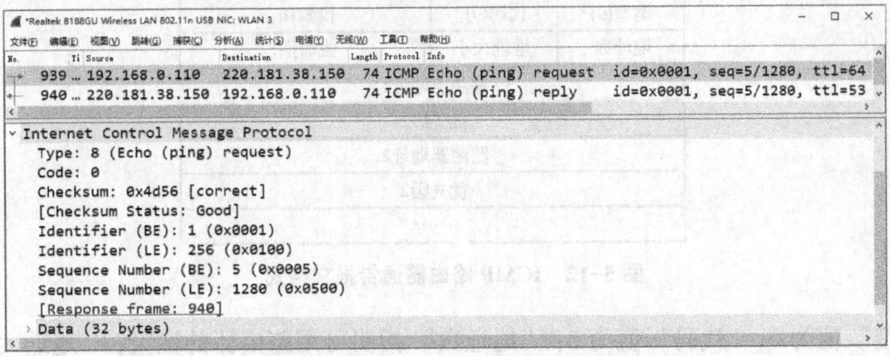

图 5-10　ICMP echo request 报文实例

图 5-11 为 ICMP echo reply 报文实例，编号为 940。其中，“类型”值为 0；“代码”值为 0；“标识”值为 1（BE）；“序号”值为 5（BE）。标识和序号字段的值与请求报文一致。

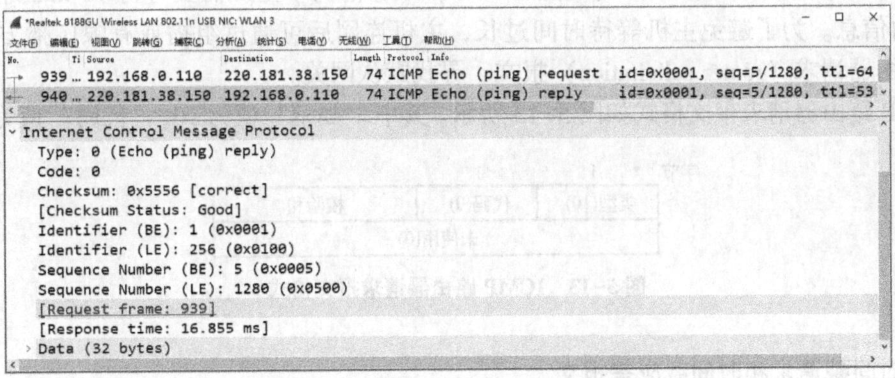

图 5-11　ICMP echo reply 报文实例

5.4.2　路由器通告和路由器请求报文

当主机连接到网络上后，要想与其他网络中的主机进行通信，必须先知道本地网络上的一个路由器 IP 地址，并将此地址作为本机的网关地址。主机获取网关的方法有两种，一种是手动配置，另一种是利用动态主机配置协议（dynamic host configuration protocol，DHCP）自动获取。

如果本地网络只有一个路由器连接外网，那么网络中的主机只能使用这一个地址作为网关，这种情况下，一般采用手动配置方法。如果本地网络中有多个路由器连接不同外网，则比较适合使用 DHCP 自动获取，因为如果手动将网关固定为一个路由器的话，当这个路由器发生故障时，即使网络中有其他路由器可访问外网，主机却无法使用。

为解决上述问题，路由器会定期向网络中发送 IMCP 路由通告（router advertisement）报文，告诉主机可使用的路由器。主机可从中选择某个路由器作为网关，同时，如果间隔一段时候后，没有收到该路由器的通告报文，可判断此路由器失效，需重新配置网关。

ICMP 路由器通告报文格式如图 5-12 所示。

字节	1	1	2
	类型(9)	代码(0)	校验和
	地址数	地址大小	生命期
	路由器地址1		
	优先级1		
	路由器地址2		
	优先级2		
	……		

图 5-12 ICMP 路由器通告报文格式

“类型”值为 9；“代码”值为 0；“地址数”指明可用路由器的数量；“地址大小”指明地址的大小，以 4 字节为单位，对于 IPv4，该字段的值为 1。“生命期”表示路由信息保持有效的时间，以秒为单位。“路由器地址”和“优先级”给出了可用的路由器及其优先级，它们是成对出现的。

路由器通告报文的最大间隔时间是 10 min，最坏情况下主机需要等待 10 min 才能得到一条路由信息。为了避免主机等待时间过长，主机连网后可通过组播或有限广播方式发送 ICMP 路由器请求（router solicitation）报文，寻找默认网关。

ICMP 路由器请求报文格式如图 5-13 所示。其中“类型”值为 10；“代码”值为 0。

字节	1	1	2
	类型(10)	代码(0)	校验和
	未使用(0)		

图 5-13 ICMP 路由器请求报文格式

5.4.3 时间戳请求和时间戳应答报文

ICMP 时间戳请求（timestamp request）允许系统向另一个系统查询当前的时间，对方通过 ICMP 时间戳应答（timestamp replay）返回的建议值是自午夜开始计算的毫秒数。这两种报文的格式如图 5-14 所示。

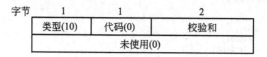

字节	1	1	2
	类型(13/14)	代码(0)	校验和
	标识		序号
	初始时间戳		
	接收时间戳		
	回送时间戳		

图 5-14 ICMP 时间戳请求和应答报文格式

“类型”值指明报文种类，13 表示时间戳请求报文，14 表示时间戳应答报文；两种报文中“代码”值都为 0；“标识”和“序号”用于匹配请求和应答报文，一对请求和应答报文的“标识”和“序号”值是相同的；“初始时间戳”记录源主机生成时间戳请求报文的时间；“接收时间戳”记录接收者收到请求的时间；“回送时间戳”记录接收者生成应答报文的时间。

图 5-15 为 ICMP 时间戳请求报文实例，编号为 48。其中，“类型”值为 13，“代码”值为 0，表示该报文为 ICMP 时间戳请求报文；“标识”值为 23143（BE）；“序号”值为 17251（BE）；“初始时间戳”值为 0 ms；“接收时间戳”值为 0 ms；“回送时间戳”值为 0 ms。

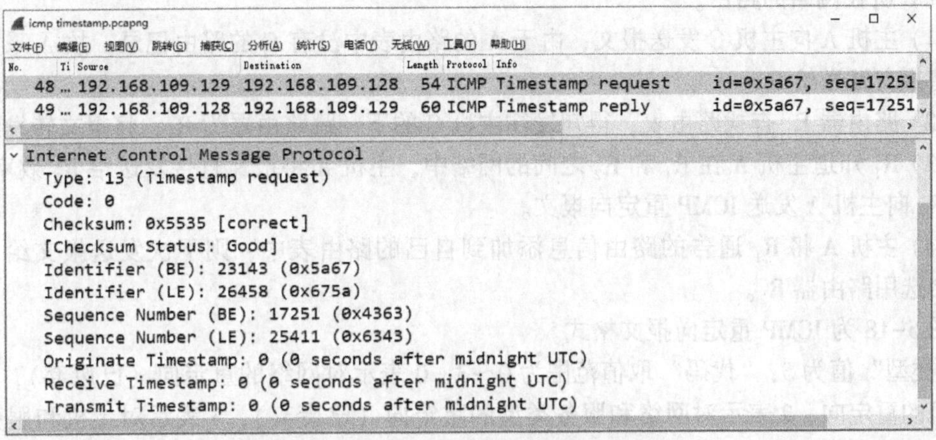

图 5-15　ICMP 时间戳请求报文实例

图 5-16 为 ICMP 时间戳应答报文实例，编号为 49。其中，“类型”值为 14，“代码”值为 0，表示该报文为 ICMP 时间戳应答报文；“标识”值为 23143（BE）；“序号”值为 17251（BE）；标识和序号的值与时间戳请求报文一致；“初始时间戳”值为 0 ms；“接收时间戳”值为 48524886 ms；“回送时间戳”值为 48524886 ms。

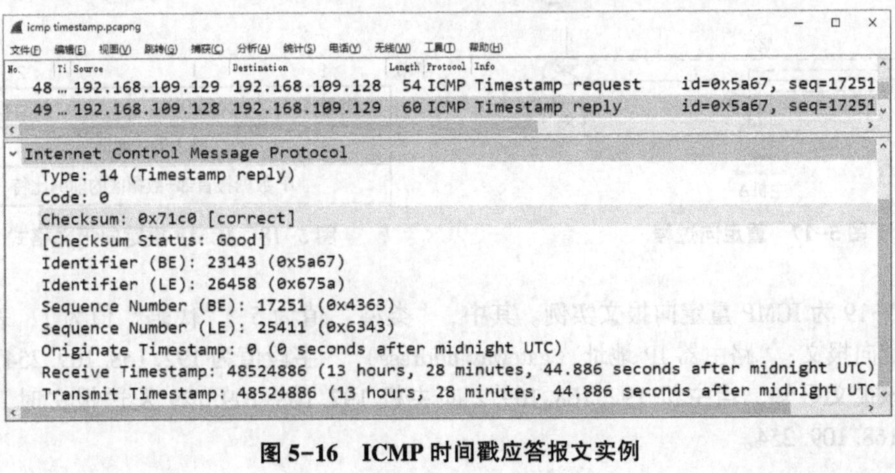

图 5-16　ICMP 时间戳应答报文实例

5.5 重定向报文

目前正在使用的通知类报文只有重定向报文。主机启动后，会根据本地配置文件对路由表进行初始化，如果拓扑发生变化，可能会导致主机采用非优化路由。当路由器发现主机使用的路由信息不是最优时，会向主机发送一个 ICMP 重定向报文，通告最合适的路由信息。

图 5-17 给出了重定向的过程。假设主机 A 的默认路由为 R_1，且主机 A 的路由表中没有主机 C 所在网络的路由。

(1) 主机 A 向主机 C 发送报文，由于 A 的路由表中没有 C 的路由记录，故 A 采用默认路由将报文发送给 R_1。

(2) 路由器 R_1 查找路由表，得知发往主机 C 的下一跳路由器为 R_2，将报文转发给 R_2。

(3) R_1 知道主机 A 在 R_1 和 R_2 之间的网络中，主机 A 将报文直接发送给 R_2 效率更高，于是 R_1 向主机 A 发送 ICMP 重定向报文。

(4) 主机 A 将 R_1 通告的路由信息添加到自己的路由表中，则下次发送报文给主机 C 时，会选用路由器 R_2。

图 5-18 为 ICMP 重定向报文格式。

“类型” 值为 5；“代码” 取值范围为 0~3，0 表示对网络的重定向（已废弃），1 表示对主机的重定向，2 表示对网络和服务类型的重定向（已废弃），3 表示对主机和服务类型的重定向；“路由器 IP 地址” 字段用于向主机通告更优路由，收到这个报文后，主机再向同一目的地发送数据报时会使用该路由。

在引入子网以后，必须使用子网掩码才能准确标识网络，这个报文中没有掩码字段，所以代码值 0 和 2 已废弃不用。

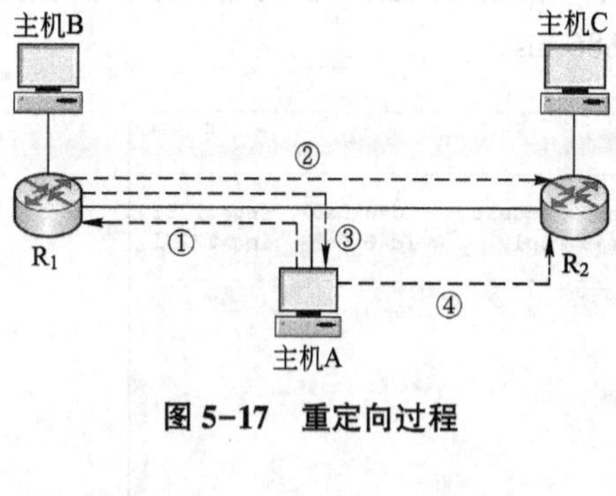

图 5-17 重定向过程

字节 1	1	2
类型(5)	代码(0~3)	校验和
路由器IP地址		
IP 数据报首部+数据区的前64比特		

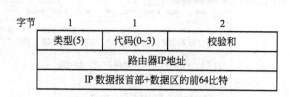

图 5-18 ICMP 重定向报文格式

图 5-19 为 ICMP 重定向报文实例。其中，“类型” 值为 5，“代码” 值为 1，表示对主机的重定向报文；“路由器 IP 地址（gateway address）” 字段值为 192. 168. 109. 254。

由该报文可知，当主机 192. 168. 109. 2 向主机 192. 168. 109. 129 发送报文时，应路由到 192. 168. 109. 254。

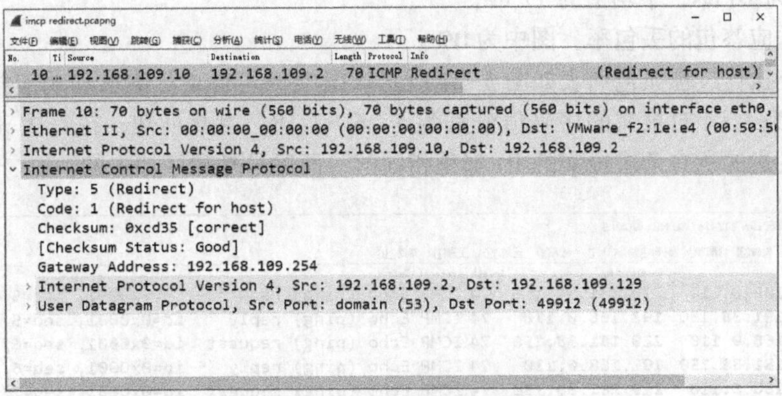

图 5-19　ICMP 重定向报文实例

5.6　ICMP 的应用

5.6.1　Ping 程序

如果要向目的主机发送数据包，可先探测一下目的主机是否可达，Ping 程序可实现这一功能。该程序向目的主机发送一个 ICMP 回送请求报文，若通信正常，会收到对方返回的 ICMP 回送应答报文。

实现命令为：ping 目的 IP 地址（也可使用域名）。默认情况下，ping 程序发送 4 个回送请求包，正常情况下会收到 4 个回送应答包。发送 4 个报文的目的是防止因其他原因丢包而导致目的主机可达性判断失误。

图 5-20 为在 Windows 命令行下执行 ping 命令的运行结果。

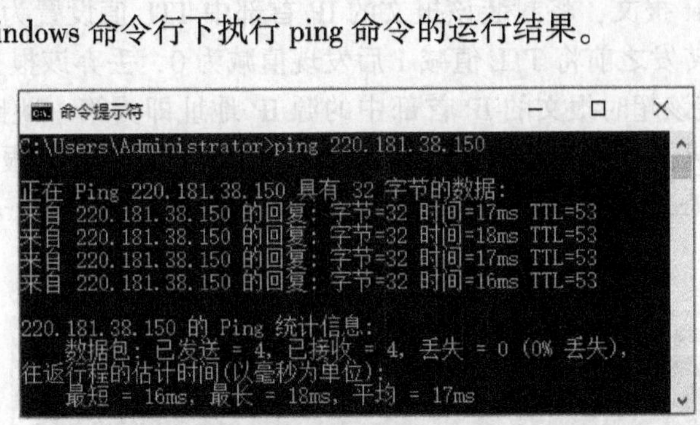

图 5-20　执行 ping 命令的运行结果

从执行结果来看，源主机一共收到了 4 个应答报文。ping 程序在探测目的主机是否可达的同时，还可收集一些其他信息，具体如下。

（1）收到的回送应答报文 IP 首部中的 TTL 值，图中为 53。

（2）ICMP 报文数据部分的大小和往返时延，数据部分为 32 字节；往返时延最长为

18 ms，最短为 16 ms，平均值为 17 ms。

（3）回送应答包的丢包率，图中为 0%。

ping 命令执行过程抓包列表如图 5-21 所示。图中一共有 4 对请求和响应报文。所有报文的 ID 值都为 1，4 对报文的序号值分别为 5、6、7、8。由此可知，在一次 ping 命令的执行过程中，发送的所有请求报文的 ID 都是相同的，而序号是顺序加 1 的。

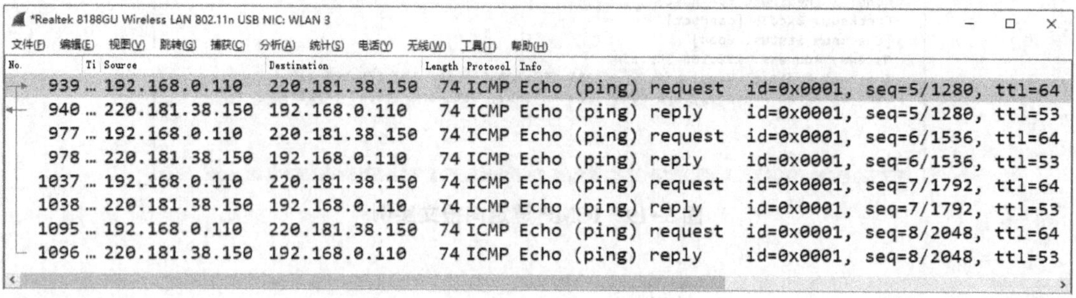

No.	Ti	Source	Destination	Length	Protocol	Info
939	…	192.168.0.110	220.181.38.150	74	ICMP	Echo (ping) request id=0x0001, seq=5/1280, ttl=64
940	…	220.181.38.150	192.168.0.110	74	ICMP	Echo (ping) reply id=0x0001, seq=5/1280, ttl=53
977	…	192.168.0.110	220.181.38.150	74	ICMP	Echo (ping) request id=0x0001, seq=6/1536, ttl=64
978	…	220.181.38.150	192.168.0.110	74	ICMP	Echo (ping) reply id=0x0001, seq=6/1536, ttl=53
1037	…	192.168.0.110	220.181.38.150	74	ICMP	Echo (ping) request id=0x0001, seq=7/1792, ttl=64
1038	…	220.181.38.150	192.168.0.110	74	ICMP	Echo (ping) reply id=0x0001, seq=7/1792, ttl=53
1095	…	192.168.0.110	220.181.38.150	74	ICMP	Echo (ping) request id=0x0001, seq=8/2048, ttl=64
1096	…	220.181.38.150	192.168.0.110	74	ICMP	Echo (ping) reply id=0x0001, seq=8/2048, ttl=53

图 5-21　ping 命令执行过程抓包列表

5.6.2　Traceroute 程序

Traceroute 程序可以让我们看到 IP 数据报从一台主机到另一台主机所经过的路由。IP 记录路由选项也具有这个功能，但该方法有以下几个缺陷。

（1）不是所有路由器都支持记录路由选项。

（2）记录路由选项的地址空间是有限的，最多只能记录 9 个地址。

（3）源端必须与目的端事先达成一致，源端设置了记录路由选项，目的端收到报文后，从首部中提取路由信息，然后全部返回给源端。

Traceroute 程序使用 ICMP 报文和 IP 首部中的 TTL 字段。其原理是：源端向目的端发送一个 ICMP echo request 报文，将封装该报文的 IP 首部中 TTL 值设置为 1，该报文到达第一个路由器，路由器在转发之前将 TTL 值减 1 后发现值减为 0，丢弃该报文并向源端发送一个 ICMP 超时报文，封装该超时报文的 IP 首部中的源 IP 地址即为第一跳路由器的地址。之后 TTL 值以 1 为单位逐渐递增，直到源端收到目的端的 ICMP echo reply 报文，路由跟踪结束。

Windows 系统下 Traceroute 程序的命令为 tracert，使用格式为：tracert 目的 IP（或域名），如图 5-22 所示。

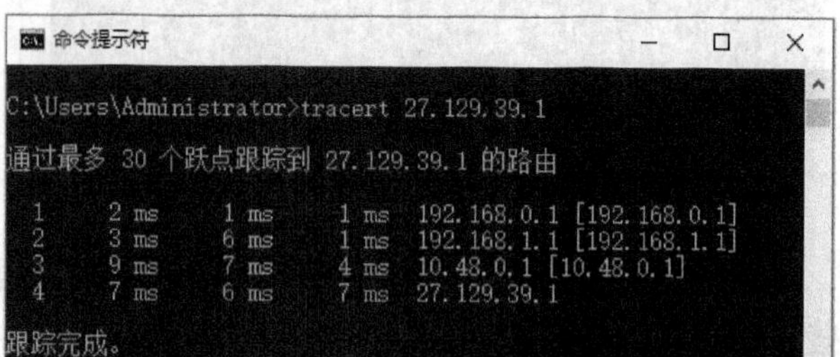

图 5-22　tracert 命令执行结果

从执行结果来看，源主机到目的主机 27.129.39.1 之间共经过了 3 个路由器，地址分别为 192.168.0.1、192.168.1.1 和 10.48.0.1。针对每跳路由器都会发送 3 个探测报文，执行结果中给出了每跳 3 个报文的响应时间。

tracert 命令执行过程抓包列表如图 5-23 所示。源主机 192.168.0.110 一共向目的主机 27.129.39.1 发送了 4 次 ICMP echo request 报文，IP 首部 TTL 值依次为 1、2、3、4，每次默认发送 3 个报文。一次 tracert 命令产生的所有报文的 ID 值都相同，此处为 1，所有报文的序号值依次加 1，分别为 75～86。

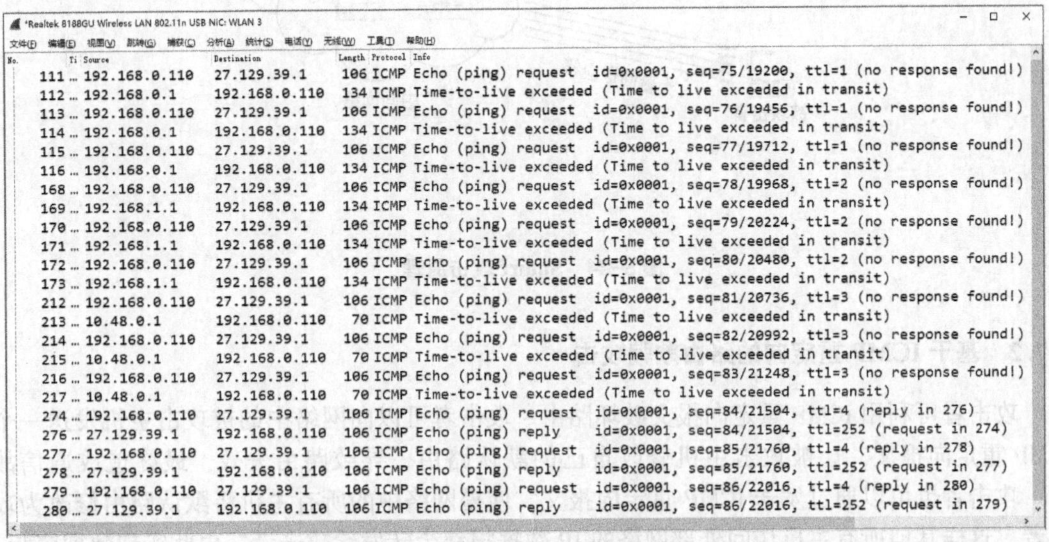
*Realtek 8188GU Wireless LAN 802.11n USB NIC: WLAN 3
文件(F) 编辑(E) 视图(V) 跳转(G) 捕获(C) 分析(A) 统计(S) 电话(Y) 无线(W) 工具(T) 帮助(H)

No.	Ti	Source	Destination	Length	Protocol	Info
111	…	192.168.0.110	27.129.39.1	106	ICMP	Echo (ping) request id=0x0001, seq=75/19200, ttl=1 (no response found!)
112	…	192.168.0.1	192.168.0.110	134	ICMP	Time-to-live exceeded (Time to live exceeded in transit)
113	…	192.168.0.110	27.129.39.1	106	ICMP	Echo (ping) request id=0x0001, seq=76/19456, ttl=1 (no response found!)
114	…	192.168.0.1	192.168.0.110	134	ICMP	Time-to-live exceeded (Time to live exceeded in transit)
115	…	192.168.0.110	27.129.39.1	106	ICMP	Echo (ping) request id=0x0001, seq=77/19712, ttl=1 (no response found!)
116	…	192.168.0.1	192.168.0.110	134	ICMP	Time-to-live exceeded (Time to live exceeded in transit)
168	…	192.168.0.110	27.129.39.1	106	ICMP	Echo (ping) request id=0x0001, seq=78/19968, ttl=2 (no response found!)
169	…	192.168.1.1	192.168.0.110	134	ICMP	Time-to-live exceeded (Time to live exceeded in transit)
170	…	192.168.0.110	27.129.39.1	106	ICMP	Echo (ping) request id=0x0001, seq=79/20224, ttl=2 (no response found!)
171	…	192.168.1.1	192.168.0.110	134	ICMP	Time-to-live exceeded (Time to live exceeded in transit)
172	…	192.168.0.110	27.129.39.1	106	ICMP	Echo (ping) request id=0x0001, seq=80/20480, ttl=2 (no response found!)
173	…	192.168.1.1	192.168.0.110	134	ICMP	Time-to-live exceeded (Time to live exceeded in transit)
212	…	192.168.0.110	27.129.39.1	106	ICMP	Echo (ping) request id=0x0001, seq=81/20736, ttl=3 (no response found!)
213	…	10.48.0.1	192.168.0.110	70	ICMP	Time-to-live exceeded (Time to live exceeded in transit)
214	…	192.168.0.110	27.129.39.1	106	ICMP	Echo (ping) request id=0x0001, seq=82/20992, ttl=3 (no response found!)
215	…	10.48.0.1	192.168.0.110	70	ICMP	Time-to-live exceeded (Time to live exceeded in transit)
216	…	192.168.0.110	27.129.39.1	106	ICMP	Echo (ping) request id=0x0001, seq=83/21248, ttl=3 (no response found!)
217	…	10.48.0.1	192.168.0.110	70	ICMP	Time-to-live exceeded (Time to live exceeded in transit)
274	…	192.168.0.110	27.129.39.1	106	ICMP	Echo (ping) request id=0x0001, seq=84/21504, ttl=4 (reply in 276)
276	…	27.129.39.1	192.168.0.110	106	ICMP	Echo (ping) reply id=0x0001, seq=84/21504, ttl=252 (request in 274)
277	…	192.168.0.110	27.129.39.1	106	ICMP	Echo (ping) request id=0x0001, seq=85/21760, ttl=4 (reply in 278)
278	…	27.129.39.1	192.168.0.110	106	ICMP	Echo (ping) reply id=0x0001, seq=85/21760, ttl=252 (request in 277)
279	…	192.168.0.110	27.129.39.1	106	ICMP	Echo (ping) request id=0x0001, seq=86/22016, ttl=4 (reply in 280)
280	…	27.129.39.1	192.168.0.110	106	ICMP	Echo (ping) reply id=0x0001, seq=86/22016, ttl=252 (request in 279)

图 5-23　tracert 命令执行过程抓包列表

第一次发送 TTL=1 的报文，收到来自第一个路由器的 TTL 超时报文，路由器地址为 192.168.0.1。第二次发送 TTL=2 的报文，收到来自第二个路由器的 TTL 超时报文，路由器地址为 192.168.1.1。第三次发送 TTL=3 的报文，收到来自第三个路由器的 TTL 超时报文，路由器地址为 10.48.0.1。第四次发送 TTL=4 的报文，收到来自目的主机的回送应答报文。

tracert 判断是否到达目的主机的方法是在 IP 数据报中封装 ICMP 回送请求报文，一旦收到目的主机的回送应答报文，说明已到达目的主机，可停止探测。但网络中的情况比较复杂，如果目的主机的防火墙设置屏蔽了 ICMP 回送应答包，则会导致源主机无法收到目的主机的应答包，tracert 将一直运行到 TTL 值达到 255 才会停止。为避免浪费网络资源，tracert 程序对 TTL 的上限值做了规定，Windows 将该值设置为 30。

5.7　ICMP 的安全问题

5.7.1　Smurf 攻击

Smurf 攻击是拒绝服务（denial of service，DoS）攻击的一种，基于 ICMP 实现。攻击者向具有广播功能的目的网络广播 ICMP 回送请求包，封装该请求包的 IP 首部源地址伪造成被攻击主机的 IP 地址。目的网络中的所有主机都收到了该请求包，于是都向被攻击主机回复应答包，进而对被攻击主机造成拒绝服务攻击。Smurf 攻击原理如图 5-24 所示。

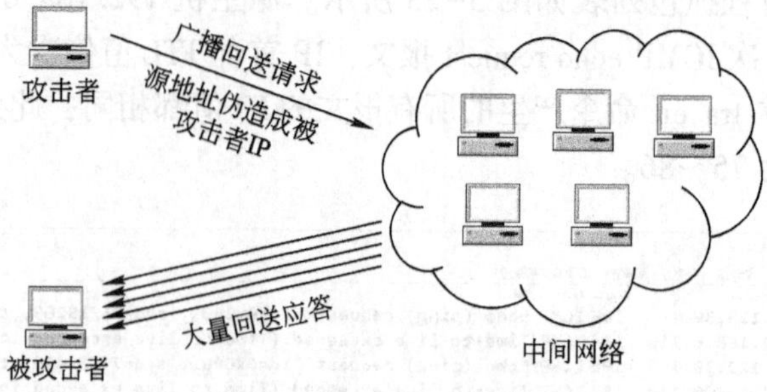

图 5-24　Smurf 攻击原理

5.7.2　基于 ICMP 重定向的路由欺骗攻击

攻击者可利用 ICMP 重定向报文破坏路由。攻击者可以向网络中的被攻击主机发送一个 ICMP 重定向报文，让被攻击主机修改自己的默认路由，导致路由失效，最终造成通信故障。攻击者也可以通过发送 ICMP 重定向报文，使得网络中的所有主机将默认路由修改为攻击者，这样其他所有主机访问外部网络的 IP 数据报都会转发给攻击者，由此实现数据窃听。

习题 5

1. ICMP 差错报文数据部分包括出错数据报的 IP 首部和数据部分前 64 位，分析其原因。

2. 当路由器在转发某个 IP 数据报发现差错（例如，目的站不可到达）时，只能向发送该数据报的源端发出 ICMP 差错报告报文，而不能向该数据报经过的中间路由器发送差错报告报文，为什么？

3. Tracert 程序用来获取由源端到目的端所经过路由器的 IP 地址，它利用的是 IP 首部的 TTL 字段及 ICMP 报文。试叙述其原理。

4. 假设初始时戳为 T_i，接收时戳为 T_r，传送时戳为 T_t，发送方收到回应的时间为 T_h，试估算一下通信的往返时延。

第 6 章　用户数据报协议

用户数据报协议（user datagram protocol，UDP）是一个简单的面向数据报的运输层协议。它提供面向无连接的、不可靠传输，具有资源消耗少、处理速度快等优点。支持 DHCP、DNS、SNMP 等应用服务。本章详细讲解 UDP 内容。

6.1　运输层的引入

6.1.1　运输层的作用

在 TCP/IP 分层模型中，运输层位于应用层和网络层之间，解决的是主机应用进程之间的通信问题，即端到端的通信。引入运输层的原因：增加复用和分用的功能，消除网络层的不可靠性，提供从源主机到目的主机的可靠的、与实际使用的网络无关的信息传输。运输层在应用层和网络层之间起着承上启下的作用，主要实现以下功能。

(1) 提供比网络层质量更高的服务。IP 协议提供的是无连接、尽最大努力交付、不可靠的数据报传输服务，IP 数据报在投递过程中会出现丢失、延迟和乱序的情况。对于应用程序而言，解决可靠性问题有以下两种途径：一是由应用程序自身解决，二是加入新的协议模块来解决。前一种方案增加了应用程序的规模和复杂性，而且每个应用程序都要实现可靠性功能，会造成代码重复。因此，加入运输层，在保证可靠性的同时，避免应用程序直面网络层和复杂的通信子网，并解决拥塞控制和流量控制等影响网络性能的问题。

(2) 提供识别应用进程的机制。从网络层来看，通信的两端是两台主机，IP 数据报使用目的 IP 地址作为传递的目的地。但两台主机之间的通信，实质是两台主机中的应用进程之间的通信，IP 地址标识的是主机，而非主机上的应用程序。IP 协议将数据报送到目的主机，这个数据报仅是停留在网络层，而没有交付给应用程序。因此，运输层应使用比 IP 地址更具体的标识符来标识应用。

(3) 对不同尺寸的应用数据进行适当的处理。运输层协议报文在网络层封装成 IP 数据报进行传输，若报文过长，则 IP 数据报需要进行分片处理，若报文过短，则传输效率过低。所以，运输层应具备对应用层数据进行适当处理的功能，对大尺寸数据进行划分，对小尺寸数据进行合并，以提高数据传输效率。

TCP/IP 协议族提供了两个运输层协议：用户数据报协议（UDP）和传输控制协议（TCP）。TCP 提供高可靠性的传输服务，UDP 提供不可靠的传输服务。根据对可靠性和传输效率的要求不同，应用程序可以选择不同的运输层协议。

6.1.2 运输层的端口

IP 数据报根据首部的目的 IP 地址字段到达目的主机后，目的主机的网络层对数据报进行处理，去掉 IP 首部后递交给相应的运输层协议。运输层协议在对数据报进行处理后，去掉运输层协议首部，并将数据交付给对应的应用程序。由于多个应用程序可以复用同一运输层协议，所以必须指明数据的最终目的地是哪个应用。

TCP/IP 的运输层定义了“协议端口”作为应用层与运输层的接口，用以标识不同的应用。接口地址称为“端口号”，它是数据投递的最终目的地。端口号是一个 2 字节的整数，取值范围为 0～65 535。

网络中的两台主机进行通信时，发送方不仅要知道目的主机的 IP 地址，还要知道接收进程在目的主机上的端口号，即目的端口号。发送方发送的每个报文需携带源 IP 地址和源端口、目的 IP 地址和目的端口。目的主机收到报文后，如果要向源主机回应，则可根据报文中的源 IP 地址和源端口设置回应报文的目的地址和目的端口。

TCP 和 UDP 两个协议的端口号是分开的。可用端口号范围都是 0～65 535。

6.2 UDP 概述

UDP 是一种无连接的协议，只在 IP 数据报的基础上增加了复用和分用、差错检测等功能。该协议用于支撑那些需要在主机之间传输数据的应用层协议。其主要特点如下。

(1) UDP 面向无连接。发送方发送数据前不需要与接收方建立连接，要传输数据时，接收来自应用程序的数据，直接封装成 IP 数据报发送到网络上。

(2) UDP 使用尽最大努力交付。即不保证可靠交付，不能确保每一个报文都能到达接收方。

(3) UDP 是面向报文的。发送方的 UDP 对应用程序传送下来的报文，既不拆分也不合并，添加 UDP 首部后直接交给 IP 协议。

(4) UDP 没有拥塞控制。发送速率只受应用软件生成数据的速率、传输带宽、源端和目的端主机性能的限制。网络中出现拥塞不会对发送速率造成影响，这对很多实时应用是很重要的。

(5) UDP 支持一对一、一对多、多对一、多对多的交互通信。由于数据传输不建立连接，因此也不需要维护连接状态。

(6) UDP 的首部开销少。UDP 首部只有 8 个字节。

6.3 UDP 报文

6.3.1 UDP 报文格式

UDP 数据报由首部和数据两部分组成。首部字段只有 8 个字节，由 4 个字段组成，每个字段占 2 个字节，如图 6-1 所示。

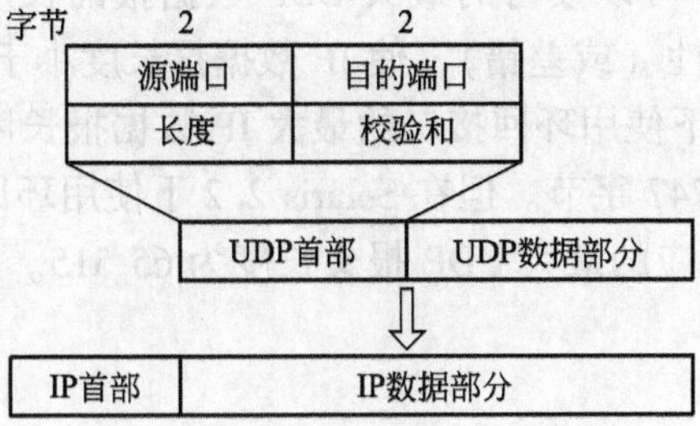

图 6-1　UDP 报文格式及封装

各字段含义如下。

源端口：发送方的端口号。该字段为可选字段，若使用，则指明了应答报文的目的端口号，若不使用，取值为 0。

目的端口：接收方的端口号。指明数据在接收方应交付的接口，必须使用。

长度：UDP 数据报的总长度，最小值为 8 字节（只有首部）。

校验和：检测 UDP 数据报在传输中是否出错，出错则丢弃。该字段是可选的，如果该字段值为 0，则说明未对 UDP 进行校验。

UDP 报文是封装在 IP 数据报中进行传输的。在封装过程中，应用数据首先交给 UDP，在数据前添加 UDP 首部形成用户数据报。之后用户数据报交给 IP 层，并由 IP 层添加 IP 首部形成 IP 数据报。最后，IP 数据报被递交到网络接口层，添加帧首和帧尾，封装到物理帧中，最后转化为比特流在网络中传输。封装 UDP 报文的 IP 首部协议字段值为 17。

UDP 报文实例如图 6-2 所示。“源端口”为 49171；“目的端口”为 33435；“长度”字段值为 8；“校验码”字段值为 0×061b。该报文长度为 8 字节，说明报文没有数据。

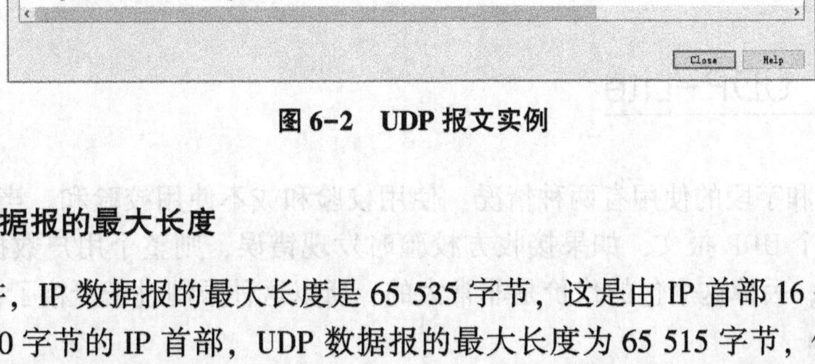

图 6-2　UDP 报文实例

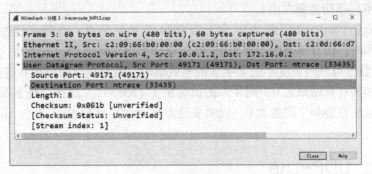

6.3.2　UDP 数据报的最大长度

从理论上讲，IP 数据报的最大长度是 65 535 字节，这是由 IP 首部 16 位总长度字段所限制的，除去 20 字节的 IP 首部，UDP 数据报的最大长度为 65 515 字节，但大多数实现所提供的长度比这个最大值小。

这主要源于两个因素的限制。第一，应用程序可能会受到其程序接口的限制。socket

API 提供了一个可供应用程序调用的函数，以设置接收和发送缓存的长度。对于 UDP socket，这个长度与应用程序可以读写的最大 UDP 数据报的长度直接相关。第二，TCP/IP 的内核实现可能存在一些特性（或差错），使 IP 数据报长度小于 65 535 字节。

例如，在 SunOS 4. 1. 3 下使用环回接口的最大 IP 数据报长度是 32 767 字节，所能接收的最大 UDP 报文长度为 32 747 字节。但在 Solaris 2. 2 下使用环回接口，最大可收发的 IP 数据报长度为 65 535 字节，相应的最大 UDP 报文长度为 65 515。显然，这种限制与具体操作系统的协议模块实现有关。

6. 4 UDP 校验和的计算方法

UDP 校验和校验的区域包括 UDP 首部和 UDP 数据。校验和的计算方法与 IP 首部校验和的计算方法相同。UDP 在计算校验和时，要在首部前面添加 12 个字节的伪首部，伪首部包含 IP 首部一些字段，目的是让 UDP 检查数据报是否正确到达目的地。伪首部仅在计算校验和时使用，并不传送。UDP 伪首部格式如图 6-3 所示。

位 0 　　　 7	8 　　　 15	16 　　　　　　 31
源IP		
目标IP		
未用(0)	协议	UDP长度

图 6-3　UDP 伪首部格式

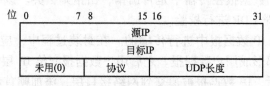

其中的“源 IP”和“目的 IP”指发送 UDP 报文时使用的源 IP 地址和目的 IP 地址；“协议”字段指明了所使用的协议类型（UDP 对应 17）；“UDP 长度”字段表明了 UDP 数据报的总长度（不包括伪首部在内）。

为计算校验和，UDP 必须先与 IP 交互以获取 IP 地址信息，并利用这些信息生成伪首部。计算校验和时，伪首部被附加在 UDP 报文首部和数据区之前，三者成为计算校验和的输入。当 UDP 数据部分的长度不是 4 字节的整数倍时，需要在后面添加 0 进行填充。

如果校验和的计算结果为 0，则存入的值为全 1（65535），这在二进制反码计算中是等效的。如果传送的校验和字段值为 0，说明发送方没有计算校验和。

6. 5 UDP-Lite

UDP 对校验和字段的使用有两种情况：使用校验和或不使用校验和。当使用校验和时，校验范围覆盖整个 UDP 报文，如果接收方校验时发现错误，则整个用户数据报被丢弃。在某些应用场景下，丢掉这个包的代价是非常大的，所以这种限制过于严格了，如实时视频的播放等。

轻量级用户数据报协议（lightweight user datagram protocol，UDP-Lite）更加适用于网络差错率比较大，但应用对轻微差错不敏感的情况。它将数据分为敏感和非敏感两个区域，其中敏感区域为校验和计算的输入，当这个区域的数据发生差错时，报文将被丢弃。非敏感区域的数据则不进行校验，所以即便这个区域的数据发生差错，报文也不会被丢弃。当敏感区域为整个用户数据报或无敏感区域时，UDP-Lite 等同于 UDP。UDP-Lite 报文格式如图 6-4 所示。

字节 2	2
源端口	目的端口
校验和覆盖	校验和
数据……	

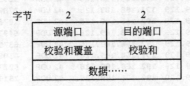

图 6-4　UDP-Lite 报文格式

“校验和覆盖”字段指明了计算校验和时输入的字节数，从报文首部的第一个字节开始算起。0 表示整个报文都被覆盖。标准规定，UDP-Lite 报文的首部必须被校验和覆盖，所以这个字段的可能取值为 0 或大于等于 8 的整数。

UDP-Lite 和 UDP 的校验和计算方法相同，且均包含伪首部。封装 UDP-Lite 的 IP 数据报首部协议字段的值为 136。

6.6　UDP 的应用

6.6.1　基于 UDP 的主机和端口扫描

1. 主机扫描

如果目的主机禁止响应 ICMP 协议，则无法使用 ping 命令对主机进行探测。可以通过发送 UDP 报文对主机进行扫描，实质上是向目的主机的特定端口发送 UDP 报文，通过抓包查看对方的响应，以此来判断主机是否在线，端口是否开启。

若向目的主机发送 UDP 报文，收到的是 ICMP 端口不可达消息，则说明目的主机在线，且对应的端口没有开启。目的主机响应 ICMP 端口不可达消息的抓包列表如图 6-5 所示。

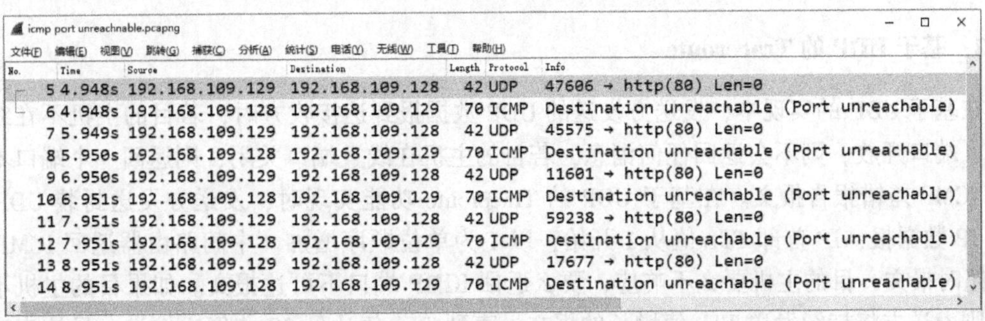

No.	Time	Source	Destination	Length	Protocol	Info
5	4.948s	192.168.109.129	192.168.109.128	42	UDP	47606 → http(80) Len=0
6	4.948s	192.168.109.128	192.168.109.129	70	ICMP	Destination unreachable (Port unreachable)
7	5.949s	192.168.109.129	192.168.109.128	42	UDP	45575 → http(80) Len=0
8	5.950s	192.168.109.128	192.168.109.129	70	ICMP	Destination unreachable (Port unreachable)
9	6.950s	192.168.109.129	192.168.109.128	42	UDP	11601 → http(80) Len=0
10	6.951s	192.168.109.128	192.168.109.129	70	ICMP	Destination unreachable (Port unreachable)
11	7.951s	192.168.109.129	192.168.109.128	42	UDP	59238 → http(80) Len=0
12	7.951s	192.168.109.128	192.168.109.129	70	ICMP	Destination unreachable (Port unreachable)
13	8.951s	192.168.109.129	192.168.109.128	42	UDP	17677 → http(80) Len=0
14	8.951s	192.168.109.128	192.168.109.129	70	ICMP	Destination unreachable (Port unreachable)

图 6-5　目的主机响应 ICMP 端口不可达消息的抓包列表

若向目的主机发送 UDP 报文，但对方没有响应，原因有两种情况：一是目的主机不在线，二是目的主机在线，且端口处于开启状态。目的主机没有响应的抓包列表如图 6-6

所示。

udp no repay.pcapng

No.	Time	Source	Destination	Length	Protocol	Info
1	0.000s	192.168.109.129	192.168.109.128	42	UDP	19667 → http(80) Len=0
2	1.000s	192.168.109.129	192.168.109.128	42	UDP	30937 → http(80) Len=0
3	2.002s	192.168.109.129	192.168.109.128	42	UDP	27805 → http(80) Len=0
4	3.003s	192.168.109.129	192.168.109.128	42	UDP	10760 → http(80) Len=0
5	4.004s	192.168.109.129	192.168.109.128	42	UDP	64929 → http(80) Len=0
6	5.006s	192.168.109.129	192.168.109.128	42	UDP	63718 → http(80) Len=0
7	6.007s	192.168.109.129	192.168.109.128	42	UDP	43067 → http(80) Len=0
8	7.008s	192.168.109.129	192.168.109.128	42	UDP	52279 → http(80) Len=0
9	8.010s	192.168.109.129	192.168.109.128	42	UDP	25156 → http(80) Len=0

图 6-6　目的主机没有响应的抓包列表

2. *端口扫描*

当目的主机没有响应时，无法准确判断目的主机是否在线，此时可使用端口扫描，扫描多个端口，如果多个端口都没有响应，则基本可以判断目的主机不在线，如果有端口回复 ICMP 端口不可达消息，说明目的主机在线。当目的主机在线时，没有响应的端口是处于开启状态的，响应端口不可达消息的端口是处于关闭状态的。目的主机在线时端口扫描的抓包列表如图 6-7 所示，对目的主机的 50～55 号端口进行扫描，端口均处于关闭状态。

port scan.pcapng

No.	Time	Source	Destination	Length	Protocol	Info
7	5.665s	192.168.109.129	192.168.109.128	42	UDP	44838 → re-mail-ck(50) Len=0
8	5.665s	192.168.109.129	192.168.109.128	42	UDP	41287 → 51 Len=0
9	5.665s	192.168.109.129	192.168.109.128	42	UDP	20478 → xns-time(52) Len=0
10	5.666s	192.168.109.129	192.168.109.128	42	UDP	24329 → domain(53) Len=0
11	5.666s	192.168.109.129	192.168.109.128	42	UDP	31028 → xns-ch(54) Len=0
12	5.666s	192.168.109.129	192.168.109.128	42	UDP	14218 → isi-gl(55) Len=0
13	5.666s	192.168.109.128	192.168.109.129	70	ICMP	Destination unreachable (Port unreachable)
14	5.666s	192.168.109.128	192.168.109.129	70	ICMP	Destination unreachable (Port unreachable)
15	5.666s	192.168.109.128	192.168.109.129	70	ICMP	Destination unreachable (Port unreachable)
16	5.666s	192.168.109.128	192.168.109.129	70	ICMP	Destination unreachable (Port unreachable)
17	5.666s	192.168.109.128	192.168.109.129	70	ICMP	Destination unreachable (Port unreachable)
18	5.666s	192.168.109.128	192.168.109.129	70	ICMP	Destination unreachable (Port unreachable)

图 6-7　目的主机在线时端口扫描的抓包列表

6.6.2　基于 UDP 的 Traceroute

在基于 UDP 的实现中，发送方发送的 UDP 数据报到达接收方时，若目的主机不在线或在线且端口开放，则不会返回任何消息，若目的主机在线且端口关闭，则返回一个端口不可达的 ICMP 差错报告报文。在基于 UDP 的 Traceroute 功能实现时，发送方发送封装 UDP 协议的 IP 数据报，IP 首部 TTL 值从 1 开始，以 1 为单位顺序增加。中间路由器返回 ICMP 的 TTL 超时报文，目的主机要么不响应，要么返回 ICMP 端口不可达报文。如果目的主机不响应，则发送方将持续发送 TTL 值增长的报文，直到 TTL 值达到 30 才停止发送。具体实现过程如下。

发送方发送一个封装 UDP 的 IP 数据报，TTL 值为 1，到达第一个路由器后，路由器在转发之前将 TTL 值减 1 后变为 0，丢弃该报文并向发送方发送一个 ICMP 超时报文，发送方获得第一跳路由器的地址；之后 TTL 值以 1 为单位逐渐递增；直到发送方收到接收方的 ICMP 端口不可达报文，或者发送方持续收不到响应至 TTL=30，路由跟踪结束。

基于 UDP 的 traceroute 抓包实例如图 6-8 所示。源主机 192.168.0.110 向目的主机 27.129.33.229 发送 UDP 报文，IP 首部 TTL 值从 1 开始递增。

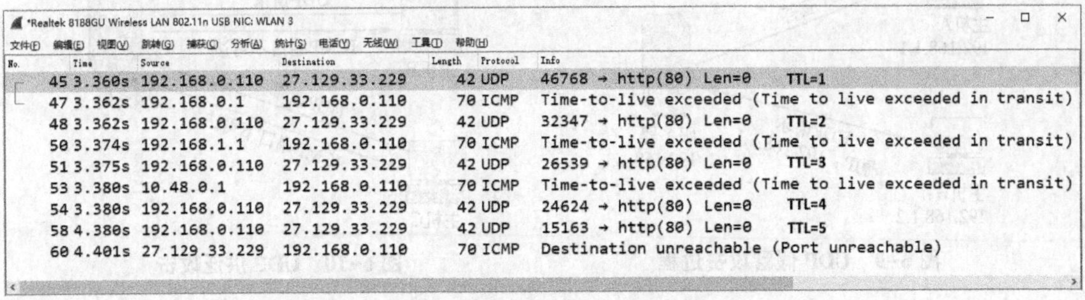

No.	Time	Source	Destination	Length	Protocol	Info
45	3.360s	192.168.0.110	27.129.33.229	42	UDP	46768 → http(80) Len=0　TTL=1
47	3.362s	192.168.0.1	192.168.0.110	70	ICMP	Time-to-live exceeded (Time to live exceeded in transit)
48	3.362s	192.168.0.110	27.129.33.229	42	UDP	32347 → http(80) Len=0　TTL=2
50	3.374s	192.168.1.1	192.168.0.110	70	ICMP	Time-to-live exceeded (Time to live exceeded in transit)
51	3.375s	192.168.0.110	27.129.33.229	42	UDP	26539 → http(80) Len=0　TTL=3
53	3.380s	10.48.0.1	192.168.0.110	70	ICMP	Time-to-live exceeded (Time to live exceeded in transit)
54	3.380s	192.168.0.110	27.129.33.229	42	UDP	24624 → http(80) Len=0　TTL=4
58	4.380s	192.168.0.110	27.129.33.229	42	UDP	15163 → http(80) Len=0　TTL=5
60	4.401s	27.129.33.229	192.168.0.110	70	ICMP	Destination unreachable (Port unreachable)

图 6-8　基于 UDP 的 traceroute 抓包列表

第一次发送 TTL=1 的报文，收到来自第一个路由器的 TTL 超时报文，路由器地址为 192.168.0.1。第二次发送 TTL=2 的报文，收到来自第二个路由器的 TTL 超时报文，路由器地址为 192.168.1.1。第三次发送 TTL=3 的报文，收到来自第三个路由器的 TTL 超时报文，路由器地址为 10.48.0.1。第四次发送 TTL=4 的报文，没有收到响应，可能是路由器设置不回应 ICMP 超时报文，也可能是响应包丢失。第五次发送 TTL=5 的报文，收到来自目的主机的目的端口不可达报文，路由跟踪结束。

6.7　UDP 的安全问题

1. 假冒攻击

在 UDP 中，通信双方不需要提前建立连接，也没有提供任何的认证功能，攻击者可以修改 UDP 报文中的源 IP 地址，并将修改后的数据报文发送到网络上。由于是假冒的，所以 UDP 应答会发送到其他的主机。如果攻击者向多台主机发送源 IP 地址为被攻击主机的 UDP 报文，可能造成对被攻击主机的拒绝服务攻击。UDP 假冒攻击过程如图 6-9所示。

2. UDP 洪泛攻击

攻击者向被攻击主机发送大量的 UDP 报文。被攻击主机收到 UDP 报文后会将其交给相应端口的进程处理，若该端口没有开启，被攻击主机会向报文的源地址发送一个 ICMP 目的端口不可达报文。大量发送到目的主机封闭端口的报文连同返回的报文会使被攻击主机忙于处理这些消息而浪费大量的存储资源和计算资源，从而达到拒绝服务攻击的目的。因此，UDP 洪泛攻击是一种流量型拒绝服务攻击（DoS）。

有时攻击者会从多个攻击源同时对目的主机发动 UDP 洪泛攻击，使得网络带宽迅速被消耗、被攻击主机性能下降甚至瘫痪，从而造成其他合法用户无法正常使用服务，进而构成分布式拒绝服务攻击（DDoS），如图 6-10 所示。

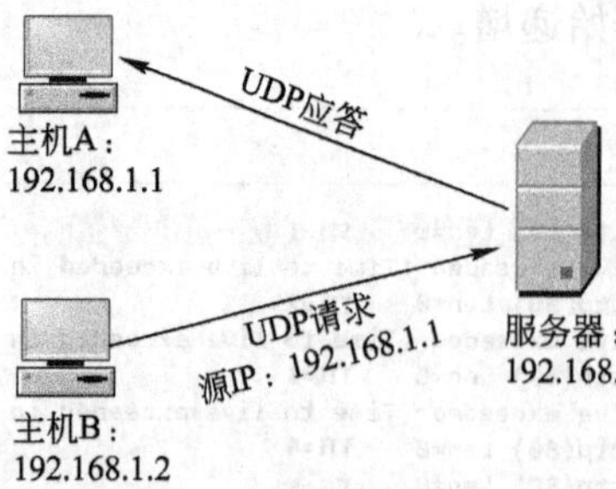

图 6-9　UDP 假冒攻击过程

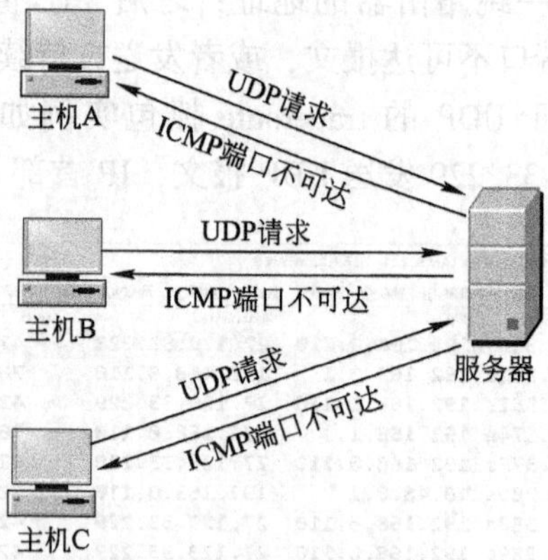

图 6-10　UDP 洪泛攻击

习题 6

1. 一个数据部分长度为 8 192 字节的 UDP 数据报在以太网中进行传输，那么需要分成多少个 IP 数据报分片，每个分片的片偏移和总长度分别为多少？

2. UDP 用户数据报的首部的 16 进制表示是：0035 f085 005a 5cac。求源端口、目的端口、用户数据报的总长度、数据部分长度。这个用户数据报是从客户发送给服务器还是从服务器发送给客户？使用 UDP 的这个服务器程序是什么？

3. 如何利用 UDP 判断远程主机端口是否开放？

第 7 章　传输控制协议

传输控制协议（transmission control protocol，TCP）是 TCP/IP 协议栈中的另一个重要协议。TCP 运行在运输层，为应用程序提供端到端的、面向连接的、可靠的全双工服务。TCP 弥补了 IP 网络的不足，它在运输层实现了多种复杂的机制，这些机制为 TCP 的可靠传输提供了保证。本章详细讲解 TCP 的工作机制。

7.1　TCP 概述

TCP 和 UDP 都属于运输层协议，都使用相同的网络层（IP），但 TCP 向应用层提供的是与 UDP 完全不同的服务。TCP 提供一种面向连接的、可靠的字节流服务。它具有以下特点。

（1）面向连接。面向连接意味着两个使用 TCP 的应用在彼此交换数据之前必须先建立一个 TCP 连接。在数据传输结束后，必须释放 TCP 连接。这就像“打电话”一样，通话前要先拨号建立连接，通话结束后要挂机断开连接。

（2）提供可靠传输服务。通过 TCP 连接传输的数据，无差错、不丢失、不重复，且按序到达。

（3）面向字节流。“字节流”指的是从进程流出或流入到进程的字节序列。TCP 把应用程序交付下来的数据看成是一连串无结构的字节流，TCP 并不知道所传输的字节流的含义。字节流进入发送缓存，TCP 将其封装成适当大小的报文段交付给 IP。TCP 不保证接收方应用程序所收到的数据块和发送方应用程序发送的数据块在内容和大小上具有对应关系。但接收方应用程序收到的字节流和发送方应用程序发送的字节流是一样的。

（4）有缓冲的传输。发送方和接收方都维护一个固定大小的缓冲区。为了提高传输效率和减少网络通信量，发送方协议模块并不是一有数据就立即传输，而是对数据做适当的处理。若数据量太少，则会等到缓冲区中收集到足够的数据，把它们组成一定长度的报文之后再传输。另外，当应用程序传输的数据块较大时，协议模块会把它们先划分成适于传输的小数据块再进行传输。

（5）提供全双工通信。TCP 提供的连接功能是双向的，允许通信双方的应用进程在任何时候都能发送和接收数据。TCP 连接的两端都各自设有发送缓存和接收缓存，用来存放双向通信的数据。

7.2 TCP 报文

7.2.1 TCP 报文格式及封装

TCP 虽然是面向字节流的，但 TCP 传送的数据单元是报文段。一个 TCP 报文段分为首部和数据两部分，TCP 的全部功能都体现在其首部各字段的作用。同 IP 一样，TCP 首部也包含 20 字节的基本部分和最长 40 字节的选项。首部长度的计算单位是 4 字节。TCP 报文段的格式及封装如图 7-1 所示。

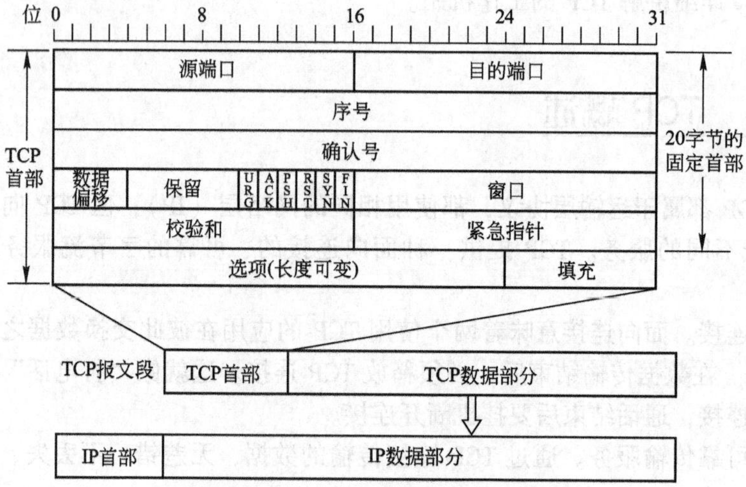

图 7-1　TCP 报文段的格式及封装

TCP 首部固定部分各个字段含义如下。

1. 源端口和目的端口

源端口和目的端口各占 2 字节，表示 TCP 连接两端用于标识应用程序的 TCP 端口号。

2. 序号

序号占 4 字节。TCP 是面向字节流的，一个 TCP 连接中传输的每一个字节都按顺序编号。首部中序号字段的值指的是 TCP 报文段数据部分第一个字节的序号。双方在建立连接时协商初始序号。序号是 32 位的无符号数，序号达到 $2^{32}-1$ 后又从 0 开始。例如，一个 TCP 报文段包含 100 字节的数据，第一个字节的序号为 100，最后一个字节的序号为 199，则该 TCP 报文段首部序号字段的值为 100。

3. 确认号

确认号占 4 字节，表示的是期望收到对方下一个报文段的序号。例如，A 向 B 发送了一个报文，该报文序号为 100，携带了 100 字节的数据，则报文最后一个字节的序号为 199。B 正确收到该报文后，要向 A 回复一个确认，确认报文首部中确认号字段的值应该为 200。

4. 数据偏移

数据偏移占 4 位，指出 TCP 报文段的数据起始处距离 TCP 报文段的起始处有多远。该字段实际上即TCP报文段的首部长度。以4字节为单位。

5. 保留

保留占6位，保留为今后使用，目前取值为0。

6. 标志

标志占6位，用来说明该报文段的性质。包含6个字段，每个字段占1位，取值为1说明该标志置位，该报文具有该标志字段实现的功能。6个标志字段如下。

(1) 紧急URG（URGent）。当URG为1时，表示紧急指针字段有效，告知系统此报文段中有紧急数据，应尽快传送，而不按原定的排队顺序来传送。

(2) 确认ACK（ACKnowledgment）。当ACK为1时确认号字段有效，表示报文段中携带了确认信息。ACK为0时，确认号无效。TCP规定，连接建立后所有传送的报文都必须把ACK位设置为1。

(3) 推送PSH（PuSH）。在通信过程中，有时一端的应用进程希望在键入一个命令后立即收到对方的响应，TCP可以使用推送操作实现。发送方TCP将PSH设置为1，并立即创建一个报文段发送出去。接收方收到PSH=1的报文段，会尽快交付给应用程序，而不必等到整个缓冲区填满后再向上交付。

(4) 复位RST（ReSeT）。当RST=1时，表明TCP连接中出现严重差错，必须释放连接。此外，它还用于拒绝一个非法的报文段或拒绝打开一个连接。

(5) 同步SYN（SYNchronization）。在连接建立时使用，通常和ACK结合在一起使用。当SYN=1，ACK=0时，表示一个连接请求。若对方同意建立连接，则响应一个SYN=1，ACK=1的报文。

(6) 终止FIN（FINish）。用来释放一个连接。当FIN=1时，表明发送方的数据已发送完毕，并要求释放连接。

7. 窗口

窗口占2字节，指的是发送该报文段的一方的接收窗口。窗口值告诉对方，从该报文段首部的确认号开始，允许对方发送的数据的字节数。窗口字段用于流量控制。例如，一个TCP确认包的确认号为200，窗口字段的值为1 000，表明这个确认包的发送方可以接收对端发送的从200号字节算起的1 000个字节，即第200～1 199号字节。窗口字段指出了当前允许对方发送的数据量，窗口值是动态变化的。

8. 校验和

校验和占2字节。校验和字段校验的范围包括首部和数据两部分。和UDP一样，计算校验和之前，要在TCP报文段前面加上12字节伪首部，并需添加若干位的0，使得整个报文段长度为16位的整数倍。TCP不把伪首部和填充位计入报文段的长度中，也不传输它们。TCP伪首部格式与UDP伪首部一样，协议字段取值为6，长度字段指TCP报文段的总长度。

UDP校验和是可选的，但TCP必须计算校验和。

9. 紧急指针

紧急指针占2字节。紧急指针仅在URG=1时才有意义，指出紧急数据的末尾在报文段中的位置。紧急数据从数据的起始位置开始存放。窗口为0时也可发送紧急数据。

有些时候，源站部分数据不能按字节流的顺序而需要立即发给接收方并及时处理，这种数据称为带外数据。为了发送带外数据，TCP 提供了“紧急模式”，它使发送方可以告诉接收方当前的数据流中有“紧急数据”。接收方收到这样的数据之后要尽快地通知相应的程序对数据进行处理，而不必顾及紧急数据在数据流中的位置。直到所有的紧急数据处理之后，恢复正常的操作状态。

TCP 报文是封装在 IP 数据报中进行传输的。在封装过程中，应用程序将数据交付给 TCP，TCP 以无结构字节流的形式将数据存入发送缓冲区，然后选取适当大小的数据，在前面添加 TCP 首部，封装成 TCP 报文段。之后将报文段交付给 IP 层，并由 IP 层在前边添加 IP 首部形成 IP 数据报。最后，IP 数据报被递交到网络接口层，添加帧首和帧尾，封装到物理帧中，最后转化为比特流在网络中传输。封装 TCP 报文的 IP 首部协议字段值为 6。

TCP 报文段实例如图 7-2 所示。“源端口”为 80；“目的端口”为 57678；“序号”为 3344091849（相对值为 11585）；“确认号”为 2387614088（相对值为 135）；“首部长度”字段值为 8，说明首部长度为 8×4＝32 字节，说明该报文段含有选项；“标志”中“ACK”位置为 1，其余均为 0；“窗口”值为 108；“校验和”字段值为 0×4fa5；“紧急指针”值为 0；包含 12 字节的选项，关于选项本书在接下来的内容中详细介绍。

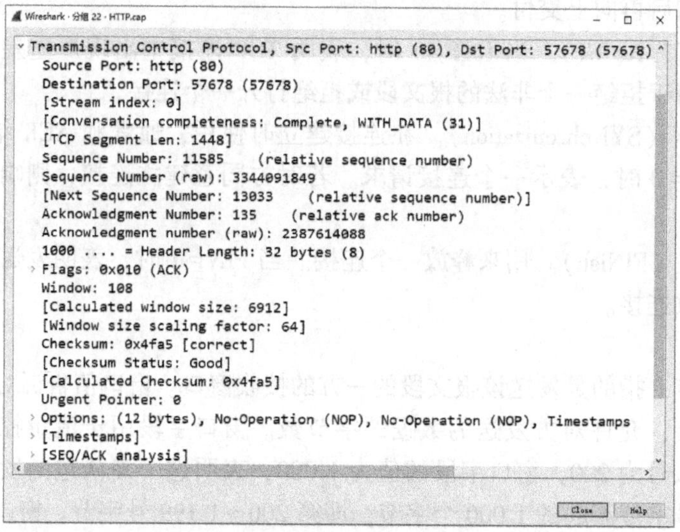

图 7-2　TCP 报文段实例

7.2.2　TCP 的最大报文段长度

最大报文段长度（maximum segment size，MSS）是指 TCP 报文段的数据部分的最大长度，而不是指整个 TCP 报文段的最大长度。

在前面讲的 TCP 的封装过程中，TCP 报文段的数据部分要至少添加 40 字节（20 字节的 TCP 首部和 20 字节的 IP 首部）才能封装成一个 IP 数据报，到了数据链路层还要加上帧首和帧尾等额外开销。如果选择较小的 MSS 长度，网络的利用率会很低。如果选用较大的 MSS 长度，那么封装成的 IP 数据报总长度可能超过物理网络的 MTU，导致 IP 数据报的分片。分片会增加数据报出差错的风险，万一出错还要进行重传，并且接收方还需要对分片进行重组。

从提高网络传输效率考虑，MSS 应尽可能大些，但又不能导致 IP 层的数据报分片。由于 IP 数据报在网络中的路由是动态的，且从源端到目的端所经过的物理网络的 MTU 是不确定的，所以在某条路径上确定不需要分片，在别的路径上可能就需要分片。所以，MSS 最佳值是很难确定的。通信双方可以在连接建立的过程中协商 MSS 的值，若未协商，TCP 给出了 MSS 的默认值为 536 字节。

图 7-3 给出了 MTU 和 MSS 的作用范围。

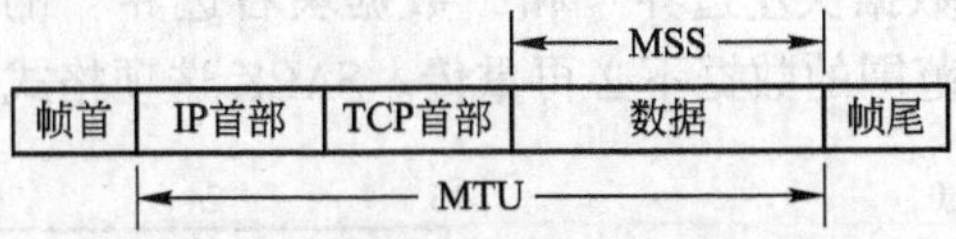

图 7-3　MTU 和 MSS 的作用范围

7.2.3　TCP 选项

TCP 首部包含选项部分，选项由一个字节的“类型”字段、一个字节的“长度”字段及相应的数据区三部分组成。“类型”字段用于标识选项的具体类型，“长度”字段指本选项的总长度。“选项表结束”和“无操作”两个选项比较特殊，只有一个“类型”字段。常见的 TCP 选项有以下几种。

1. 选项表结束和无操作选项

选项表结束和无操作两个选项长度为 1 字节，即都只有一个字节的“类型”字段，取值分别为 0 和 1。选项表结束表示选项的结束。无操作使得选项长度达到 4 字节的整数倍。

2. 最大报文段长度（MSS）选项

该选项长度为 4 字节，包含 1 字节的“类型”字段（取值为 2），1 字节的“长度”字段（取值为 4），2 字节的 MSS 值。

通信双方在建立 TCP 连接的时候，都把自己能够支持的 MSS 值写入这一字段，在这个连接上就按照这个值传输数据，两个传输方向可以有不同的 MSS 值。

3. 窗口扩大选项

该选项长度为 3 字节，包含 1 字节的“类型”字段（取值为 3），1 字节的“长度”字段（取值为 3），1 字节的“移位值”字段。假设移位值为 R，窗口扩大选项可以将 TCP 首部中窗口字段的长度由 16 位扩展到（16+R）位。移位值允许使用的最大值是 14，则窗口最大值可增至为 $2^{(16+14)}-1$。需要说明的是，仅当发起连接的一方在报文段中包含该选项时，回应方才能包含该选项。不同的通信实体可设置不同的移位值。当一方不再需要扩大其窗口时，可发送 R=0 的选项，使窗口大小回到 16 位。

4. 时间戳选项

该选项长度为 10 字节。包含 1 字节的“类型”字段（取值为 8），1 字节的“长度”字段（取值为 10），4 字节的“时间戳值”字段，4 字节的“时间戳回显应答”字段。

时间戳选项有两个功能：①用来计算往返时延 RTT，发送方在发送报文段时，将发送时间填入时间戳值字段，接收方在回复确认时将时间戳值字段的值复制到时间戳回显应答字段，发送方在收到确认后，可以准确地计算出 RTT；②用于处理 TCP 序号重复的情况，又称为防止序号绕回。TCP 序号字段只有 32 位，序号超过 2^{32}时会从 0 开始，在高速网络中，序号重复只需很短时间，为使接收方能够区分序号相同的报文段，可以在报文段中加上时间戳。

5. 选择确认（SACK）选项

SACK 包括两种选项，第一种选项长度为 2 字节，包含 1 字节的“类型”（取值为 4）和 1 字节的“长度”（取值为 2），表示要使用 SACK 功能。第二种选项长度不固定，除了包含 1 字节的“类型”（取值为 5）和 1 字节的“长度”（取值不确定），还包含一个列表，其中的每一个列表项都是“数据块左边界”和“数据块右边界”的组合，它们指明了接收到的数据的范围，处于这个范围的数据不必再重传。SACK 选项格式如图 7-4 所示。

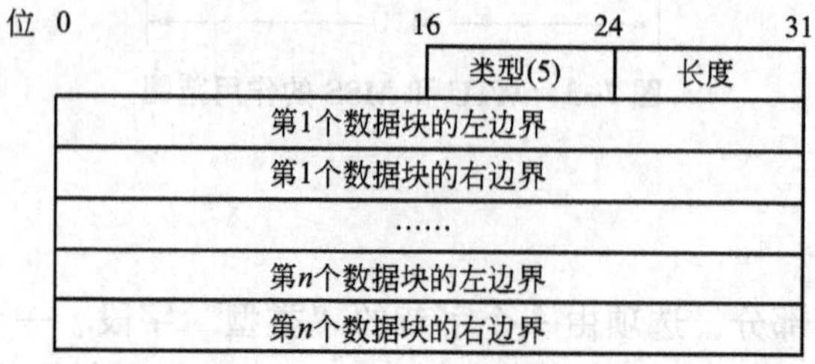

图 7-4　SACK 选项格式

TCP 接收方只能对连续收到的报文进行确认，假设发送方连续发送了 5 个报文段，接收方收到了第 1、2、5 个报文，接收方只能对前两个报文进行确认。发送方在收到这个确认后会重传 3、4、5 三个报文段，这就造成不必要的重传。“SACK”选项用于防止不必要的重传。

TCP 选项报文实例如图 7-5 所示。图中 TCP 首部携带了 5 个选项，具体如下。

MSS 选项：“类型”值为 2，“长度”值为 4，“MSS 值”为 1460。

SACK 选项：“类型”值为 4，“长度”值为 2。

时间戳选项：“类型”值为 8，“长度”值为 10，“时间戳值”为 1545573，“时间戳回显应答”值为 0。

无操作选项：“类型”值为 1。

窗口扩大选项：“类型”值为 3，“长度”值为 3，“移位值”为 7。

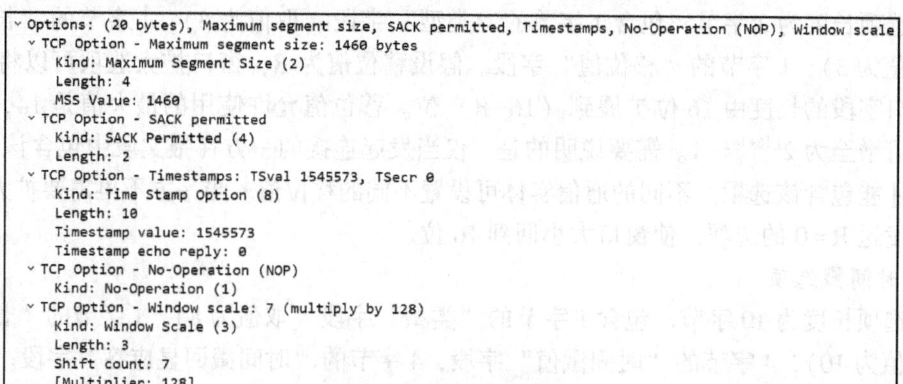

Options: (20 bytes), Maximum segment size, SACK permitted, Timestamps, No-Operation (NOP), Window scale
TCP Option - Maximum segment size: 1460 bytes
Kind: Maximum Segment Size (2)
Length: 4
MSS Value: 1460
TCP Option - SACK permitted
Kind: SACK Permitted (4)
Length: 2
TCP Option - Timestamps: TSval 1545573, TSecr 0
Kind: Time Stamp Option (8)
Length: 10
Timestamp value: 1545573
Timestamp echo reply: 0
TCP Option - No-Operation (NOP)
Kind: No-Operation (1)
TCP Option - Window scale: 7 (multiply by 128)
Kind: Window Scale (3)
Length: 3
Shift count: 7
[Multiplier: 128]

图 7-5　TCP 选项报文实例

7.3 TCP的连接管理

TCP是面向连接的协议。连接管理包含3个阶段：连接建立、数据传送和连接释放。

7.3.1 TCP的连接建立

TCP连接的建立采用客户-服务器方式。主动发起连接的应用进程为客户（client），被动等待连接的应用进程为服务器（server）。TCP的连接建立需要在客户和服务器之间交换3个TCP报文段，该过程称作“三次握手”。图7-6给出了三次握手建立TCP连接的过程。

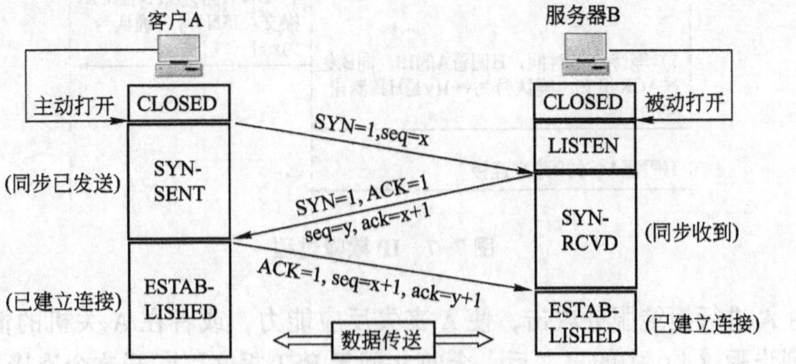

图7-6　TCP连接建立过程

最初，客户A和服务器B的TCP进程都处于CLOSED（关闭）状态。服务器B的TCP进程被动打开，处于LISTEN（监听）状态，等待客户进程的连接请求。客户A主动打开连接，发起三次握手过程。

(1) A向B发送SYN报文段（TCP首部SYN=1），请求建立连接。同时选择一个初始序号seq=x。TCP规定，SYN报文段不携带数据，但消耗一个序号。这时，客户进程进入SYN-SENT（同步已发送）阶段。

(2) B收到连接建立请求后，如果同意建立连接，则向A发送SYN+ACK报文段（TCP首部SYN=1、ACK=1）。ACK=1是对A发送的SYN报文的确认，确认号ack=x+1。SYN=1表示同意建立连接。同时也为本端选择一个初始序号seq=y。这个报文段同样不携带数据，但要消耗掉一个序号。这时，服务器进程进入SYN-RCVD（同步收到）阶段。

(3) A收到B的同步加确认后，向B回复ACK报文段（TCP首部ACK=1），进行确认，确认号ack=y+1，序号seq=x+1。TCP规定，ACK报文段可以携带数据，但不携带数据的时候，不消耗序号，此处不携带数据。这时，客户进程进入ESTABLISHED（已建立连接）状态。

B收到A的ACK报文后，也进入ESTABLISHED状态，TCP连接建立。

在建立TCP连接的过程中，同时完成了双方初始序号ISN及最大报文段MSS的协商。

1. 初始序号ISN的选取

TCP的初始序号ISN是随机生成的，不能为固定值，如1。此处给出两个原因。

1）IP 欺骗攻击

IP 欺骗攻击，是一种常见的攻击方法，如图 7-7 所示，服务器 B 的某个服务基于 IP 地址信任 A，攻击者 H 没有该服务的访问权限，H 对 B 实施 IP 欺骗攻击以冒充 A 来访问 B。攻击过程如下。

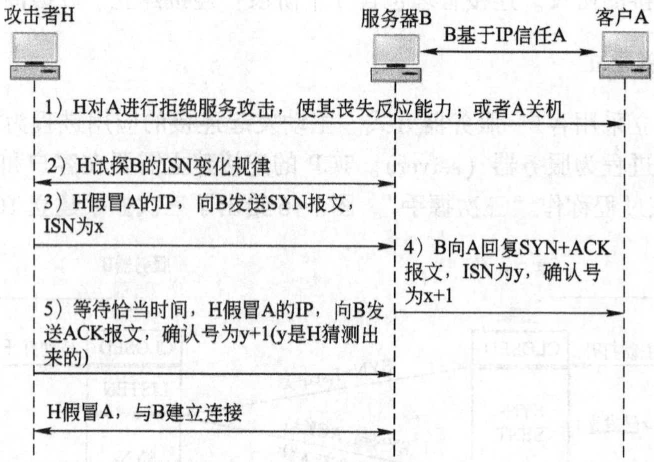

图 7-7　IP 欺骗过程

（1）H 对 A 进行拒绝服务攻击，使 A 丧失反应能力，或者在 A 关机的情况下进行。否则，当 A 收到步骤（4）中的报文后，会向 B 回复 RST 报文以断开这个连接。

（2）H 通过其他授权服务（如 SMTP）对 B 的 ISN 变化规律进行探测，以试图估算下一次连接时 B 的 ISN 的值（图 7-7 中 y 的值）。

（3）H 假冒 A 的 IP 地址向 B 发送 SYN 报文，发起 TCP 连接建立请求，选取 ISN 为 x。

（4）B 收到 H 发送的 SYN 后，由于该 SYN 报文的源 IP 为 A 的 IP，故 B 向 A 回复 SYN+ACK，选取 ISN 为 y，确认号为 x+1。

（5）H 在发送 SYN 后，等待恰当的时间，再次假冒 A 的 IP，向 B 发送 ACK 报文，确认号应为 y+1。此处 y 是猜测出来的，猜测正确，则 H 假冒 A 与 B 建立连接，猜测错误，则连接建立失败。

在上述攻击过程中，H 想要攻击成功，必须要知道 y 的值。如果每次 ISN 都是固定的值，则攻击很容易成功。

2）TCP 连接的稳定性

如果 TCP 在建立连接时每次都选择相同的、固定的初始序号，那么设想以下的情况。

（1）当主机 A 和 B 建立连接，传送一些 TCP 报文段后，再释放连接，然后又不断地建立新的连接、传送报文段和释放连接。

（2）每一次建立连接时，主机 A 都选择相同的、固定的初始序号，例如，选择 1。如果主机 A 发送的某些 TCP 报文段在网络中发生超时，以致主机 A 重传这些 TCP 报文段。

（3）假设某个超时的 TCP 报文段最终到达了主机 B，但这时传送该报文段的那个连接早已释放，其到达主机 B 时的 TCP 连接是一条新的 TCP 连接。

（4）工作在新的 TCP 连接下的主机 B 有可能会接收该过时的 TCP 报文段。因为这个

TCP 报文段的序号有可能正好处在新连接所使用的序号范围内，结果产生错误。

因此，必须使得迟到的 TCP 报文段的序号不在新的连接所使用的序号范围之中。这样，TCP 在建立新的连接时所选择的初始序号一定要和前面连接所使用过的序号不一样。即不同的 TCP 连接不能使用相同的初始序号。

2. 最大报文段 MSS 的协商

TCP 在传送数据时，是以 MSS 的大小对数据进行封装发送的。MSS 是在三次握手的时候，由两端的主机在 TCP 首部中添加 MSS 选项进行协商的。双方互相通告自己的接口能够适应的 MSS 的大小，然后选择较小的值使用。

选择最大报文段长度十分重要。如果连接的两端处于同一个物理网络，TCP 通常会计算合适的 MSS，使得 IP 数据报的大小与网络的 MTU 相适应。如果连接的两端不在同一物理网络中，它们就会把路径上的最小 MTU 作为 MSS。如果三次握手过程没有协商 MSS 的值，则使用默认值 536 字节。图 7-8 给出了不同物理网络协商 MSS 的过程。

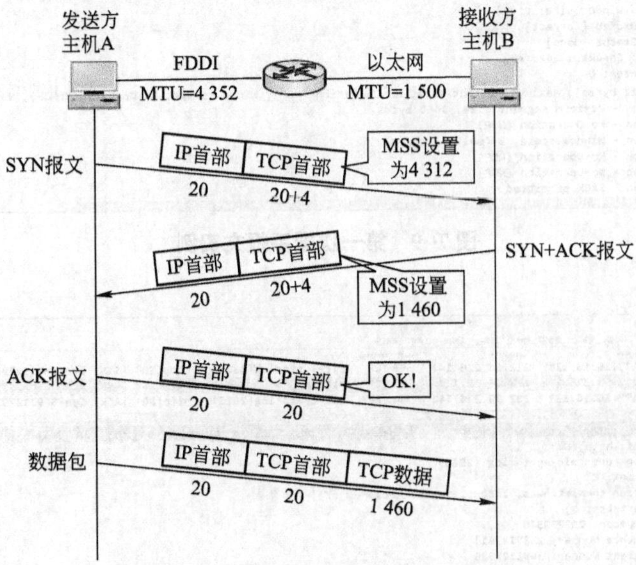

图 7-8 不同物理网络协商 MSS 过程

下面给出 TCP 三次握手过程的报文分析。

1. 第一次握手

图 7-9 为第一次握手（SYN 报文段）的报文实例，编号为 1。“源端口” 为 2826，“目的端口” 为 80，seq = 3691127924，ack = 0，SYN = 1。选项为 12 字节，有 MSS 选项，协商的 MSS 值为 1 460 字节，有窗口扩大选项，协商的移位值为 2，有选择确认选项，表示支持选择确认。

2. 第二次握手

图 7-10 为第二次握手（SYN+ACK 报文段）的报文实例，编号为 2。“源端口” 为 80，“目的端口” 为 2826，seq = 233779340，ack = 3691127925，SYN = 1，ACK = 1。选项为 12 字节，有 MSS 选项，协商的 MSS 值为 1 406 字节，有窗口扩大选项，协商的移位值为 7，有选择确认选项，表示支持选择确认。

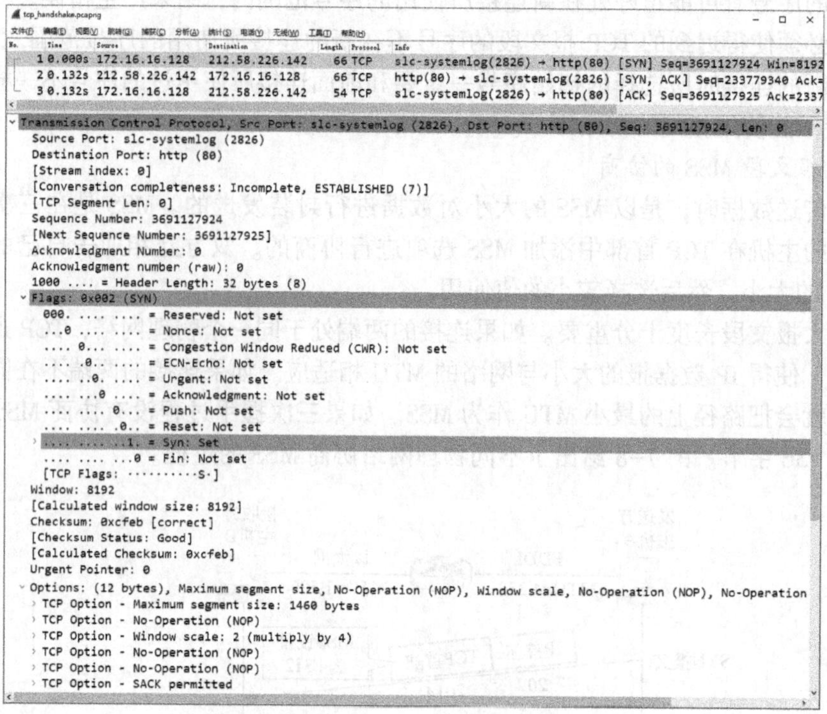

图 7-9　第一次握手报文实例

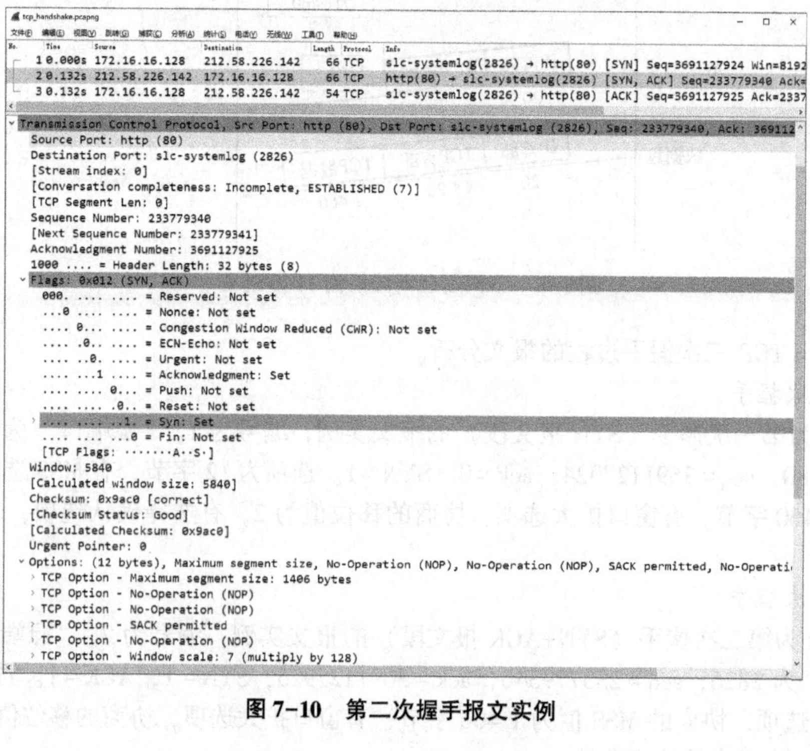

图 7-10　第二次握手报文实例

3. 第三次握手

图 7-11 为第三次握手（ACK 报文段）的报文实例，编号为 3。“源端口”为 2826，“目的端口”为 80，seq = 3691127925，ack = 233779341，ACK = 1。

由报文实例可知，选项的协商只在前两个报文中，第三个报文中不携带选项。

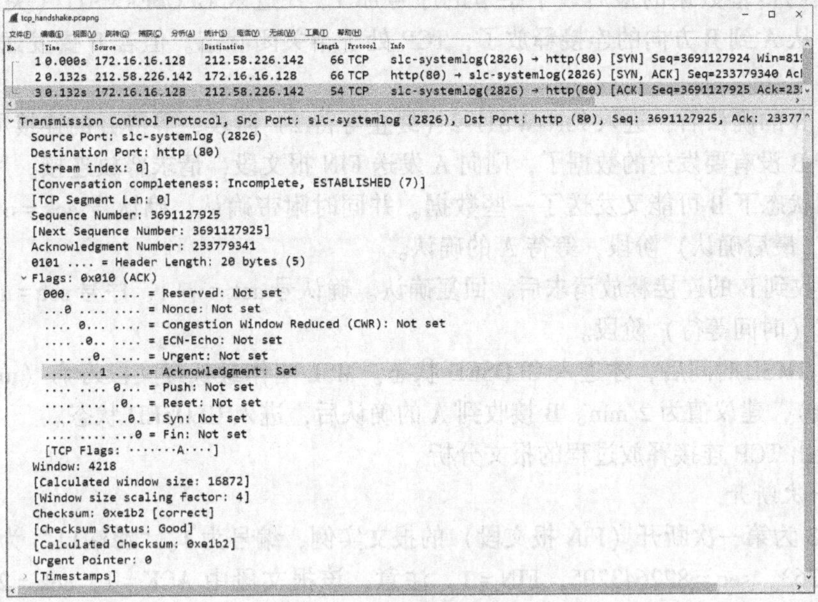

图 7-11　第三次握手报文实例

7.3.2　TCP 的连接释放

数据传输结束后，双方可释放连接。TCP 连接的释放过程一般要在客户和服务器之间交互 4 个报文段，如图 7-12 所示。A 和 B 都处于 ESTABLISHED 状态，A 先向 B 发起连接释放请求，主动关闭连接，B 被动关闭连接。过程如下。

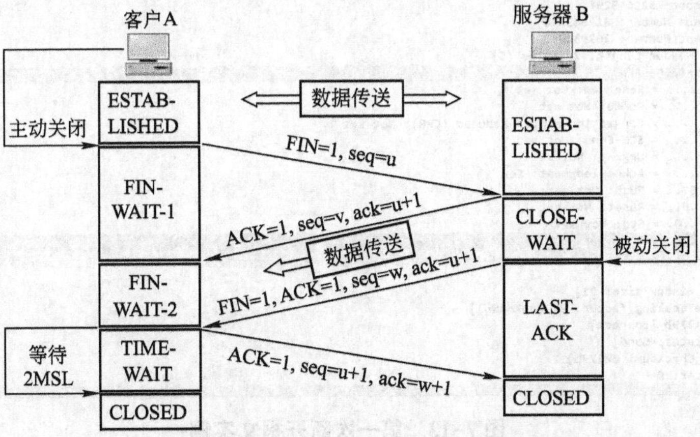

图 7-12　TCP 连接释放过程

（1）A 向 B 发送 FIN 报文段（TCP 首部 FIN=1），请求释放连接。序号 seq=u，等于前面已传输数据的最后一个字节的序号加 1。TCP 规定，FIN 报文段不携带数据，但消耗一个序号。这时，客户 A 进入 FIN-WAIT-1（终止等待 1）阶段，等待 B 的确认。

（2）B 收到连接释放请求后，则向 A 回复 ACK 报文段，确认号 ack=u+1。序号 seq=v，等于 B 前面已传输数据的最后一个字节的序号加 1。B 进入 CLOSE-WAIT（关闭等待）阶段。此时，从 A 到 B 方向的连接释放了，TCP 处于半关闭状态。但若 B 要发送数据，A 仍可接收。

A 收到 B 的确认后，进入 FIN-WAIT-2（终止等待 2）阶段，等待 B 的连接释放报文。

（3）若 B 没有要发送的数据了，则向 A 发送 FIN 报文段，请求释放连接。序号 seq=w，因为半关闭状态下 B 可能又发送了一些数据。并同时附带确认，确认号 ack=u+1。B 进入 LAST-ACK（最后确认）阶段，等待 A 的确认。

（4）A 收到 B 的连接释放请求后，回复确认。确认号 ack=w+1，序号 seq=u+1。A 进入 TIME-WAIT（时间等待）阶段。

A 等待 2MSL 时间后，才进入 CLOSED 状态。MSL 叫作最长报文段寿命（maximum segment lifetime），建议值为 2 min。B 接收到 A 的确认后，进入 CLOSED 状态。

下面给出 TCP 连接释放过程的报文分析。

1. 第一次断开

图 7-13 为第一次断开（FIN 报文段）的报文实例，编号为 1。“源端口”为 80，“目的端口”为 3363，seq=822643295，FIN=1。注意，该报文段中 ACK=1，ack=2079380537，确认的是释放连接前收到的对方的数据报文。

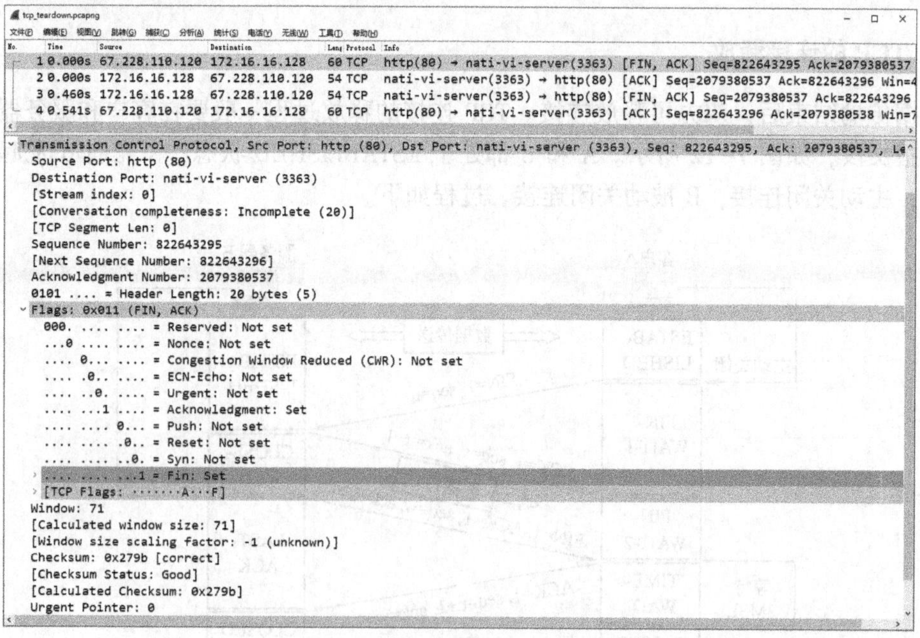

图 7-13　第一次断开报文实例

2. 第二次断开

图 7-14 为第二次断开（ACK 报文段）的报文实例，编号为 2。“源端口”为 3363，“目的端口”为 80，seq=2079380537，ack=822643296，ACK=1。

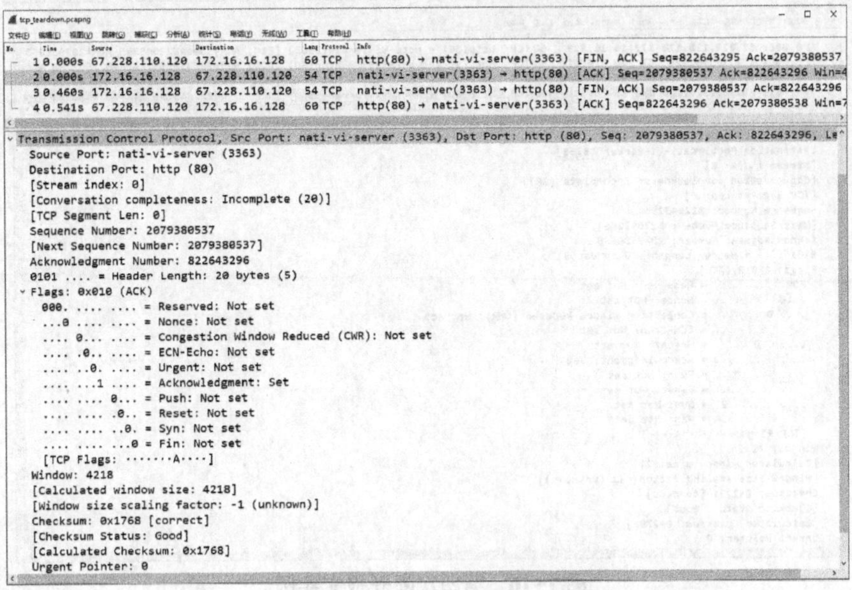

图 7-14 第二次断开报文实例

3. 第三次断开

图 7-15 为第三次断开（FIN+ACK 报文段）的报文实例，编号为 3。“源端口”为 3363，“目的端口”为 80，seq=2079380537，ack=822643296，FIN=1，ACK=1。

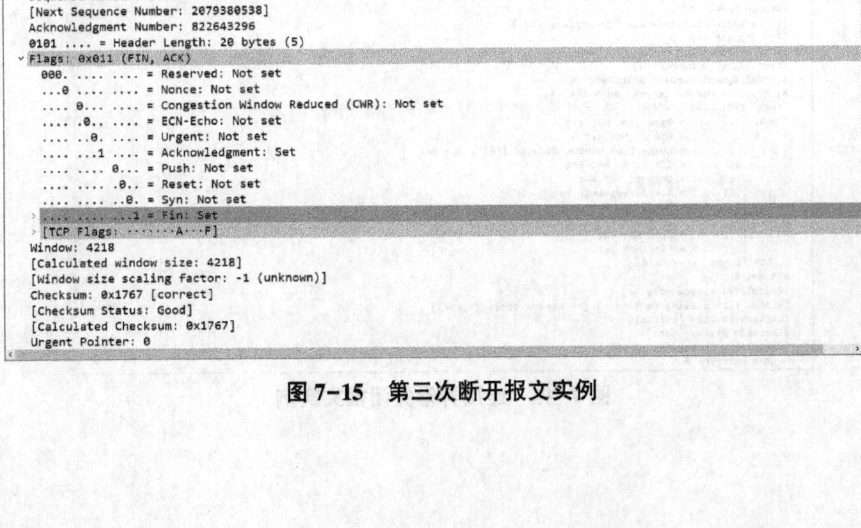

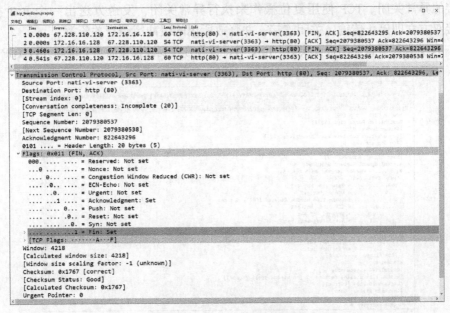

图 7-15 第三次断开报文实例

4. 第四次断开

图 7-16 为第四次断开（ACK 报文段）的报文实例，编号为 4。“源端口”为 80，“目的端口”为 3363，seq=822643296，ack=2079380538，ACK=1。

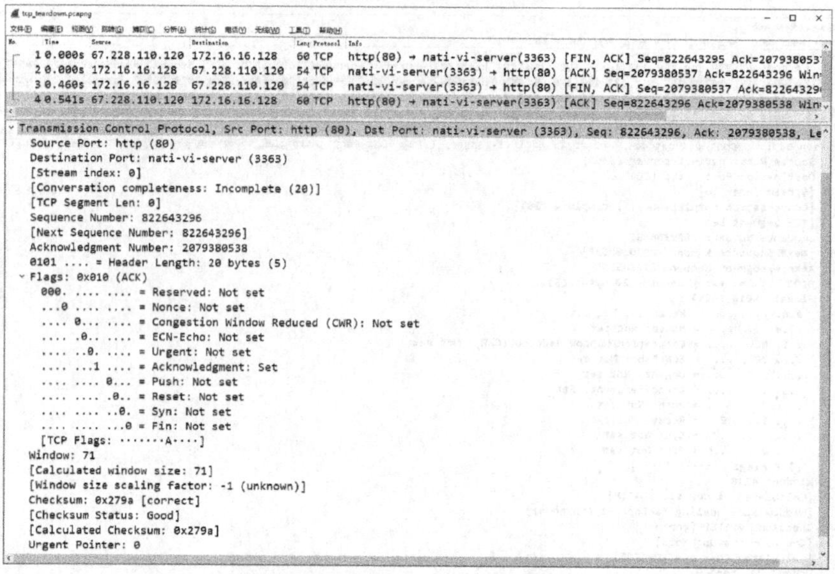

图 7-16　第四次断开报文实例

7.3.3 TCP 连接的异常关闭

在正常情况下，TCP 连接的完整过程是建立连接、传输数据、释放连接。连接释放可以看成是正常使用的一部分。但有时会出现异常情况使得应用程序要中断这个连接，这种关闭称为连接的异常关闭。TCP 使用复位操作来执行异常关闭，发送方送出一个 RST 报文段。此时连接双方立即停止传输，关闭连接，并释放所用的缓冲区等有关资源。

图 7-17 为连接异常关闭报文实例。RST=1，接收方收到该报文后，立即断开该 TCP 连接。

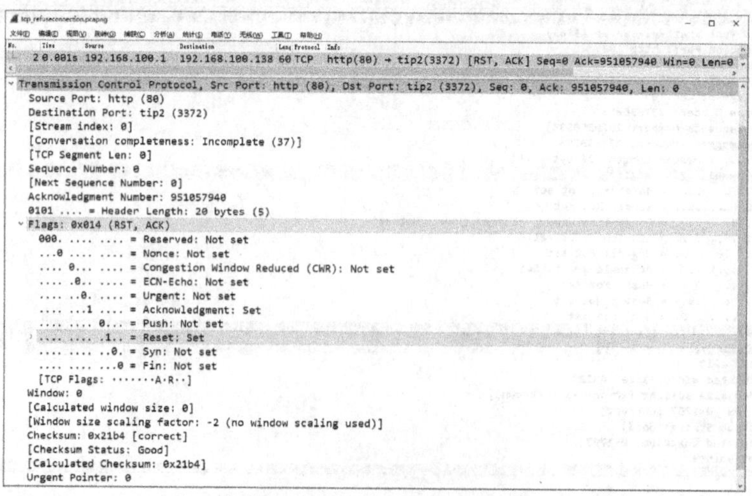

图 7-17　连接异常关闭报文实例

7.4 TCP的可靠传输

TCP 的一个主要特征是提供高可靠性服务。可靠的数据流交付服务应该解决丢失和乱序的问题。

7.4.1 确认应答机制防止丢失

在 TCP 的数据传输中，当发送方数据到达接收方主机后，接收方要返回一个确认应答（ACK 报文段），表示已正确接收到数据。确认包中的确认号给出了已收到数据的范围。

图 7-18 给出了数据传输正常情况下的确认应答机制。

主机 A 发送数据包后，等待 B 的确认。如果收到确认，说明数据成功到达接收方。如果在规定时间内没有收到确认，则存在 3 种可能的情况：数据丢失、确认丢失和确认迟到。

数据丢失情况如图 7-19 所示。A 发送的数据没有正确到达 B，故 B 不会回复确认。A 没有按时收到确认，会认为数据丢失，并进行重传。因此，即使传输过程中发生了丢包，仍能保证数据正确到达接收方，实现可靠传输。

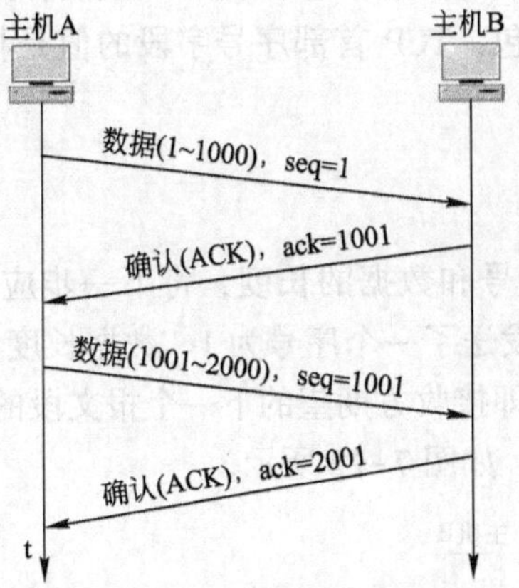

图 7-18 正常数据传输的确认应答

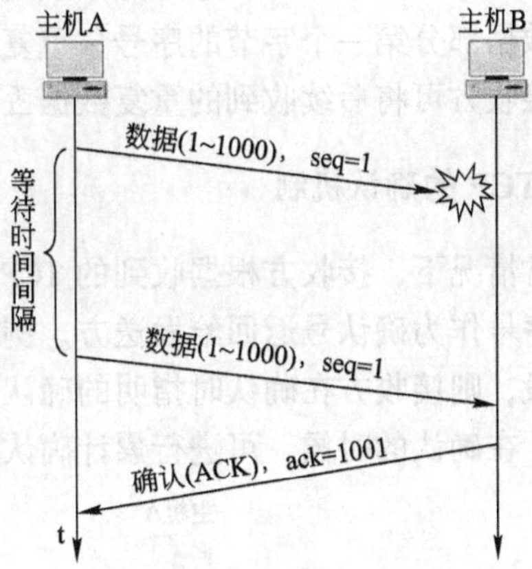

图 7-19 数据包丢失情况

未按时收到确认并不代表数据一定丢失。也可能是接收方正确接收到了数据，且回复了确认，但确认在途中丢失。这种情况下发送方也会认为是数据没有正确到达接收方，从而进行重传，如图 7-20 所示。

图 7-21 所示也是一种可能出现的情况。B 正确接收到了数据，但回复的确认迟到了，也会导致 A 重传数据。

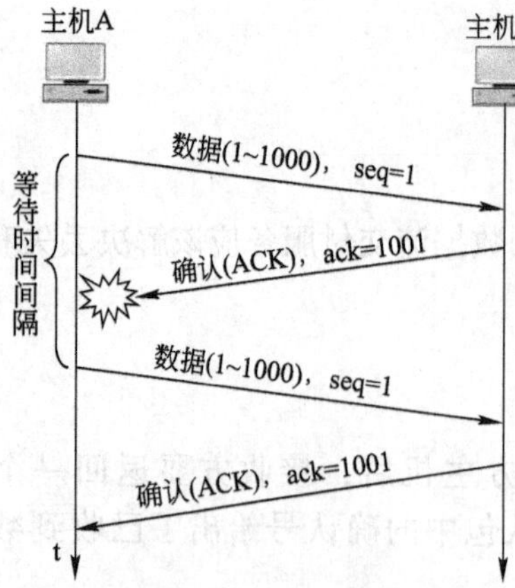

图 7-20　确认丢失

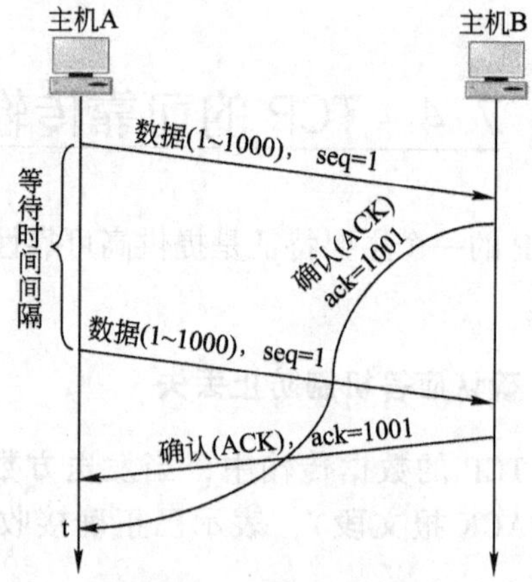

图 7-21　确认迟到

7.4.2　序号防止重复和乱序

在 7.4.1 节中的确认丢失和确认迟到场景下，主机 B 会收到重复的数据包，为了对上层应用提供可靠的传输，B 必须丢弃重复的数据。为此，引入序号来识别重复数据，同时解决乱序问题。

TCP 是面向字节流的，序号是给发送的每一个字节的数据一个编号。TCP 首部中的序号字段是数据部分第一个字节的序号，重复收到的数据包，TCP 首部序号字段的值是相同的。由此，接收方可将后续收到的重复数据丢弃。

7.4.3　TCP 的确认机制

通常情况下，接收方根据收到的 TCP 报文段的序号和数据的长度，将下一步应该接收的数据序号作为确认号返回给发送方。例如，发送方发送了一个序号为 1、数据长度为 1000 的报文段，则接收方在确认时指明的确认号为 1001，即接收方期望的下一个报文段的序号。

TCP 在确认的时候，可进行累计确认和捎带确认，如图 7-22 所示。

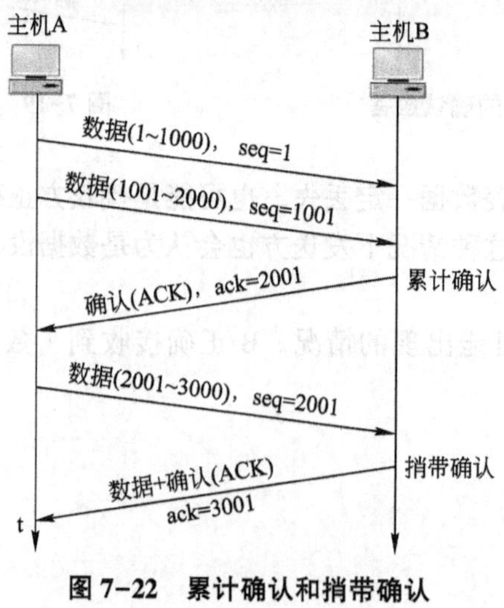

图 7-22　累计确认和捎带确认

累计确认指接收方在收到多个连续报文段的时候，可一次性对收到的数据进行确认。例如，接收方收到了字节序号为 1～1000 的报文段，在发回确认之前，又收到了序号为 1001～2000 的报文段，则接收方可回复确认号为 2001 的确认包，表明收到了 2001 之前（1～2000）的所有字节。

累计确认只能对连续收到的数据进行确认，如果中间部分数据丢失，则只能对丢失数据之前的数据进行确认，后面的数据即使收到也不能确认。

捎带确认是指接收方把对上一个报文段的确认放到自己发给发送方的数据包中捎带回去。这也是为什么确认包中可携带数据的原因。

7.4.4　超时重传定时器

通过前面的内容可知，在 TCP 的数据传输过程中，数据和确认都有可能会丢失。TCP 在发送数据时设置一个定时器，如果定时器超时但还没有收到确认，就重传该数据。

TCP 超时重传定时器的设置对于 TCP 的性能有重要影响。如果定时器设置得偏短，则在确认到来前已经超时，会造成不必要的重传。因为在发送下一个报文段之前，发送方要等待确认，如果当前报文段或确认确实丢失了，超时时间设置过长又会影响通信效率。

最理想的情况是，找到一个最小时间间隔，它能保证确认一定能在这个时间内返回。但网络性能是在不断变化的，所以设置一个固定值是不合适的，应该根据网络性能动态调整定时时限。在网络性能好的时候，报文段传输得比较快，超时时间间隔应该设置得短一点，在网络性能差的时候，报文传输得比较慢，超时时间间隔应该设置得长一点。

TCP 把报文段从发出到收到确认所经过的时间段定义为往返时间（round trip time，RTT），并引入自适应重传算法，根据 RTT 动态调整定时时限。

1. 自适应重传算法

TCP 保存 RTT 的加权平均往返时间 RTTs（又称为平滑的往返时间）。当第一次测量到 RTT 样本时，RTTs 取值为 RTT 样本值。以后每测量到一个新的 RTT 样本，就按下式重新计算 RTTs 的值：

$$\text{新的 RTTs} = (1-\alpha) \times (\text{旧的 RTTs}) + \alpha \times (\text{新的 RTT 样本})$$

其中，$0 \leqslant \alpha < 1$。若 α 接近于零，表示新的 RTTs 值和旧的 RTTs 值相比变化不大。若 α 接近于 1，表示新的 RTTs 值受新的 RTT 样本影响较大。RFC 6298 推荐的 α 值为 1/8，即 0.125。

超时计时器设置的超时重传时间 RTO（retransmission time-out）应略大于加权平均往返时间 RTTs。RFC 6298 建议用下式计算 RTO：

$$RTO = RTTs + 4 \times RTT_D$$

RTT_D 是 RTT 的偏差的加权平均值，与 RTTs 和新的 RTT 样本之差有关。RFC 6298 建议这样计算 RTT_D，当第一次测量时，RTT_D 取值为测量到的 RTT 样本值的一半。在以后的测量中，用下式计算 RTT_D：

$$\text{新的 } RTT_D = (1-\beta) \times (\text{旧的 } RTT_D) + \beta \times |\, RTTs - \text{新的 RTT 样本} \,|$$

其中，β 是个小于 1 的系数，其推荐值是 1/4，即 0.25。

2. 往返时间的测量

理论上讲，测定一个往返时间是很简单的，只需用收到确认的时间减去发送报文段的时间。但实际应用中情况是比较复杂的。

举一个丢包重传的例子。假设 TCP 发送了一个报文段，当定时器到时后仍未收到确认，于是发送方重传这个报文段。经过一段时间后，收到了确认报文段，由于重传的报文段和原来的报文段完全一样，所以发送方无法判断该确认是针对哪个报文段的。这种现象称为确认二义性。

如果收到的确认是对重传报文段的确认，但却被当成是对原报文段的确认，这样计算出的 RTTs 和 RTO 就会偏大。以此类推，RTO 将越来越长。同样，若收到的确认是对原报文段的确认，但却被当成是对重传报文段的确认，这样计算出的 RTTs 和 RTO 就会偏小。以此类推，RTO 将会越来越短。

3. Karn 算法

针对确认二义性带来的问题，Karn 提出了一个算法：在计算 RTTs 时，若发生重传，则不采用此次往返时间样本。

然而如果仅是忽略重传样本，也会引起新的问题。例如，在时延突然增大以后，在原来的重传时间内将收不到确认，导致重传。但 Karn 算法不考虑重传时的往返时间样本，这样，超时重传时间就无法更新。

针对这种情况，Karn 算法要求发送方使用定时器补偿策略，把超时重传的影响估计在内。当出现超时重传时，TCP 就增大重传时间。典型的做法是把新的重传时间设置为旧的重传时间的 2 倍。

7.5 TCP 的流量控制

7.5.1 TCP 的滑动窗口机制

在前面讲的可靠传输部分，TCP 发送数据以一个报文段为单位，每发一个报文段进行一次确认应答，这样的传输方式有一个缺点，就是往返时间越长通信性能越低。为解决这个问题，TCP 采用了滑动窗口机制。滑动窗口的基本思想是允许发送方在没有收到确认的情况下连续发送多个报文段。那么在确认到来之前，最多可以发送多少个报文段呢？

下面先介绍几个概念。为简化问题，假设数据只按一个方向传输，A 为发送方，B 为接收方。TCP 连接中，发送方 A 维护一个发送缓存，应用层数据交付给发送方的 TCP 模块，进入发送缓存等待发送，TCP 根据 MSS 的值从发送缓存提取数据封装成一个 TCP 报文段并发送，收到确认后，被确认的数据从缓存中删除。接收方 B 维护一个接收缓存，TCP 模块收到的数据进入接收缓存，等待上层应用读取。同时，发送方 A 维护一个发送窗口，处在发送窗口中的数据为当前可以连续发送的数据，已发送的数据在未收到确认之前必须暂时保留，以备超时重传。接收方 B 维护一个接收窗口，接收窗口的值为当前接收缓存的剩余空间大小，接收方会把接收窗口的值通过 TCP 首部“窗口”字段发送给对方。

接着回答上面的问题，发送方最多可以发送的数据量即为发送窗口的大小。发送窗口不能超过接收窗口的数值，同时发送窗口的大小还要受当时网络拥塞程度的制约（此处暂不考虑网络拥塞的影响）。

TCP 的滑动窗口以字节为单位。如图 7-23 所示，假设 TCP 最大报文段长度为 100 字节，发送方 A 收到了接收方 B 的确认报文，确认号为 201，窗口值为 600，则 A 构造发送窗口大小为 600 字节，包含序号为 201～800 的字节。发送方为每个连接设置了 3 个指针，定义了滑动窗口的 3 个要素：左边界指针将已发送字节流中的已确认与未确认字节区分开来；右边界指针指出了在未得到确认的情况下可发送和不可发送字节的界限；已发与未发边界指针位于窗口内部，表示窗口内已经发送和尚未发送的字节的界限。

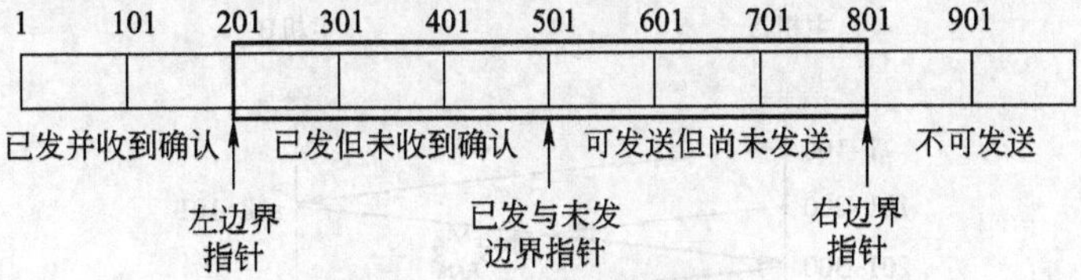

图 7-23　发送窗口示意图

在图 7-23 中，序号为 1～200 的字节为已发送并收到确认的部分，这些字节可以从缓存中删除。序号为 201～500 的字节为已发送但未收到确认部分，仍需留在发送窗口中，直到收到确认，才可以从窗口中移出去。序号为 501～800 的字节为当前可以发送但尚未发送的部分。序号为 801 以后的字节为当前不可以发送的部分。

假设在某一时间点，A 又收到 B 的确认，确认号为 401，窗口大小变为 500，则 A 的发送窗口如图 7-24 所示。

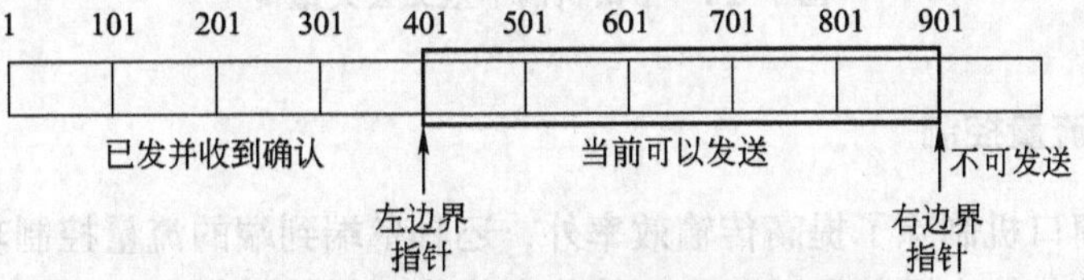

图 7-24　A 再次收到确认后滑动窗口示意图

7.5.2　滑动窗口机制下的确认与重传

在滑动窗口机制下，报文丢失怎么处理？下面分两种情况讨论。

第一种情况，考虑报文正确接收但返回的确认丢失的情况。在没有使用窗口的情况下，没有收到确认的报文是需要重传的。但在使用窗口的时候，即使某些确认丢失也不需重传。如图 7-25 所示。

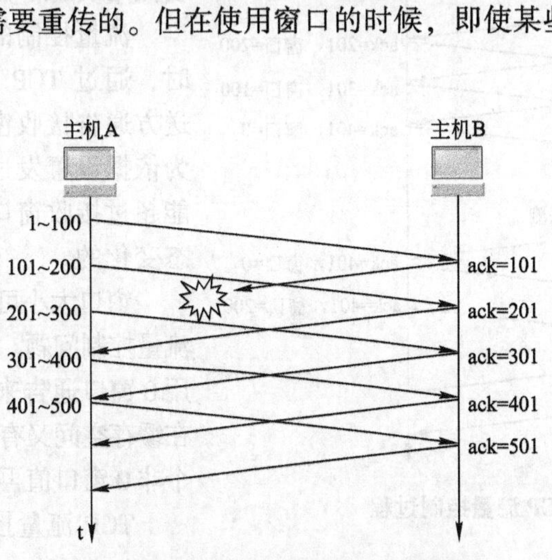

图 7-25　窗口机制下确认丢失不需重传

第二种情况，考虑报文丢失的情况。如图 7-26 所示，当报文 101～200 丢失后，接收方 B 每收到一个报文，重复返回确认号为 101 的确认包。发送方 A 在报文超时后或连续收到 3 个重复的确认，即重传丢失的报文 101～200，接收方 B 在收到重传的报文后，才可对后面序号的数据进行确认。

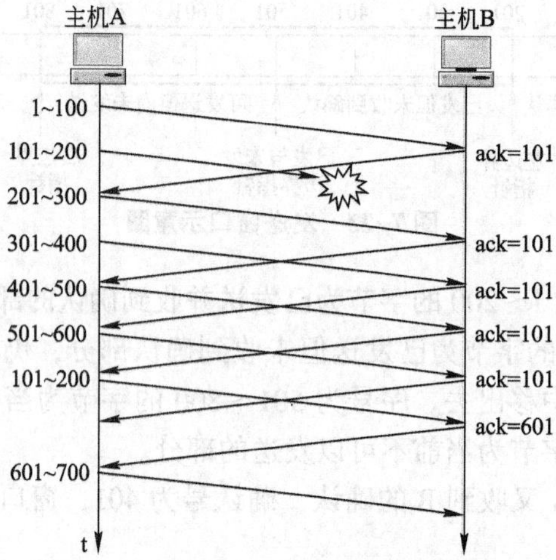

图 7-26　窗口机制下报文丢失重传

7.5.3　端对端的流量控制

TCP 的滑动窗口机制除了提高传输效率外，还具备端到端的流量控制功能，即发送方根据接收方的实际接收能力调节发送速度。接收方将收到的数据暂存在接收缓存，处理数据需要一定的时间。如果发送方发送速度较快，接收方的处理速度较慢，将导致接收缓存被填满，此时到达的数据会被接收方丢弃，从而触发发送方的重传，浪费网络资源。

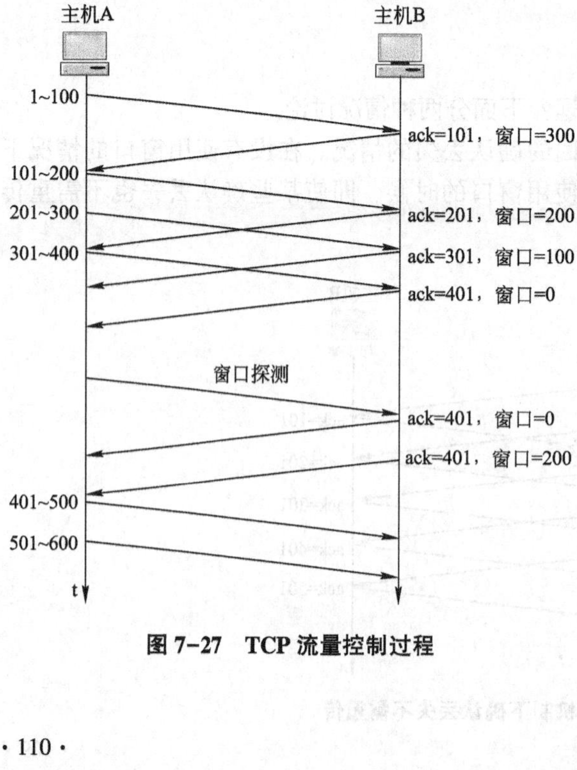

图 7-27　TCP 流量控制过程

流量控制的原理是，接收方在确认时，通过 TCP 首部的窗口字段，向发送方通告接收窗口的大小，发送方以此为依据设置发送窗口，发送窗口大小不能超过接收窗口。两个窗口的尺寸是动态变化的。

窗口大小可变的技术解决了端到端的流量控制问题。极端情况下，接收方可使用 0 窗口通告来停止发送方的数据传输。在缓存空间又有空闲后，接收方会通告一个非 0 窗口值再次触发数据的传输。

TCP 流量控制过程如图 7-27 所示。

7.5.4　死锁和坚持计时器

TCP 不对单纯的 ACK 报文进行确认。如果一个确认仅包含一个非 0 窗口通告，而这个确认丢失了，则双方就有可能因为等待而发生死锁：接收方等待接收数据，因为它已经向发送方发出了一个非 0 窗口通告，而发送方却在等待这个非 0 窗口通告来更新自己的发送窗口。为防止这种死锁情况的发生，发送方在收到 0 窗口通告时，维护一个坚持计时器，当计时器超时却未收到对方的非 0 窗口通告，则向对方发送窗口探测报文，以确定窗口更新报文是否丢失。如果收到的窗口仍然为 0，则重置坚持计时器。

7.5.5　糊涂窗口综合症

接收方发出 0 窗口通告后，可能引发的另外一个问题就是糊涂窗口综合症（silly window syndrome，SWS）。接收方的接收缓存被填满后，如果应用程序从缓存区中读取了 1 字节，然后向发送方发送确认，并设置窗口值为 1 字节。发送方收到确认后，就会发送一个包含 1 字节数据的报文段。如此往复，就造成了一系列短的报文段。

发送方总是发送仅包含 1 字节数据的报文段，接收方则每读取一个 1 字节的数据后，就发出一个确认报文段，设置窗口字段值为 1。最终发送方与接收方形成了一种稳定状态，即 TCP 为每一个字节的数据发送一个报文段。接收方的小窗口通告造成发送方发送一系列小的报文段，这种现象被称为糊涂窗口综合症，它会严重降低网络带宽利用率。

发送方和接收方都采取了相应的策略来避免这个问题。接收方在通告 0 窗口之后，要等到接收缓存可用空间至少达到总空间的一半或达到 MSS 之后才发送确认进行新的窗口通告。发送方也不要发送太小的报文段，而是把数据累积成一个 MSS 或收到对方的确认报文后再发送数据。

7.6　TCP 的拥塞控制

计算机网络中的带宽、路由器的缓存和处理机等，都是网络的资源。当某一时间段，对网络中某一资源的需求超过了该资源所能提供的可用部分，网络性能就要变坏，这种情况叫作拥塞（congestion）。

网络拥塞可以由很多因素引起，不能通过简单地增加某些资源来解决。例如，当路由器的缓存空间不足，到达路由器的分组因为无空间暂存而被丢弃。如果增加路由器缓存空间，到达的分组均可进入缓存队列中排队，但路由器的处理速度和出口的发送速率没有提高，导致分组排队时间过长，使得发送方超时重传，引起更多的分组进入网络，进一步加剧网络的拥塞。如果简单地将处理速度或发送速率提高，可能会暂时缓解上述问题，但很可能将问题转移到别的地方。问题的实质是整个系统资源不平衡。

流量控制和拥塞控制关系密切，但又有差别。拥塞控制的目的是防止过多数据进入网络，导致路由器或链路资源耗尽。拥塞控制是一个全局过程，涉及网络中的所有主机、所有路由器及与传输性能相关的所有因素。判断发生拥塞的依据是发送方没有及时收到对方的确认，但发送方无法得知发生拥塞的位置及原因。流量控制是指接收方接收缓存大小对发送方发送速率的限制，是一个端到端的问题。

TCP 进行拥塞控制使用 4 种算法：慢开始（slow-start）、拥塞避免（congestion avoidance）、快重传（fast retransmit）和快恢复（fast recovery）。

为了简化问题，假设：①数据是单方向传输的；②接收方的缓存空间足够大，发送窗口大小只需考虑网络拥塞程度的影响。

7.6.1 慢开始和拥塞避免

慢开始和拥塞避免算法用来控制发送方发送的数据量。为了实现这两个算法，TCP 需维护一个拥塞窗口（congestion window，cwnd），拥塞窗口是动态变化的，其大小取决于网络的拥塞程度，表示发送方在收到确认之前能向网络传送的最大数据量，是发送方根据自己估计的网络拥塞程度而设置的窗口值，是来自发送方的流量控制。cwnd 以字节为单位，但 cwnd 的增加和减少以 MSS 计算。

发送方在 TCP 连接上开始发送数据时，并不清楚网络的拥塞程度，所以拥塞窗口是由小到大逐渐增加的，这样发送到网络中的数据量也是逐渐增加的，以探测并适应网络状况。当网络中发生拥塞的时候，就将拥塞窗口减小一些，以缓解网络的拥塞。

为防止拥塞窗口增长过大引起网络拥塞，发送方还设置了一个慢开始门限（ssthresh），用法如下：

当 cwnd < ssthresh 时，使用慢开始算法。

当 cwnd > ssthresh 时，停止使用慢开始算法，改用拥塞避免算法。

当 cwnd = ssthresh 时，既可使用慢开始算法，也可使用拥塞避免算法。

发送方判断网络发生拥塞的依据是超时重传。因为当网络发生拥塞时，路由器会将因缓存占满而排不上队的分组丢失，发送方将无法收到确认而发生重传。

下面讨论拥塞窗口是如何变化的。

慢开始算法：新连接开始或拥塞解除后，为拥塞窗口（cwnd）设置一个较小的初始值，此后，每收到一个确认，cwnd 增加最多 1 MSS。

新的 RFC 5681 规定，拥塞窗口的初始值不超过（2~4）MSS 的大小，具体规定如下。

若 MSS>2 190 字节，则设置初始 cwnd=2 MSS 字节，且不能超过 2 个报文段。

若 1 095 字节<MSS≤2 190 字节，则设置初始 cwnd=3 MSS 字节，且不能超过 3 个报文段。

若 MSS ≤ 1 095 字节，则设置初始 cwnd=4 MSS 字节，且不能超过 4 个报文段。

每收到一个确认，拥塞窗口的增加量=min（*N*，MSS），其中 *N* 是原先未被确认的，现在被刚收到的确认报文确认的字节数。

当 cwnd 的值增加到 ssthresh 时，进入拥塞避免状态。

拥塞避免算法：当窗口中的所有报文段都被确认之后（经过一个往返时延 RTT），才将 cwnd 增加 1 MSS。这样，拥塞窗口（cwnd）按线性规律缓慢增长，比慢开始算法的拥塞窗口增长速率缓慢得多。

下面举例说明慢开始和拥塞避免的原理。为讨论方便，假设发送方设置的 cwnd 初始值为 1 MSS，每收到一个对新报文的确认，cwnd 加 1，慢开始门限 ssthresh = 16 MSS。如

图7-28所示，发送方先发送一个报文段，收到确认后（经过一个往返时延，又叫作一个传输轮次），拥塞窗口 cwnd 增加到 2 MSS。接着，发送方连续发送 2 个报文段，接收方接连返回两个确认，发送方收到两个确认后（同样是经过一个传输轮次），拥塞窗口增加 2 MSS，变为 4 MSS，以此类推。当拥塞窗口变为 16 MSS 时，开始执行拥塞避免算法，发送方连续发送 16 个报文段，经过一个传输轮次后，拥塞窗口增加 1 MSS，变为 17 MSS。此后拥塞窗口每经过一个传输轮次增加 1 MSS，直到网络出现拥塞。

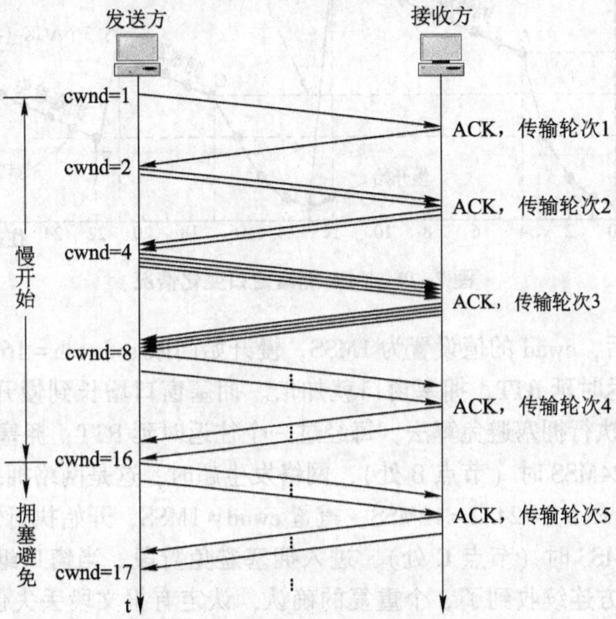

图 7-28　慢开始和拥塞避免原理

在慢开始或拥塞避免阶段，只要发送方发现网络出现拥塞，就执行以下操作：调整慢开始门限值 ssthresh 为拥塞发生时 cwnd 的一半，并同时设置 cwnd = 1 MSS，执行慢开始算法。

7.6.2　快重传和快恢复

网络中可能出现这样的情况，一个报文段由于某种原因丢失，但实际网络并未发生拥塞。如果发送方一直收不到确认，就会产生超时，误认为网络发生拥塞，然后将拥塞窗口 cwnd 重置为 1 MSS，并执行慢开始算法。这样会降低网络的传输效率。

当一个乱序的报文段到达时，TCP 接收方迅速发送一个重复的 ACK，目的是通知发送方收到了一个失序的报文段，并告诉发送方自己期望收到的序号。如果网络未发生拥塞，后续报文持续到达接收方，发送方会持续收到重复的确认，参见图 7-26。

快重传算法规定，发送方收到 3 个或 3 个以上的重复确认，就可判定网络并未出现拥塞，而只是丢失了一个报文段，TCP 不必等待重传定时器超时就可以重传已经丢失的报文段。

与快重传配合使用的还有快恢复算法。发送方知道只是丢失了个别报文段，因此不需要执行慢开始算法，而是执行快恢复算法，操作如下：发送方调整慢开始门限值 ssthresh 为拥塞发生时 cwnd 的一半，并同时设置 cwnd 等于新的门限值，执行拥塞避免算法。也有的快恢复算法把拥塞窗口 cwnd 的值设置为新的门限值+3MSS。

图 7-29 给出了 TCP 的拥塞窗口随时间变化的曲线图，图中横坐标是往返时延 RTT（实际情况下，每次 RTT 的值都不一样），纵坐标是拥塞窗口 cwnd。假定发送窗口等于拥塞窗口。

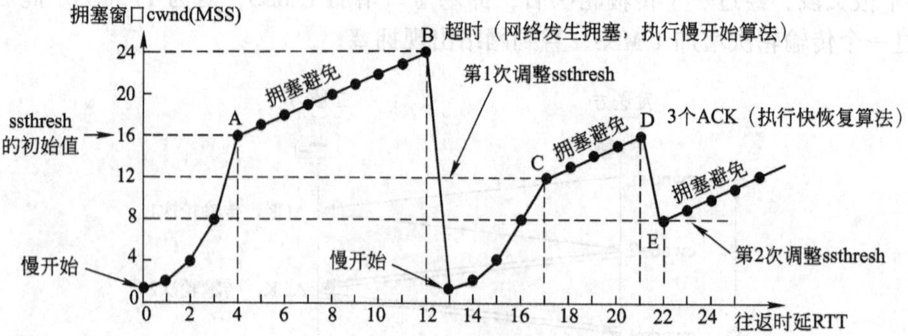

图 7-29　TCP 拥塞窗口变化情况

TCP 连接建立后，cwnd 的值设置为 1MSS，慢开始门限 ssthresh = 16MSS。执行慢开始算法，每经过一个往返时延 RTT，拥塞窗口就加倍。拥塞窗口增长到慢开始门限值 16MSS 时（节点 A 处），开始执行拥塞避免算法，每经过一个往返时延 RTT，拥塞窗口增加一个 MSS。当拥塞窗口增长到 24MSS 时（节点 B 处），网络发生超时，这是网络拥塞的标志。发送方调整门限值 ssthresh = cwnd/2 = 24/2 = 12MSS，重置 cwnd = 1MSS，开始执行慢开始算法。当拥塞窗口再次增长到 12MSS 时（节点 C 处），进入拥塞避免阶段。当窗口继续增长到 16MSS 时（节点 D 处），发送方连续收到了 3 个重复的确认，认定有报文段丢失但网络并未拥塞，于是快重传丢失的报文段，并执行快恢复算法，第二次调整门限值 ssthresh = cwnd/2 = 16/2 = 8MSS，重置 cwnd = 8MSS，开始执行拥塞避免算法。

在研究拥塞避免问题时，一开始假设接收方的缓存空间足够大，发送窗口的设置无须考虑流量控制因素，但在实际情况下，发送窗口要受接收窗口和拥塞窗口两个量的限制。用 rwnd 表示接收方的接收窗口，则有：

发送窗口的上限值 = min（rwnd，cwnd）

当 rwnd<cwnd 时，由接收方的接收能力来限制发送窗口的大小。当 cwnd<rwnd 时，由网络的拥塞程度来限制发送窗口的大小。也就是说，cwnd 和 rwnd 中较小者用于控制数据的发送速率。

7.7　TCP 的应用

7.7.1　扫描主机和端口

通常用 Ping 命令来判断目的主机是否在线，但很多主机都禁止使用 Ping 命令。这种情况下，可以通过 TCP 协议连接某个端口来判断主机是否在线，同时探测端口的开放情况。

扫描原理为：构造 TCP 连接的第一个报文 SYN，指定连接的端口，如果端口开放，则对方回复 SYN+ACK，如果端口关闭，则对方回复 RST+ACK。上述两种情况都说明主机在线。如果扫描所有端口都没有响应报文，则判断目的主机不在线。

TCP 端口扫描报文实例如图 7-30 所示。

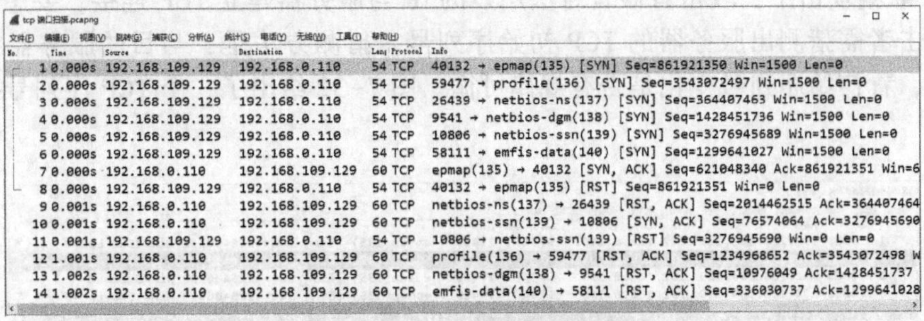

No.	Time	Source	Destination	Leng	Protocol	Info
1	0.000s	192.168.109.129	192.168.0.110	54	TCP	40132 → epmap(135) [SYN] Seq=861921350 Win=1500 Len=0
2	0.000s	192.168.109.129	192.168.0.110	54	TCP	59477 → profile(136) [SYN] Seq=3543072497 Win=1500 Len=0
3	0.000s	192.168.109.129	192.168.0.110	54	TCP	26439 → netbios-ns(137) [SYN] Seq=364407463 Win=1500 Len=0
4	0.000s	192.168.109.129	192.168.0.110	54	TCP	9541 → netbios-dgm(138) [SYN] Seq=1428451736 Win=1500 Len=0
5	0.000s	192.168.109.129	192.168.0.110	54	TCP	10806 → netbios-ssn(139) [SYN] Seq=3276945689 Win=1500 Len=0
6	0.000s	192.168.109.129	192.168.0.110	54	TCP	58111 → emfis-data(140) [SYN] Seq=1299641027 Win=1500 Len=0
7	0.000s	192.168.0.110	192.168.109.129	60	TCP	epmap(135) → 40132 [SYN, ACK] Seq=621048340 Ack=861921351 Win=6
8	0.000s	192.168.109.129	192.168.0.110	54	TCP	40132 → epmap(135) [RST] Seq=861921351 Win=0 Len=0
9	0.001s	192.168.0.110	192.168.109.129	60	TCP	netbios-ns(137) → 26439 [RST, ACK] Seq=2014462515 Ack=364407464
10	0.001s	192.168.0.110	192.168.109.129	60	TCP	netbios-ssn(139) → 10806 [SYN, ACK] Seq=76574064 Ack=3276945690
11	0.001s	192.168.109.129	192.168.0.110	54	TCP	10806 → netbios-ssn(139) [RST] Seq=3276945690 Win=0 Len=0
12	1.001s	192.168.0.110	192.168.109.129	60	TCP	profile(136) → 59477 [RST, ACK] Seq=1234968652 Ack=3543072498 W
13	1.002s	192.168.0.110	192.168.109.129	60	TCP	netbios-dgm(138) → 9541 [RST, ACK] Seq=10976049 Ack=1428451737
14	1.002s	192.168.0.110	192.168.109.129	60	TCP	emfis-data(140) → 58111 [RST, ACK] Seq=336030737 Ack=1299641028

图 7-30　TCP 端口扫描报文

图中，源主机 192.168.109.129 对目的主机 192.168.0.110 的 135～140 号端口进行扫描。编号为 1、7、8 的报文为 135 号端口扫描包，源主机发送 SYN 报文（编号 1），目的主机回复 SYN+ACK（编号 7），说明 135 号端口是开放的，源主机随后发送 RST（编号 8）断开此连接。编号为 2、12 的报文为 136 号端口扫描包，源主机发送 SYN 报文（编号 2），目的主机回复 RST+ACK（编号 12），说明 136 号端口是关闭的。

其他端口扫描结果为：137、138、140 号端口关闭，139 号端口是开放的。

7.7.2　路由跟踪

TCP 协议也可用于路由跟踪。源主机发送一个 TCP 的 SYN 报文，通过控制 IP 首部的 TTL 值，获取路由信息。当到达路由器时，若 TTL 减为 0，路由器向源主机发送 ICMP 的超时报文。当到达目的主机后，若端口开放，目的主机回复 TCP 的 SYN+ACK 报文，如图 7-31 所示。

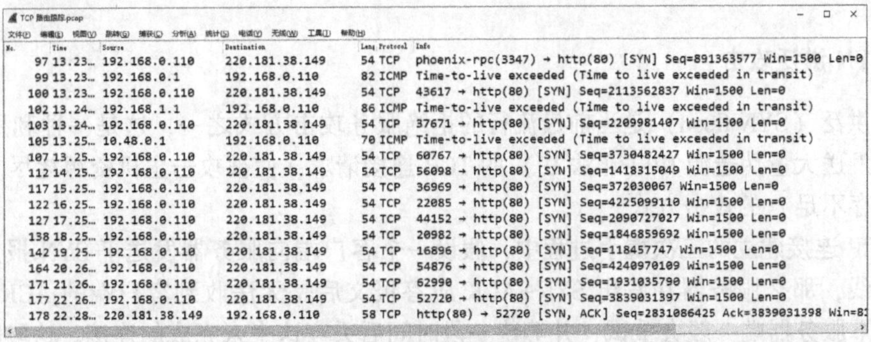

No.	Time	Source	Destination	Leng	Protocol	Info
97	13.23…	192.168.0.110	220.181.38.149	54	TCP	phoenix-rpc(3347) → http(80) [SYN] Seq=891363577 Win=1500 Len=0
99	13.23…	192.168.0.1	192.168.0.110	82	ICMP	Time-to-live exceeded (Time to live exceeded in transit)
100	13.23…	192.168.0.110	220.181.38.149	54	TCP	43617 → http(80) [SYN] Seq=2113562837 Win=1500 Len=0
102	13.24…	192.168.1.1	192.168.0.110	86	ICMP	Time-to-live exceeded (Time to live exceeded in transit)
103	13.24…	192.168.0.110	220.181.38.149	54	TCP	37671 → http(80) [SYN] Seq=2209981407 Win=1500 Len=0
105	13.25…	10.48.0.1	192.168.0.110	70	ICMP	Time-to-live exceeded (Time to live exceeded in transit)
107	13.25…	192.168.0.110	220.181.38.149	54	TCP	60767 → http(80) [SYN] Seq=3730482427 Win=1500 Len=0
112	14.25…	192.168.0.110	220.181.38.149	54	TCP	56098 → http(80) [SYN] Seq=1418315049 Win=1500 Len=0
117	15.25…	192.168.0.110	220.181.38.149	54	TCP	36969 → http(80) [SYN] Seq=372030067 Win=1500 Len=0
122	16.25…	192.168.0.110	220.181.38.149	54	TCP	22085 → http(80) [SYN] Seq=4225099110 Win=1500 Len=0
127	17.25…	192.168.0.110	220.181.38.149	54	TCP	44152 → http(80) [SYN] Seq=2090727027 Win=1500 Len=0
138	18.25…	192.168.0.110	220.181.38.149	54	TCP	20982 → http(80) [SYN] Seq=1846859692 Win=1500 Len=0
142	19.25…	192.168.0.110	220.181.38.149	54	TCP	16896 → http(80) [SYN] Seq=118457747 Win=1500 Len=0
164	20.26…	192.168.0.110	220.181.38.149	54	TCP	54876 → http(80) [SYN] Seq=4240970109 Win=1500 Len=0
171	21.26…	192.168.0.110	220.181.38.149	54	TCP	62990 → http(80) [SYN] Seq=1931035790 Win=1500 Len=0
177	22.26…	192.168.0.110	220.181.38.149	54	TCP	52720 → http(80) [SYN] Seq=3839031397 Win=1500 Len=0
178	22.28…	220.181.38.149	192.168.0.110	58	TCP	http(80) → 52720 [SYN, ACK] Seq=2831086425 Ack=3839031398 Win=8…

图 7-31　TCP 路由跟踪报文

由图中可知，源主机为 192.168.0.110，目的主机为 220.181.38.149。第一个路由器的 IP 地址为 192.168.0.1，第二个路由器的 IP 地址为 192.168.1.1，第三个路由器的 IP 地址为 10.48.0.1，……（图 7-31 中后面路由器没有回复报文，没有跟踪到路由），目的主机回复 SYN+ACK（编号 178），路由跟踪结束。

7.7.3 TCP 序列号探测

在 IP 欺骗攻击中，攻击者假冒合法用户的 IP 与服务器建立 TCP 连接，要想连接建立成功，攻击者需猜测出服务器的 TCP 初始序列号。猜测方法是，与目的服务器持续建立 TCP 连接，看初始序列号变化是否有规律可循。图 7-32 给出了一个 TCP 序列号探测报文实例。

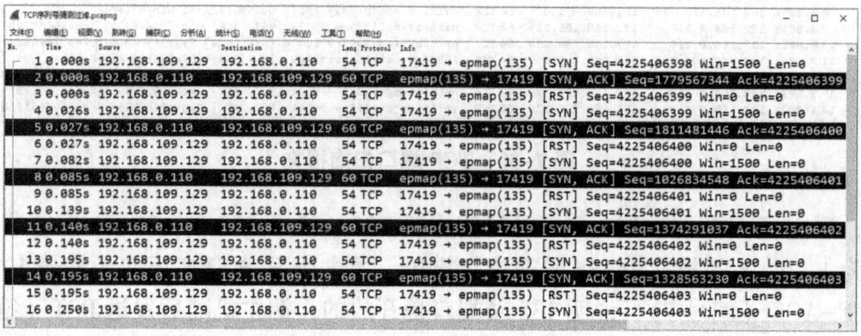

No.	Time	Source	Destination	Leng	Protocol	Info
1	0.000s	192.168.109.129	192.168.0.110	54	TCP	17419 → epmap(135) [SYN] Seq=4225406398 Win=1500 Len=0
2	0.000s	192.168.0.110	192.168.109.129	60	TCP	epmap(135) → 17419 [SYN, ACK] Seq=1779567344 Ack=4225406399
3	0.000s	192.168.109.129	192.168.0.110	54	TCP	17419 → epmap(135) [RST] Seq=4225406399 Win=0 Len=0
4	0.026s	192.168.109.129	192.168.0.110	54	TCP	17419 → epmap(135) [SYN] Seq=4225406399 Win=1500 Len=0
5	0.027s	192.168.0.110	192.168.109.129	60	TCP	epmap(135) → 17419 [SYN, ACK] Seq=1811481446 Ack=4225406400
6	0.027s	192.168.109.129	192.168.0.110	54	TCP	17419 → epmap(135) [RST] Seq=4225406400 Win=0 Len=0
7	0.082s	192.168.109.129	192.168.0.110	54	TCP	17419 → epmap(135) [SYN] Seq=4225406400 Win=1500 Len=0
8	0.085s	192.168.0.110	192.168.109.129	60	TCP	epmap(135) → 17419 [SYN, ACK] Seq=1026834548 Ack=4225406401
9	0.085s	192.168.109.129	192.168.0.110	54	TCP	17419 → epmap(135) [RST] Seq=4225406401 Win=0 Len=0
10	0.139s	192.168.109.129	192.168.0.110	54	TCP	17419 → epmap(135) [SYN] Seq=4225406401 Win=1500 Len=0
11	0.140s	192.168.0.110	192.168.109.129	60	TCP	epmap(135) → 17419 [SYN, ACK] Seq=1374291037 Ack=4225406402
12	0.140s	192.168.109.129	192.168.0.110	54	TCP	17419 → epmap(135) [RST] Seq=4225406402 Win=0 Len=0
13	0.195s	192.168.109.129	192.168.0.110	54	TCP	17419 → epmap(135) [SYN] Seq=4225406402 Win=1500 Len=0
14	0.195s	192.168.0.110	192.168.109.129	60	TCP	epmap(135) → 17419 [SYN, ACK] Seq=1328563230 Ack=4225406403
15	0.195s	192.168.109.129	192.168.0.110	54	TCP	17419 → epmap(135) [RST] Seq=4225406403 Win=0 Len=0
16	0.250s	192.168.109.129	192.168.0.110	54	TCP	17419 → epmap(135) [SYN] Seq=4225406403 Win=1500 Len=0

图 7-32 TCP 序列号探测报文

在图 7-32 中，源主机 192.168.109.129 持续向目的主机 192.168.0.110 的 135 号端口发送 SYN 报文，目的主机回复 SYN+ACK（图中背景加深），携带目的主机的初始序列号。图中探测的序列号依次为 1779567344、1811481446、1026834548、1374291037、1328563230，可见目的主机的初始序列号是随机的。

7.8 TCP 的安全问题

7.8.1 SYN 洪泛攻击

SYN 洪泛（SYN flood）是当前最流行的拒绝服务攻击方式之一，这是一种利用 TCP 协议缺陷，发送大量伪造源 IP（非法 IP）的 TCP 连接请求，使被攻击主机资源耗尽（CPU 满负荷或内存不足）的攻击方式。

在 TCP 连接建立的三次握手过程中，假设一个客户端向服务器发送了 SYN 报文后突然死机或掉线，那么服务器在发出 SYN+ACK 应答报文后是无法收到客户端的 ACK 报文的，这种情况下服务器端一般会重试，并等待一段时间后丢弃这个未完成的连接。这段时间的长度称为 SYN Timeout。一般来说这个时间是分钟的数量级。

一个用户出现异常导致服务器的一个线程等待 1 min 并不是什么很大的问题，但如果有一个恶意的攻击者大量模拟这种情况（伪造源 IP 地址），服务器将为了维护大量的半连接列表而消耗非常多的资源。

实际上如果服务器的 TCP/IP 栈不够强大，最后的结果往往是堆栈溢出崩溃。即使服务器端系统足够强大，服务器也将忙于处理攻击者伪造的 TCP 连接请求而无暇处理客户的正常请求，此时从正常客户的角度看来，服务器失去响应，这种情况称作拒绝服务攻击。

7.8.2　Land 攻击

Land 攻击也是利用 TCP 的三次握手过程进行攻击的。攻击者向目的主机发送一个特殊的 SYN 报文，报文中的源地址和目的地址都是目的主机的地址。目的主机收到这样的连接请求时会向自己发送 SYN+ACK 报文，结果导致目的主机向自己发回 ACK 报文并创建一个空连接。大量的这样的报文将使目的主机建立很多无效的连接，系统资源被大量占用。

习题 7

1. TCP 确认报文的丢失并不一定导致重传，为什么？

2. 为什么使用 TCP 的连接释放协议可以保证不丢失数据？

3. 分析 TCP 的流量控制和拥塞控制的区别，并指出它们各自使用的技术。

4. 一个 TCP 报文段的数据部分最多为多少字节？为什么？

5. TCP 在什么情况下使用快重传算法，为什么快重传后要配套使用快恢复算法？

6. 假设 TCP 的拥塞窗口为 18 MSS 时发生了超时，如果接下来的 4 次传输全部成功，则拥塞窗口变为多大？

7. 主机 A 向主机 B 连续发送了两个 TCP 报文段，其序号分别为 700 和 1000。试问：

(1) 第一个报文段携带了多少字节的数据？

(2) 主机 B 收到第一个报文段后发回的确认中确认号是多少？

(3) 如果主机 B 收到第二个报文段后发回的确认中的确认号是 1800，试问 A 发送的第二个报文段中有多少字节的数据？

(4) 如果 A 发送的第一个报文段丢失了，但第二个报文段到达了 B。B 在第二个报文段到达后向 A 发送确认，确认号应为多少？

8. 总结 TCP 的发送窗口、接收窗口和拥塞窗口，解释一下窗口的含义及它们之间的关系。

9. 总结一下 TCP 都有哪些时钟，分别是为解决什么问题设置的。

10. 主机 A 和主机 B 之间建立了一个 TCP 连接，假设 TCP 最大报文段长度为 1 000 字节，若主机 A 当前发送窗口为 4 000 字节，主机 A 向主机 B 连续发送 2 个最大报文段后，成功收到主机 B 发回的第一个报文段的确认，确认段中通告的接收窗口为 2 000 字节，则此时主机 A 还可以向主机 B 发送的最大字节数为多少？

第 8 章　选路信息协议

选路信息协议（routing information protocol，RIP）是一种基于距离向量算法的内部网关协议，广泛应用于局域网。本章先介绍关于路由选择协议的基本概念，再详细介绍 RIP，包括 RIP 的工作原理、定时器管理、报文格式、慢收敛问题及其对策等。

8.1　路由选择协议的几个基本概念

8.1.1　路由算法

路由选择协议的核心是路由算法，一个理想的路由算法应具有以下特点。

(1) 算法是正确和完整的。即沿着路由表所指定的路径，分组一定能够到达目的网络。

(2) 算法是简单的。路由选择的计算不能增加太多的网络开销。

(3) 算法能够适应通信量和网络拓扑的变化，即自适应性。当网络中通信量发生变化时，算法能调整路由以均衡链路的负载。当拓扑发生变化时，算法能及时更新路由。

(4) 算法具有稳定性。在通信量和网络拓扑不变的情况下，路由表应该趋于稳定。

(5) 算法是公平的。不同用户进行路由选择的结果不应存在明显区别，如个别用户的路由时延较小。

(6) 算法是最佳的。路由选择算法得出的路由应该是综合各种因素下最好的。

所谓“最佳”路由，一般只是相对于某一度量值得到的较为合理的选择。路由算法在计算度量值时，要首先确定它所使用的度量要素。常用的度量要素有带宽、延迟、负载、可靠性和跳数，它们各自从不同的侧面反映了网络的传输特性。

基于路由算法能否根据通信量或拓扑的变化自动调整路由，可将路由选择方法分为两大类：静态路由选择和动态路由选择。静态路由是由管理员手工配置路由，当网络拓扑结构发生变化时，管理员必须手工更新静态路由条目。其特点是简单且开销较小，但不能及时适应网络状况的变化，仅适用于简单的网络。动态路由是指路由器根据路由协议相互交换路由信息以建立和更新各自的路由表，管理员只需在路由器启动前对其基本参数进行设置。其特点是能较好地适应网络拓扑的变化，但实现比较复杂，开销较大，适用于较复杂的网络。

8.1.2　自治系统与路由协议

互联网采用分层次的路由选择方式，原因有两个。

(1) 网络规模非常大。如果让网络中的所有路由器都知道所有网络的路径信息，则路由表将非常大，处理时间会很长。

(2) 出于保护内网的需求，很多单位不希望外部知道自己的内部网络结构，希望内网单独进行路由选择。

为此，将整个互联网划分为较小的自治系统（autonomous system，AS）。自治系统是在单一技术管理下的网络、IP 地址及路由器，自治系统内的所有路由器使用同一种路由协议和度量标准。基于此，互联网将路由选择协议分为两大类。

(1) 内部网关协议（interior gateway protocol，IGP）。即在一个自治系统内部使用的路由协议，与其他自治系统无关。目前使用的内部网关协议包括选路信息协议（RIP）、开放式最短路径优先（OSPF）、中间系统-中间系统（IS-IS）等。

(2) 外部网关协议（exterior gateway protocol，EGP）。即在不同自治系统之间使用的路由协议。边界网关协议 BGP 是 Internet 中使用最为广泛的外部网关协议。

8.2 RIP 的工作原理

8.2.1 路由信息交换

RIP 使用 UDP 进行路由信息交换，常用端口号为 520。路由器之间交换的报文主要有两种类型：请求（request）和响应（response）。请求报文用来向相邻路由器请求路由信息，响应报文用来向相邻路由器通告本地路由信息。

RIP 使用距离向量算法计算路由表，采用跳数作为距离的度量标准。路由器与直连网络的距离为 1 跳，每经过一个路由器，跳数加 1，一个路由器到目的网络的一条路径长度是该路径上所有路由器的数目。RIP 规定距离的有效范围为 1～16，其中 16 表示网络不可达。RIP 认为最好的路由就是距离最短的。

RIP 属于分布式路由选择协议，每个路由器要不断地和其他路由器交换路由信息。需要弄清楚路由信息交换的 3 个要点：和哪些路由器交换信息？交换什么信息？什么时候交换信息？

RIP 的特点如下。

(1) 仅和相邻路由器交换信息。RIP 规定，不相邻的路由器不交换信息。

(2) 交换的信息是当前该路由器所知道的全部信息，即自己的路由表。包括该路由器到自治系统其他网络的距离及下一跳路由器。

(3) 按固定时间间隔交换路由信息，例如，每隔 30 s。然后，路由器根据收到的路由信息更新路由表。当网络拓扑发生变化时，路由器也能及时向相邻路由器通告拓扑变化后的路由信息。

路由器在刚开始工作时路由表是空的。每个路由器首先得出到自己直连网络的距离，然后，每个路由器和自己的相邻路由器交换有限的路由信息并更新路由表。但经过若干次更新后，每个路由器都会知道到达本自治系统中任何一个网络的最短距离和下一跳路由器。

路由表更新的原则是找出到每个目的网络的最短距离，这种更新算法称为距离向量算法。

8.2.2 距离向量算法

距离向量算法又称为Bellman、Bellman-Ford或Ford-Fulkerson算法。它的思想是：以跳数作为度量值，每个路由器周期性地与相邻路由器交换由目的网络、距离组成的路由信息，相邻路由器收到路由信息后，根据最短路径原则，更新路由表。路由表项的格式为目的网络、距离、下一跳。

路由器R收到路由器K发送过来的RIP报文，执行以下操作。

(1) R修改收到的RIP报文中的所有项目：把所有“距离”字段的值加1，增加“下一跳”字段，并将下一跳都设置为K。

(2) R根据修改后的RIP报文更新自己的路由表，方案如下：

① 若RIP报文中某个目的网络不在R的路由表中，则把该目的网络对应的项目添加到R的路由表中。

② 若R的路由表中某个目的网络（下一跳不为K）在RIP报文中的“距离”值较小，即R到该目的网络有经过K的更短路径，则用RIP报文中的对应项目替换R的路由表中的项目。

③ 若R的路由表中某个目的网络的下一跳为K：

- 若RIP报文中不再包含该目的网络，则R删除路由表中的相应项目。
- 若RIP报文中该目的网络对应的“距离”字段值发生变化，则R修改路由表中相应的“距离”字段值，使其与RIP报文一致。

(3) 若3 min还未收到相邻路由器的更新路由表，则把此相邻路由器记为不可达路由器，即将“距离”设置为16。

例：已知路由器B的路由表如图8-1（a）所示，现B收到从相邻路由器C发来的路由信息如图8-1（b）所示，试更新B的路由表。

目的网络	距离	下一跳
N1	7	A
N2	2	C
N6	8	F
N8	4	E
N9	4	F

(a)

目的网络	距离
N2	4
N3	8
N6	4
N8	3
N9	5

(b)

目的网络	距离	下一跳
N2	5	C
N3	9	C
N6	5	C
N8	4	C
N9	6	C

(c)

目的网络	距离	下一跳
N1	7	A
N2	5	C
N3	9	C
N6	5	C
N8	4	E
N9	4	F

(d)

图8-1 距离向量算法更新路由表

解：B收到C的路由更新消息，先把图8-1（b）表格中的距离都加1，增加下一跳字段，下一跳字段的值都设置为C，如图8-1（c）所示。然后，将图8-1（c）的每一行与

图8-1 (a)进行比较，根据距离向量算法更新路由表。

(1) 目的网络N2在图8-1 (a) 中，下一跳为路由器C，因此用图8-1 (c) 中的信息替换掉图8-1 (a) 中的内容。

(2) 目的网络N3不在图8-1 (a) 中，因此要把这一项添加到图8-1 (a) 中。

(3) 目的网络N6在图8-1 (a) 中，下一跳路由器不同，选择距离较短的路由，图8-1 (c) 中距离更短，因此用该信息替换图8-1 (a) 中的内容。

(4) 目的网络N8在图8-1 (a) 中，下一跳路由器不同，但两条路由信息距离相同，保留原内容即可。

(5) 目的网络N9在图8-1 (a) 中，下一跳路由器不同，选择距离较短的路由，图8-1 (a) 中距离更短，保留原内容。

最后，得出路由器B更新后的路由表如图8-1 (d) 所示。

距离向量算法所需的CPU和内存开销不多，但它的路由信息要通过相邻路由器的再计算和传递，路由信息传播速度缓慢，且计算结果可能出错，容易引发路由更新的不一致问题。还有，虽然所有的路由器最终都拥有了整个自治系统的全局路由信息，但由于每个路由器的位置不同，最终得到的路由表也是不相同的。

8.3 RIP的定时器管理

为使路由信息反映当前网络的连接状况，确保路由信息的时效性，RIP使用4个定时器，进行路由信息的一致性维护和路由表的管理。

1. 更新定时器

更新定时器指运行RIP的路由器向所有接口广播自己路由信息的时间间隔，默认值为30 s。即每隔30 s，RIP模块向相邻路由器发送路由更新报文。

但是为了避免在多路访问网络中由于系统延时导致同步更新，实际更新时间为25.5～30 s（30 s减去一个4.5 s内的随机值）。

2. 无效定时器

无效定时器是路由表的每条路由的存活时间。每当添加或更新路由表的一个条目时，为该条目设置无效定时器。在无效定时器到期之前，如果没有收到该条目的更新信息，那么该条目将被标记为不可达（将距离度量值设置为16）。无效定时器的默认时间为180 s。

3. 抑制定时器

用于设置路由信息被抑制的时间。当收到某条路由无效的消息时，路由器将进入保持失效状态，直到一个带有更好度量的更新消息到达或抑制定时器到期。抑制定时器默认时间为180 s。

4. 刷新定时器

当一个路由条目无效后，为了向相邻路由器通告此信息，该无效路由条目仍将在路由表中保存一段时间。经过几个路由更新周期以后，协议才将该无效路由条目从路由表中删除，并释放其存储空间。

刷新定时器也称为垃圾回收定时器，时间间隔为120 s。

8.4 RIP的报文格式

8.4.1 RIP1的报文格式

RIP1是有类别路由协议，只支持以广播方式发布协议报文。RIP1的协议报文无法携带掩码信息，它只能识别A、B、C类这样的自然网段的路由。RIP1报文格式及封装如图8-2所示，报文包括一个固定的首部及0或多条路由条目，一个RIP报文最多允许携带25个路由条目。

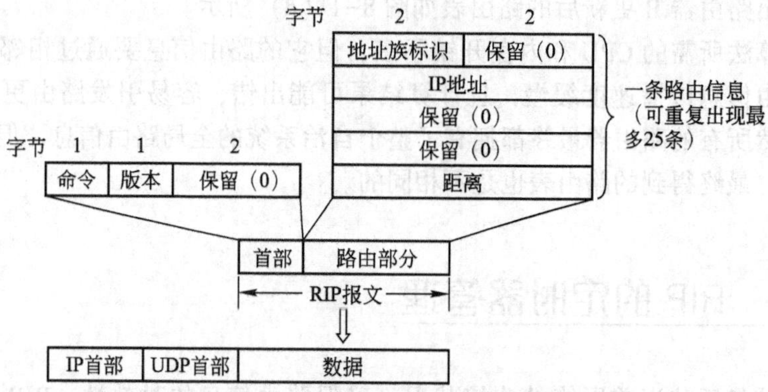

图8-2 RIP1报文格式及封装

报文中各字段含义如下。

命令：表示RIP报文的类型。取值为1表示请求报文，取值为2表示响应报文。

版本：表示RIP的版本信息。RIP1中取值为1。

地址族标识：表示路由信息所使用的地址协议。对于IPv4地址，该字段值为2。

IP地址：表示路由信息对应的目的站IP地址，可以是主机地址、子网地址或网络地址。

距离：表示从该路由器到目的站的距离（路径上经过的路由器数目）。

RIP1报文实例如图8-3所示。

由图8-3可知，RIP报文封装在UDP报文中，端口号为520；目的IP和目的物理地址都是广播地址，这是一个广播包；该报文首部"命令"字段值为2，说明是响应（response）报文；"版本"字段值为1，说明为RIP1；包含了4条路由信息，地址族标识都为2，表示使用的是IPv4地址，详细路由信息如下。

第一条：目的网络10.0.3.0，距离1。

第二条：目的网络10.0.4.0，距离2。

第三条：目的网络192.168.2.0，距离1。

第四条：目的网络192.168.4.0，距离2。

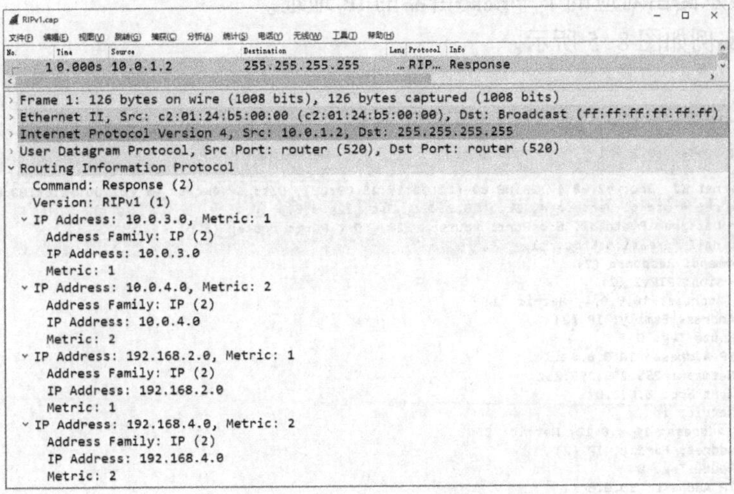

图 8-3　RIP1 报文实例

8.4.2　RIP2 的报文格式

RIP2 是一种无类别路由协议，与 RIP1 相比，它有以下优势。

（1）支持路由标记，在路由策略中可根据路由标记对路由进行灵活的控制。

（2）报文中携带掩码信息，支持路由聚合和 CIDR，支持指定下一跳，在广播网络上可以选择到最优下一跳地址。

（3）支持组播方式发送路由更新报文，减少资源消耗。

（4）支持对协议报文进行验证，并提供明文验证和 MD5 验证两种方式，增强安全性。

RIP2 有两种报文传送方式，分别为广播方式和组播方式，默认采用组播方式发送报文，使用的组播地址为 224.0.0.9。当接口运行 RIP2 广播方式时，也可接收 RIP1 的报文。

RIP2 报文格式如图 8-4 所示，“版本”字段值为 2。

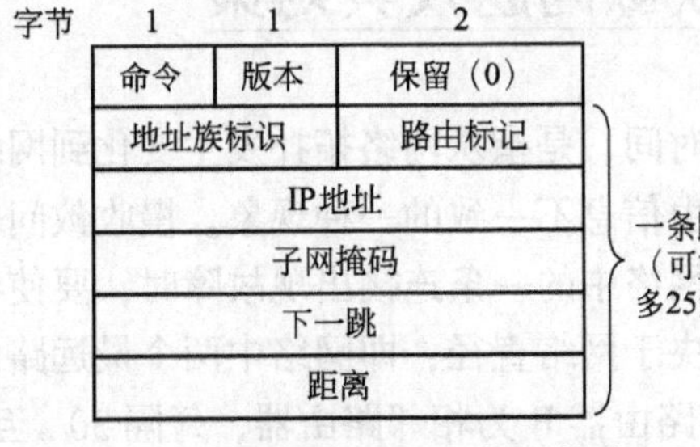

图 8-4　RIP2 报文格式

与 RIP1 相比，增加的各字段含义如下。

路由标记：RIP 可能收到来自该自治系统以外的路由信息，如从 BGP 或其他 IGP 路由域中导入的信息。如果路由信息来自该自治系统，则字段值为 0。如果路由信息是从 BGP 路由域中导入的，则将该字段的值设置为 BGP 路由域的自治系统编号。

子网掩码：表示目的地址对应的子网掩码。

下一跳：表示路由对应的下一跳路由器的 IP 地址。

RIP2 报文实例如图 8-5 所示。

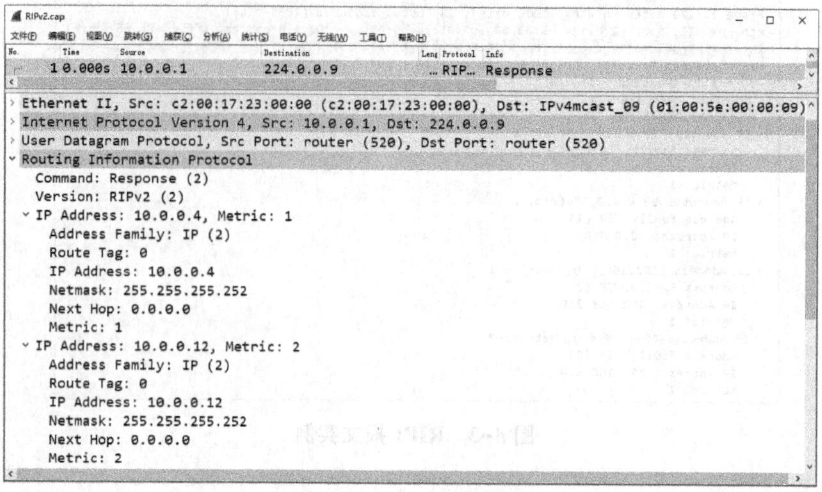

图 8-5 RIP2 报文实例

由图可知，目的 IP 和目的物理地址都是组播地址，这是一个组播包；该报文首部“命令”字段值为 2，说明是响应（response）报文；“版本”字段值为 2，说明为 RIP2；图中显示了两条路由信息，地址族标识都为 2，表示使用的是 IPv4 地址；路由标记都为 0，说明路由信息来自本自治系统。其他详细路由信息如下。

第一条：目的网络 10.0.0.4，子网掩码为 255.255.255.252，下一跳为 0.0.0.0，距离 1。

第二条：目的网络 10.0.0.12，子网掩码为 255.255.255.252，下一跳为 0.0.0.0，距离 2。

下一跳地址为 0.0.0.0，表示下一跳就是发送此路由信息的路由器。

8.5 RIP 的慢收敛问题及其对策

收敛所需要的时间称为收敛时间，是指从网络拓扑发生变化到网络中所有路由器都知道这个变化的时间。慢收敛是指路由信息不一致的一种现象。慢收敛问题在所有采用距离向量算法的路由协议中普遍存在。当网络中的一条连接出现故障时，要使各路由器的路由信息重新达成一致，所需的平均时间取决于网络直径，即网络中两个最远路由器间的距离。

如图 8-6 所示，路由器 A 和路由器 B 为相邻路由器，每隔 30 s 互相发送路由更新报文。正常情况下，关于网络 N1 路由传递如图 8-6（a）所示，传递信息包括目的网络、距离和下一跳。

假定在某一时间，路由器 A 和网络 N1 的连接发生故障，A 无法到达 N1，于是 A 将到 N1 的距离设置为 16，并通过下一次的更新报文通告给 B。但是，可能在 A 发送新的路由信息之前，B 发送给 A 的路由信息先到达，其中包含 B 到 N1 的路由信息。A 误认为 B 可以到达网络 N1，于是更新到达 N1 的路由信息，下一跳为 B。A 再将路由信息发送给 B，B 更新后又返回给 A，如此往返，直到有一方到 N1 的距离变为 16，A 和 B 才发现原来 N1 是不可达的。具体过程如图 8-6（b）所示。

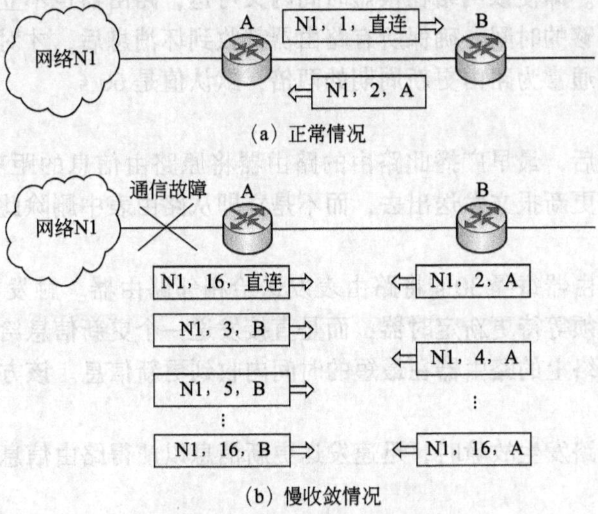

图 8-6　RIP 的慢收敛问题

为解决慢收敛问题，RIP 提出了 4 种解决方案。

1. 水平分割

路由器从某个接口接收到的更新信息不允许再从这个接口发回去。在这个例子中，不允许 B 把它到网络 N1 的路由再通告给 A。

这种方法对有环路的网络来说是无法解决问题的，如图 8-7 所示。

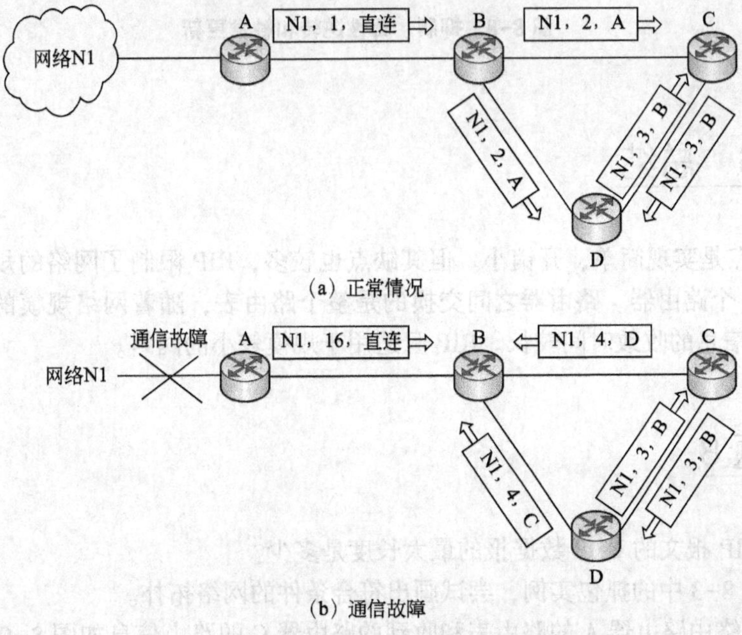

图 8-7　带有环路的网络

2. 抑制法

要求所有路由器在收到某个网络不可达的消息后，将相应表项的距离设置为 16，并将此信息保留一段时间。即使该网络在很短时间内又可达，路由器也不立即更新路由表项。抑制法的目的是等待足够的时间，确保所有路由器都收到坏消息后，才对路由表进行更新。保留坏消息的时间长短通常为路由更新周期的两倍，默认值是 60 s。

3. 毒性逆转

当某条路径失效后，最早广播此路由的路由器将原路由信息的距离设置为 16，继续保留在路由表中并通过更新报文发送出去，而不是立即从路由表中删除此路由。

4. 触发更新

正常情况下，路由器每隔 30 s 将路由表发送给相邻路由器。触发更新是指当路由器检测到网络故障时，无须等待更新定时器，而是直接发送一个更新信息给相邻路由器。触发更新这种方式使整个网络上的路由器在最短的时间内收到更新信息。该方法通常与毒性逆转结合使用。

以上方法可在链路发生故障时，迅速发送更新消息以使得路由信息尽快收敛，如图 8-8 所示。

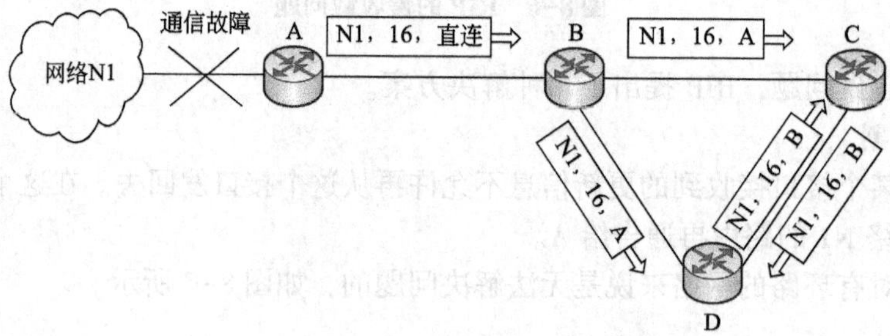

图 8-8　抑制、毒性逆转和触发更新

8.6　总结

RIP 的优点是实现简单，开销小。但其缺点也较多，RIP 限制了网络的规模，一条路径上最多包含 15 个路由器。路由器之间交换的是整个路由表，随着网络规模的扩大，开销也会增加。路由信息的收敛时间较长。RIP 只适用于规模较小的网络。

习题 8

1. 封装 RIP 报文的 UDP 数据报的最大长度是多少？
2. 根据图 8-3 中的抓包实例，尝试画出符合条件的网络拓扑。
3. 假定网络中路由器 A 的路由表和收到的路由器 C 的路由信息如图 8-9 所示，写出路由器 A 更新后的路由表。

A的路由表

目的网络	距离	下一跳路由器
N1	4	B
N2	2	C
N3	1	F
N4	5	G

C发送的路由信息

目的网络	距离
N1	2
N2	1
N3	3

图 8-9　习题 3 图

4. 总结一下 RIP 使用的定时器。

5. 在图 8-8 所示的环路状态下，分析“坏的路由消息”是否一定能及时完成收敛。

第9章　开放最短路径优先

开放最短路径优先（open shortest path first，OSPF）是为克服RIP的缺点而开发出来的。OSPF是一种链路状态型路由协议，使用了Dijkstra提出的最短路径算法SPF。OSPF只是协议名称，并不表示别的路由选择协议不是最短路径优先。

9.1　OSPF概述

鉴于RIP的不足，20世纪80年代后期，IETF开始研究新的内部网关协议OSPF，1989年10月发布了OSPF的第一版OSPFv1。经过不断的改进，IETF分别于1991年7月和1999年12月推出第二版OSPFv2和直接用于IPv6的第三版OSPFv3。目前，OSPFv2已在Internet中广泛使用，OSPFv3也在IPv6环境中投入运行。本章以OSPFv2为基础，讨论OSPF的工作原理及报文格式。

OSPF支持VLSM和CIDR，以路径上的代价值为路由度量标准，其突出特性有以下几点。

（1）OSPF是真正的LOOP-FREE路由协议，不产生路由循环，源自其算法本身的优点。

（2）收敛速度快，能够在最短的时间内将路由变化传递到整个自治系统。

（3）提出区域划分的概念，将自治系统划分为不同区域后，通过区域之间对路由信息的摘要，大大减少了需传递的路由信息数量。也使得路由信息不会随网络规模的扩大而急剧膨胀。

（4）将协议自身的开销控制到最小。

（5）通过严格划分路由的级别（共分四级），提供更可信的路由选择。

（6）良好的安全性，OSPF支持基于接口的明文及MD5验证。

（7）OSPF适应各种规模的网络，最多可支持数千个路由器。

9.2　OSPF的工作原理

9.2.1　OSPF的信息交换

OSPF使用链路状态协议进行路由更新。同RIP一样，先要弄清楚OSPF路由信息交换的3个要点。

（1）向本自治系统中所有路由器发送消息。使用的是洪泛法，即路由器通过所有的端口向相邻路由器发送消息。相邻路由器再将此消息发往其相邻路由器（但不向发来此消息的路由器回送），最终，自治系统中的所有路由器都会收到这个消息。

(2) 发送的消息是与本路由器相邻的所有路由器的链路状态。所谓链路状态，即本路由器都和哪些路由器相邻，以及链路的度量。OSPF 支持多种度量标准，可以是费用、距离、时延、带宽，具体由管理员设定。一般统称这个度量为代价。

(3) 当链路状态发生变化或每隔一段时间（如 30 min），路由器向所有路由器洪泛其链路状态信息。

通过路由器之间交换链路状态信息，最后，所有路由器都将建立一个一致的链路状态数据库（link state database，LSD），这个数据库实际就是自治系统的拓扑结构。即每个路由器都知道自治系统中有多少个路由器，哪些路由器是相连的，链路上的代价是多少。每个路由器根据链路状态数据库，使用 Dijkstra 算法计算自己的路由表。

9.2.2　链路状态算法

链路状态算法又称为最短路径优先 SPF 算法。它的工作原理如下。

(1) 链路状态检测。在参与链路状态选路的路由器集合中，每个路由器都需要通过某种机制来了解自己所连接的链路及其状态。路由器周期性地向其相邻路由器发送查询报文，检测它们之间的链路是否是可达的。如果相邻路由器对查询报文进行了应答，说明相应链路处于正常状态，否则认为链路处于故障状态。

(2) 路由信息广播。各路由器都能够将其所连接的链路的状态信息通知给网络中的所有其他路由器，链路状态信息通过链路状态分组（link state packet，LSP）来向整个网络发布。一个 LSP 通常包含源路由器的标识符、相邻路由器的标识符，以及二者之间链路的代价。

(3) 路由表更新。每个路由器根据其他路由器传入的链路状态信息，检查相应链路是否发生了变化。如果有任何链路发生变化，则要更新网络拓扑结构图，并使用 Dijkstra 算法计算到所有目的站的最短路径，更新路由表。

这样，每一个路由器都能够利用路径最短的原则建立一个以本路由器为根、分支到所有其他路由器的生成树，依据这个生成树就可以很容易地计算出本路由器的路由表。

9.2.3　OSPF 的区域划分

OSPF 每次通告的路由信息是每个路由器的链路状态，当自治系统中路由器数目较大时，会导致链路状态数据库规模的增大，使得路由维护效率降低。为了能够适用于大规模网络，OSPF 将一个自治系统再划分为多个易于管理的区域（area）。一个区域由一组路由器和网络构成，每个区域都有一个 32 位的区域标识符，用点分十进制表示。OSPF 将链路状态信息的交换局限在一个区域内，一个区域内的路由器只知道本区域的完整网络拓扑，这就减少了整个网络上的通信量。一个区域内的路由器最好不超过 200 个。

1. 区域的层次划分

OSPF 使用层次结构的区域划分。上层区域叫作主干区域，主干区域的标识符为 0.0.0.0。所有下层区域都与主干区域相连，非主干区域之间不能直接交互路由信息，它们之间的路由信息交互由主干区域负责。各区域之间只交互经过汇总的路由信息。

图 9-1 给出了区域划分的一个示例。图中一共将自治系统划分成了 4 个区域，包括一个

主干区域和 3 个非主干区域。

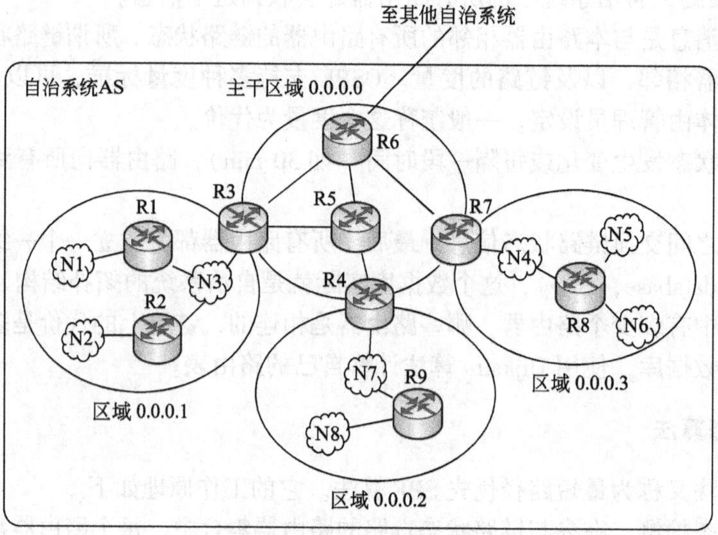

图 9-1 OSPF 的区域划分

2. 路由器分类

在图 9-1 的区域划分中，路由器被分成了 4 类。

(1) 内部路由器（internal router，IR）：一个路由器及所有与其直连的网络都在同一区域内，则称其为内部路由器。同一区域内的各内部路由器有着相同的链路状态数据库。在图 9-1中，R1、R2、R5、R6、R8、R9 都是内部路由器。

(2) 区域边界路由器（area border router，ABR）：若一个路由器的接口位于多个区域，则称其为区域边界路由器。每个区域都通过 ABR 与主干区域相连。ABR 拥有所连区域的链路状态数据库，并将其信息进行汇总，发送到主干区域，再由主干区域将这些信息分发到其他区域。在图 9-1 中，R3、R4、R7 为区域边界路由器。

(3) 主干路由器（backbone router，BR）：若一个路由器至少有一个接口位于主干区域，则将其称为主干路由器。在图 9-1 中，R3、R4、R5、R6、R7 为主干路由器。

(4) 自治系统边界路由器（as boundary router，ASBR）：自治系统边界路由器负责与其他自治系统交换路由信息。它位于主干区域，将本自治系统的路由信息向其他自治系统通告，也向整个自治系统通告所得到的自治系统外部的路由信息。自治系统内的所有路由器都知道通往 ASBR 的路径。在图 9-1 中，R6 是自治系统边界路由器。

9.2.4 OSPF 的路由汇总

路由汇总，又称为路由聚合，指的是把一组明细路由汇聚成一条汇总路由的操作。随着网络的规模越来越大，网络中的设备所需维护的路由表项也会越来越多，路由表的存储和查询需要消耗更多的资源。因此需要考虑在保证网络路由畅通的同时，减小路由表的规模。在不使用路由汇总的情况下，OSPF 每个链路的 LSA（link state advertisement，链路状态通告）都会发送到主干及其他区域中，这就造成了不必要的网络流量和路由开销。如果使用路由汇总，只有汇总的路由会传播到其他区域。

OSPF 的路由汇总有两种方式。

（1）域间路由汇总：域间路由汇总在 ABR 上进行。当 OSPF 域内某个 ABR 收到了区域内发送过来的大量路由，而这些路由条目又是连续的，可以汇总成子网掩码更大的路由条目，经过主干区域传递到其他普通区域的只是这些汇总的路由。

（2）外部路由汇总：外部路由汇总在 ASBR 上进行。ASBR 将区域内的连续路由汇总成一条通告到自治系统外。

路由汇总实例如图 9-2 所示。区域 0.0.0.1 中有 4 个连续的网络，在区域内部路由器上各有 4 条路由条目，在向主干区域通告路由信息时，由区域边界路由器 R3 汇总成一条路由信息发送出去。同理，区域 0.0.0.2 的边界路由器 R2 将本区域内的 4 条路由信息汇总成一条发送到主干区域。最后自治系统边界路由器 R1 将本自治系统的路由汇总成一条通告给其他自治系统。

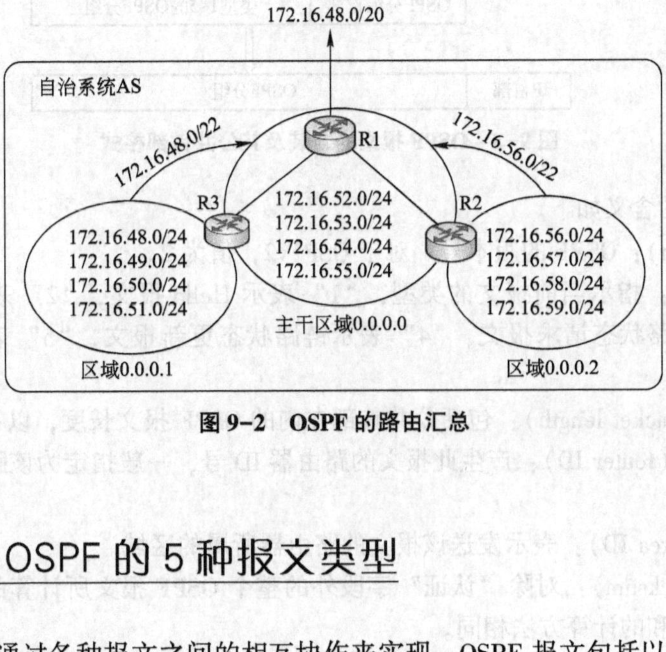

图 9-2　OSPF 的路由汇总

9.3　OSPF 的 5 种报文类型

OSPF 的功能通过各种报文之间的相互协作来实现。OSPF 报文包括以下 5 种类型。

（1）类型 1，问候（Hello）报文。用于相邻路由器之间建立和维护邻居关系，只有建立邻居关系的两个路由器之间才能交互链路状态。

（2）类型 2，数据库描述报文（database description packet，DDP）。用于相邻路由器之间交换自己链路状态数据库中所有链路状态的摘要信息。

（3）类型 3，链路状态请求报文（link state request packet，LSRP）。用于向相邻路由器请求某些链路状态的详细信息。

（4）类型 4，链路状态更新报文（link state update packet，LSUP）。用洪泛法向全网更新链路状态。路由器使用这种报文向相邻路由器通告自己的链路状态信息。

（5）类型 5，链路状态确认报文（link state acknowledgment packet，LSAP）。对链路状态更新报文的确认，用以确保可靠性。

OSPF 分组是直接封装在 IP 数据报中的，IP 数据报首部协议字段的值为 89。

9.3.1 公共首部

上文 5 种 OSPF 报文有一个相同的固定首部，长度为 24 字节，称为 OSPF 公共首部。OSPF 报文的封装及其公共首部格式如图 9-3 所示。

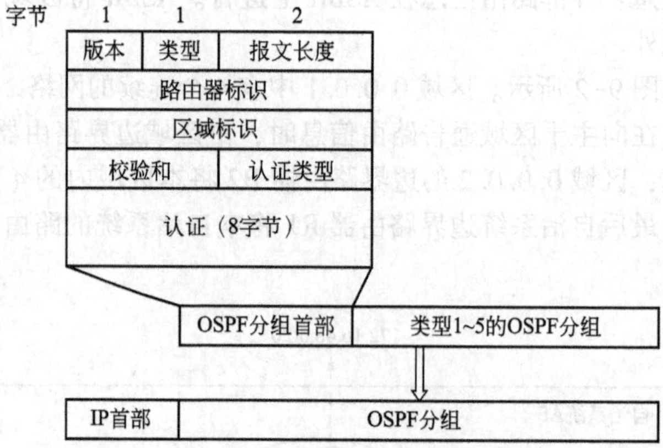

图 9-3 OSPF 报文的封装及其公共首部格式

首部各字段的含义如下。

版本（version）：OSPF 的版本号。对于 OSPFv2，值为 2。

类型（type）：指示当前报文的类型，“1”表示 Hello 报文，“2”表示数据库描述报文，“3”表示链路状态请求报文，“4”表示链路状态更新报文，“5”表示链路状态确认报文。

报文长度（packet length）：包括公共首部在内的 OSPF 报文长度，以字节为单位。

路由器标识（router ID）：产生此报文的路由器 ID 号，一般指定为该路由器所有接口 IP 地址中的最大者。

区域标识（area ID）：表示发送该报文的路由器所属的区域。

校验和（checksum）：对除“认证”字段外的整个 OSPF 报文所计算的校验和，计算方法与 IP 首部校验和的计算方法相同。

认证类型（authentication type）：描述报文认证方式。“0”表示不认证，“1”表示口令认证，“2”表示 MD5 认证。

认证（authentication）：认证信息，具体内容取决于所选择的认证类型。当认证类型为 0 时未作定义，类型为 1 时此字段为密码信息，类型为 2 时此字段包括 Key ID、MD5 验证数据长度和序列号的信息。MD5 验证数据添加在 OSPF 报文后面，不包含在认证字段中。

图 9-4 为 OSPF 分组首部报文实例。“版本”值为 2，说明这是一个 OSPFv2 报文；“类型”值为 1，说明这是一个 Hello 报文；“报文长度”为 44 字节；发送该报文的路由器标识为 1.1.1.1；该路由器所属区域标识为 0.0.0.0（主干区域）；“校验和”字段为 0×ea9c；“认证类型”字段值为 0，表示不认证。“认证”信息为 0。

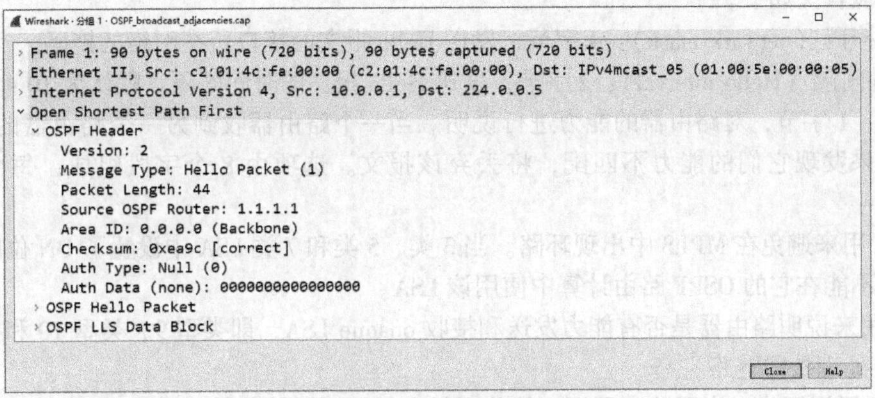

图 9-4　OSPF 分组首部报文实例

9.3.2　Hello 报文

在详细讨论报文之前，先介绍两个概念：邻居和邻接。

邻居：邻居可以是两台或更多的路由器，它们都有一个接口连接到一个公共的网络上。OSPF 路由器启动后，通过接口向外发送 Hello 报文，收到 Hello 报文的 OSPF 路由器检查报文中的参数，如果双方一致则形成邻居关系。

邻接：形成邻居关系的双方不一定都能形成邻接关系，这取决于网络的类型和路由器上的配置。只有当双方成功交换 DD 报文，并能交换 LSA 之后，才形成真正意义上的邻接关系。

对于多点接入网络，当 DR 和 BDR 选出后，DR 的所有邻居都可以与其建立邻接关系。对于点对点网络，链路的另一端只有一个邻居，可直接建立邻接关系。OSPF 规定，只有建立了邻接关系的邻居才能交换路由更新报文。

OSPF 路由器之间使用 Hello 报文发现邻居并建立邻居关系，报文格式如图 9-5 所示。

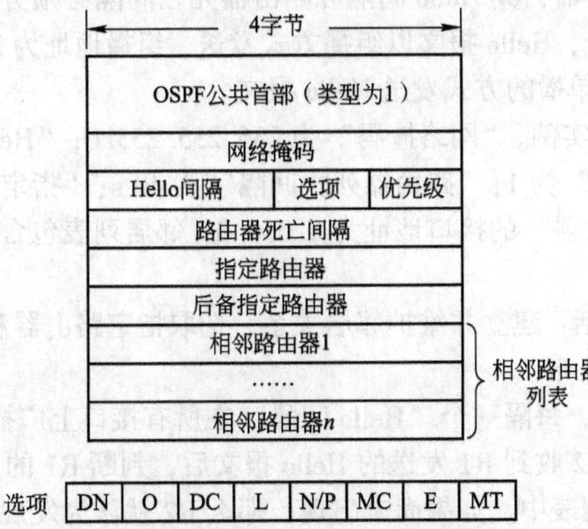

图 9-5　OSPF Hello 报文格式

各字段含义如下。

网络掩码（network mask）：4 字节，发送 Hello 报文的接口所在网络的掩码。

Hello 间隔（Hello interval）：2 字节，发送 Hello 报文的时间间隔。默认为 10 s。

选项：1 字节，对路由器的能力进行说明。当一个路由器收到另一个路由器的 Hello 报文时，如果发现它们的能力不匹配，将丢弃该报文。选项由 8 个字段组成，每个字段占 1 位。

DN：用来避免在 MPLS 中出现环路。当 3 类、5 类和 7 类 LSA 中设置了 DN 位时，接收路由器就不能在它的 OSPF 路由计算中使用该 LSA。

O：用来说明路由器是否有能力发送和接收 opaque LSA，即类型 9、类型 10 和类型 11。

DC：处理按需链路。

L：如果设置为 1 表明路由器愿意接收和转发外部属性链路状态通告。

N/P：N 位只在 Hello 报文中使用，代表 NSSA 区域。N=1 表示支持 7 类 LSA，N=0 说明路由器不接收和发送 NSSA LSA。P 位只用在 NSSA LSA 中。P=1 表示告诉一个 NSSA 区域中的 ABR 路由器将 7 类 LSA 转换为 5 类 LSA。

MC：是否支持转发 IP 组播报文。

E：设置为 1 表示路由器具有接收 OSPF 域外部 LSA 的能力。

MT：表示路由器支持多拓扑 OSPF。

优先级（priority）：1 字节，选为指定路由器的优先级，默认为 1。如果设置为 0，则路由器不能参与 DR/BDR 的选举。

路由器死亡间隔（router dead interval）：4 字节，失效时间。如果在此时间内未收到邻居发来的 Hello 报文，则认为邻居失效。默认为 40 s。

指定路由器（designated router，DR）：4 字节，写入指定路由器的接口地址。

后备指定路由器（backup designated router，BDR）：4 字节，写入后备指定路由器的接口地址。

相邻路由器：4 字节，相邻路由器的路由标识。

在同一网段上的路由器，其 Hello 间隔和路由器死亡间隔必须分别一致，否则不能形成邻居关系。在广播链路上，Hello 报文以组播方式发送，组播地址为 224.0.0.5。对于不支持组播的链路，OSPF 采用单播的方式发送 Hello 报文。

图 9-6 为 Hello 报文实例。“网络掩码”为 255.255.255.0；“Hello 间隔”为 10 s；选项中 L=1，E=1；“优先级”为 1；“路由器死亡间隔”为 40 s；“指定路由器”的接口地址为 0.0.0.0；“后备指定路由器”的接口地址为 0.0.0.0；邻居列表包含了两个邻居路由器的标识：2.2.2.2 和 3.3.3.3。

Hello 报文的作用包括：建立并维护邻居关系、选取指定路由器和后备指定路由器。

1. 建立并维护邻居关系

路由器 R1 启动之后，每隔一个“Hello 间隔”在所有接口上广播 Hello 报文，寻找相邻路由器。当相邻路由器 R2 收到 R1 发送的 Hello 报文后，判断 R1 的“路由器标识”是否在自己的“相邻路由器”列表中。如果尚未出现，那么 R2 就认为发现了一个新的邻居，并将 R1 的路由器标识添加到它的相邻路由器列表中。若此时 R1 的相邻路由器列表中没有 R2，则该阶段二者的关系是单向的。

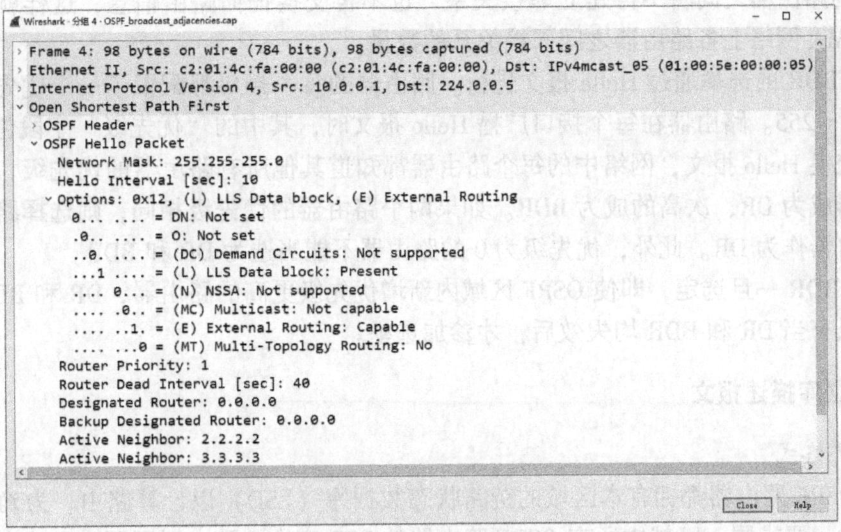

图 9–6　Hello 报文实例

接收者 R2 在下一轮“Hello 间隔”到来时，向所有接口广播 Hello 报文，其“相邻路由器”列表中包含 R1 的“路由器标识”。R1 收到该报文后，发现自己被 R2 列入“相邻路由器”列表中，即与 R2 建立双向邻居关系，并将 R2 的路由器标识添加到它的相邻路由器列表中。

OSPF 路由器间的邻居关系是有时限的。如果一个路由器在“路由器死亡间隔”到来前，还未收到邻居发送的任何 Hello 报文，它们间的邻居关系即宣告结束，该邻居的路由器标识也从相邻路由器列表中删除。

两个具有双向邻居关系的路由器要进一步建立邻接关系，还必须满足以下条件。

（1）位于相同的区域。

（2）通过安全认证。

（3）相同的 Hello 间隔和路由器死亡间隔。

2. 选举指定路由器和后备指定路由器

在一个多点接入网络中，任意两个路由器之间都要交换路由信息，如果网络中有 n 个路由器，则须要建立 $n(n-1)/2$ 个邻接关系，这使得任何一个路由器的路由变化都会导致多次传递，浪费了带宽资源。为解决这一问题，OSPF 协议定义了指定路由器 DR，所有路由器都只将信息发送给 DR，由 DR 将网络链路状态发送出去。如果 DR 由于某种故障而失效，则网络中的路由器必须重新选举 DR，再与新的 DR 同步。这需要较长的时间，在这段时间内，路由的计算是不正确的。为了能够缩短这个过程，OSPF 提出了后备指定路由器 BDR 的概念。

BDR 实际上是对 DR 的一个备份，在选举 DR 的同时也选举出 BDR，BDR 也和本网络内的所有路由器建立邻接关系并交换路由信息。当 DR 失效后，BDR 会立即成为 DR，由于不需要重新选举，并且邻接关系事先已建立，所以这个过程是非常短暂的。当然这时还须要再重新选举出一个新的 BDR，虽然一样需要较长的时间，但并不会影响路由的计算。DR 和

BDR 之外的路由器之间将不再建立邻接关系，也不再交换任何路由信息，这样就减少了广播网和 NBMA 网络上各路由器之间邻接关系的数量。

DR 和 BDR 的选举通过 Hello 报文进行。路由器的每个接口都配置了一个优先级，其取值范围为 0～255。路由器在每个接口广播 Hello 报文时，其中的“优先级”字段包含了该信息。通过交换 Hello 报文，网络中的每个路由器都知道其他所有路由器的优先级。优先级最高的路由器成为 DR，次高的成为 BDR。如果两个路由器的优先级相同，则选择路由器标识较大的路由器作为 DR。此外，优先级为 0 的路由器不能当选为 DR 和 BDR。

DR 和 BDR 一旦选定，即使 OSPF 区域内新增优先级更高的路由器，DR 和 BDR 也不重新选举，只有当 DR 和 BDR 均失效后，才参加选举。

9.3.3 数据库描述报文

1. 报文格式

每个 OSPF 路由器都拥有本区域的链路状态数据库（LSD）以计算路由。为确保路由选择的一致性，要求同一区域内所有 OSPF 路由器的 LSD 完全一致。对于两个已建立邻接关系的 OSPF 路由器而言，可通过交换数据库描述报文（DDP），为双方的 LSD 达成一致做准备。DDP 可以有一个或多个，依据 LSA 的数量来决定。

数据库描述报文 DDP 格式如图 9-7 所示。

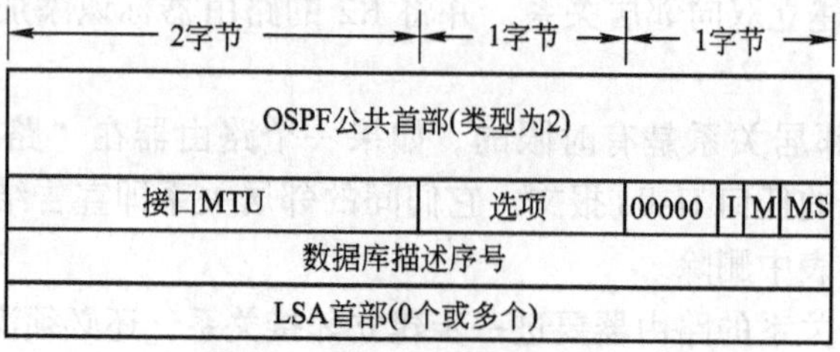

图 9-7　数据库描述报文格式

各字段的含义如下。

接口 MTU（Interface MTU）：2 字节，在不分片的情况下，此接口最大可发出的 IP 报文长度。

选项：同 Hello 报文。

I（init）：1 位，当发送连续多个 DDP 时，如果是首个 DDP，则设置为 1，否则设置为 0。

M（more）：1 位，当发送连续多个 DDP 时，如果这是最后一个 DDP，则设置为 0。否则设置为 1，表示后面还有其他的 DDP。

MS（master/slave）：1 位，当两台 OSPF 路由器交换 DDP 时，首先须要确定双方的主从关系。值为 1 时，表示为主（master），值为 0 时，表示为从（slave）。

数据库描述序号（DD sequence，DDSN）：DDP 的序列号。主从双方利用序列号来保证 DDP 传输的可靠性和完整性。初始值是一个随机数，以后发送 DDP 时，序号顺序递增。

LSA 首部：该 DDP 中所包含的 LSA 的首部信息。详细内容后面介绍。

图 9-8 为数据库描述报文实例，报文编号 17。“接口 MTU”为 1 500 字节；I=1，M=1，MS=1，说明是第一个报文，发送路由器将自己设置为“主”；DDSN=2 989；报文中没有携带 LSA 首部信息。（在数据库描述过程中，双方发送的第一个 DDP 是用于协商主从关

系的，不携带 LSA 首部信息。）

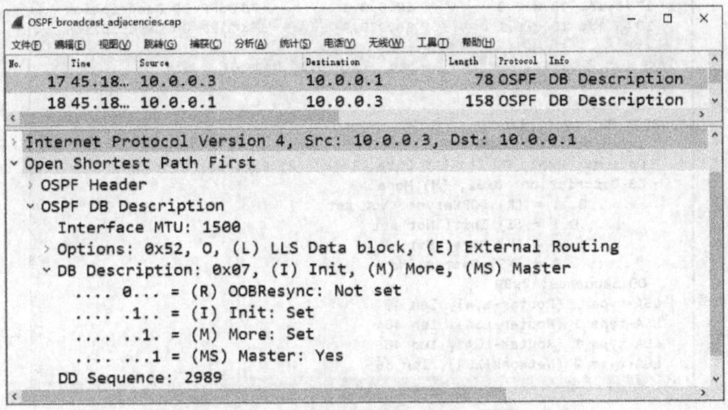

图 9-8　数据库描述报文实例

2. 数据库描述报文的作用

数据库描述报文的主要作用有两个：一是启动和控制数据库描述过程，二是交换链路状态数据库中各 LSA 的首部。

1）启动数据库描述过程

启动数据库描述过程的关键步骤是确定主从关系。当一方请求启动数据库描述过程时，先提出让自己作为主方，构造一个 I=1、M=1、MS=1，DDSN 为随机值的空的 DDP（不包含任何 LSA 首部），发送之后等待对方的确认。可能的响应情况有以下 3 种。

（1）在重传间隔到来前（路由器的每个接口都配置了 DDP 重传间隔），收到对方发送的启动数据库描述过程的 DDP（I=1、M=1、MS=1）。这表明双方均提出作为主方，产生冲突。解决方法是以 IP 地址较大的路由器作为主方，IP 地址较小的一方以从方身份确认对方。此时，从方主动对主方的第一个 DDP 进行确认，确认中开始携带本端 LSA 首部。主方等待从方的确认，收到确认后，开始发送携带 LSA 首部的 DDP。

（2）在重传间隔到来前，对方以一个空的 DDP 进行响应，其中 I=1、M=1、MS=0，DDSN 的值与发送方的相同，表示在数据库描述过程中自己愿意作为从方。主方收到确认后，即可以向从方通告自己的 LSA 首部。

（3）在重传间隔到来时，既未收到对方的确认报文，也未收到对方的请求报文，则重新发送启动数据库描述过程的 DDP，然后根据上述两种情形启动数据库描述过程。

图 9-8 即为路由器 10.0.0.3 向路由器 10.0.0.1 发送的启动数据库描述过程的 DDP，图 9-9（编号 18 的报文）为 10.0.0.1 以"从"身份回复的确认。由图 9-9 可见，其 I=0，M=1，MS=0，可见这是路由器 10.0.0.1 发送的第 2 个 DDP 报文；DDSN=2 989，与 17 号报文的 DDSN 相同；这个 DDP 中携带了 4 个 LSA 首部。

2）LSA 首部的交换

数据库描述过程启动以后，主方在一系列 DDP 中通过携带 LSA 首部对其数据库进行描述，其中 I=0，MS=1，M 在最后一个 DDP 中设置为 0，其余设置为 1，报文序号 DDSN 顺序递增。

主方每发送一个 DDP，都要等待从方的确认。如果超时未收到确认，则予以重传。从

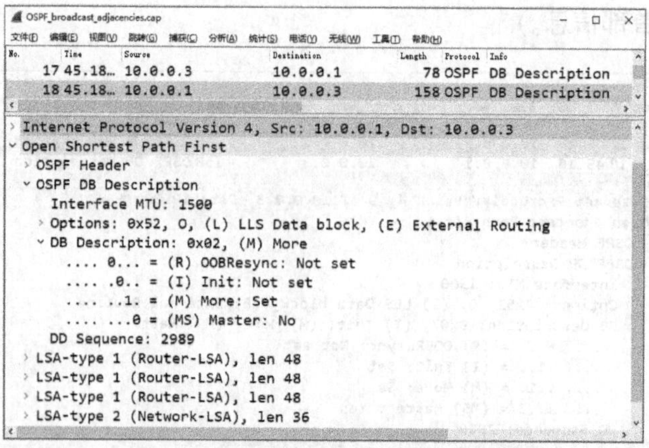

图 9-9 “从”路由器的确认报文实例

方发送 DDP 进行确认时，I=0，MS=0，DDSN 设置为所要确认的主方 DDP 的 DDSN。在确认报文中，从方可以携带 LSA 描述自己的数据库。

如果一方 LSA 通告完毕，但对方还有 LSA 要发送，则先发完的一方要继续发送 M=0 的空 DDP，直到双方都通告完毕。即在整个数据库描述过程中，始终保持主方发送，从方确认的模式。

LSA 首部包含一个链路状态的摘要信息，其详细格式如图 9-10 所示。

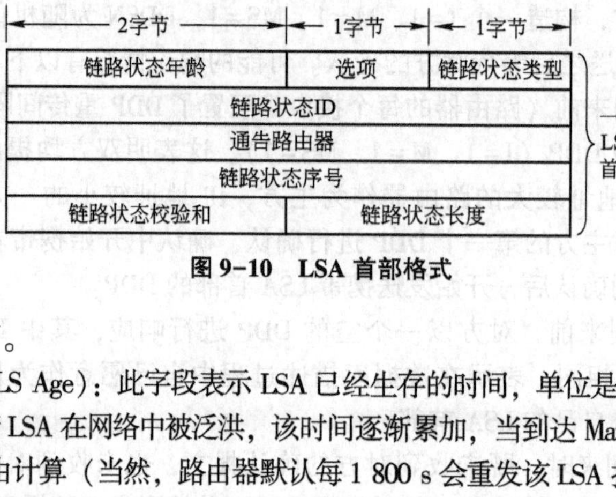

图 9-10 LSA 首部格式

各字段含义如下。

链路状态年龄（LS Age）：此字段表示 LSA 已经生存的时间，单位是秒（s）。当 LSA 被始发时，该字段为 0，随着 LSA 在网络中被泛洪，该时间逐渐累加，当到达 MaxAge（默认值为3 600 s）时，LSA 不再用于路由计算（当然，路由器默认每 1 800 s 会重发该 LSA 报文，以刷新数据）。

选项：同 Hello 报文。

链路状态类型（LS Type）：指示该 LSA 的类型。详见表 9-1。

表 9-1 链路状态类型和链路状态 ID 对应关系

值	链路状态类型	链路状态 ID
1	路由器链路	产生该 LSA 的路由器 ID
2	网络链路	DR 的网络接口 IP 地址
3	汇总链路（网络）	目的网络的 IP 地址
4	汇总链路（ASBR）	所描述的 ASBR 的路由器 ID
5	AS 外部链路	目的网络的 IP 地址

链路状态 ID（link state ID）：不同类型的 LSA 对该字段的定义不同。详见表 9-1。

通告路由器（advertising router）：产生该 LSA 的路由器的 Router ID。

链路状态序列号（LS sequence number）：当 LSA 每次有新的实例产生时，序列号就会增加。该字段用于判断 LSA 的新旧或是否存在重复的实例。序列号范围是 0×80000000～0×7FFFFFF，路由器始发一个 LSA，序列号为 0×80000001，之后每次更新序列号加 1，当 LSA 达到最大序列号时，重新产生该 LSA，并且把序列号设置为 0×80000001。

链路状态校验和（LS checksum）：用于保证数据的完整性和准确性。

链路状态长度（LS length）：一个链路状态的总长度，包括首部和链路状态内容。

其中，链路状态类型和链路状态 ID 的对应关系见表 9-1。OSPFv2 一共定义了 7 种链路状态类型，这里只列出了前 5 种，第 6 种（组成员链路）和第 7 种（NSSA 外部链路）不做讨论。有关链路状态类型的详细介绍见后面链路状态更新报文部分。

LSA 首部报文实例如图 9-11 所示。图中给出了两种链路状态类型的详细信息。

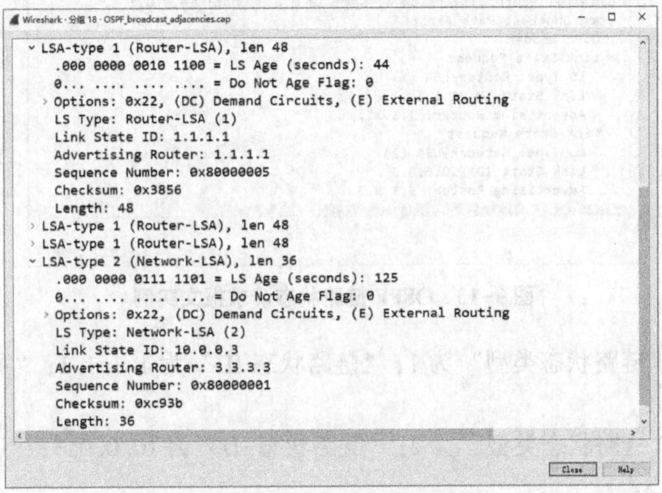

图 9-11　LSA 首部报文实例

第一种（LSA-type 1）："链路状态年龄"为 44 s；"链路状态类型"值为 1，表示路由器链路；"链路状态 ID"指产生该 LSA 的路由器 ID，为 1.1.1.1；"通告路由器"为 1.1.1.1；"链路状态序列号"为 0×80000005；"链路状态校验和"为 0×3856；"链路状态长度"为 48 字节。

第二种（LSA-type 2）："链路状态类型"值为 2，表示网络链路；"链路状态 ID"为指定路由器（DR）的接口 IP 地址，为 10.0.0.3；"通告路由器"为 3.3.3.3。

9.3.4　链路状态请求报文

在数据库描述期间，通信双方每接收一个 DDP，都要与自己的 LSD 进行比较，如果发现有更新的 LSA，则将有关信息置于链路状态请求列表中，等待数据库描述过程结束后，向对方请求完整的 LSA。判断更新的 LSA 的标准有两个：①自己 LSD 中没有的 LSA；②LSA 首部中的"链路状态类型""链路状态 ID"和"通告路由器"字段与自己 LSD 中的某个条目完全匹配，但“链路状态序号”字段比自己的大。

OSPF 利用链路状态请求报文请求对方完整的 LSA。一个链路状态请求报文可以包含多个 LSA 请求，每个 LSA 请求必须指明以下内容：链路状态类型、链路状态 ID 和通告路由器。对方收到一个链路状态请求报文后，用链路状态更新报文予以确认。如果超时未收到确认，则重新发送请求。

OSPF 链路状态请求报文格式如图 9-12 所示。

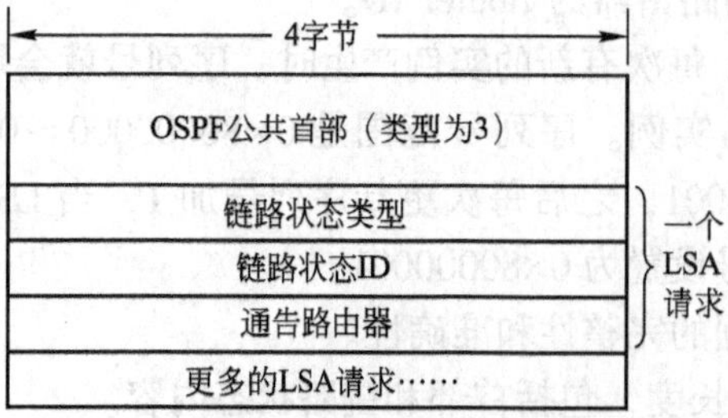

图 9-12　OSPF 链路状态请求报文格式

图 9-13 为 OSPF 链路状态请求报文实例。其中包含了两个 LSA 的请求信息。

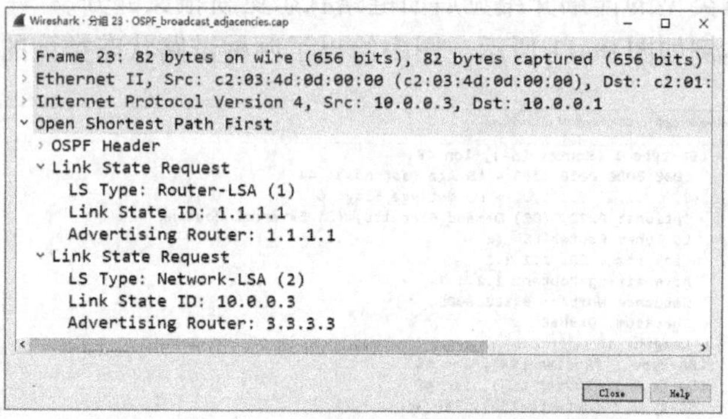

图 9-13　OSPF 链路状态请求报文实例

第一个 LSA：“链路状态类型”为 1；“链路状态 ID”为 1.1.1.1；“通告路由器”的路由器标识为 1.1.1.1。

第二个 LSA：“链路状态类型”为 2；“链路状态 ID”为 10.0.0.3；“通告路由器”的路由器标识为 3.3.3.3。

9.3.5　链路状态更新报文

1. 报文格式

链路状态更新报文（LSUP）包含的是完整的 LSA 信息，用于回复链路状态请求报文（LSRP）。并且当路由器感知到网络发生变化时也会洪泛 LSUP。

注意：非 DR/BDR 路由器的 LSUP 是发送给 224.0.0.6 地址的，而 DR 收到这个报文后又会把它发送给 224.0.0.5（所有的 OSPF 路由器）。这样大大减少了网络开支，有利于网络的优化。

每个 LSUP 可包含多个 LSA，格式如图 9-14 所示。

链路状态通告数：指明了其中的 LSA 数目。

2. 链路状态通告 LSA

前面表 9-1 中列出了 5 种链路状态类型，这里详细介绍这 5 种链路状态的 LSA 格式。

1）路由器 LSA

“链路状态类型”值为 1，每一个运行 OSPF 的路由器都会产生路由器 LSA，描述了本路

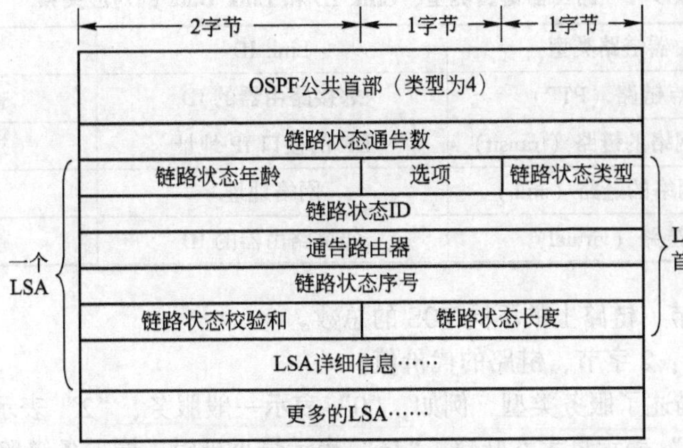

图 9-14　链路状态更新报文格式

由器在区域内部的直连链路（接口地址）及接口的代价。所有这样的链路必须在一个 LSA 报文中进行描述。路由器 LSA 只在本区域内洪泛。

路由器 LSA 的格式如图 9-15 所示。

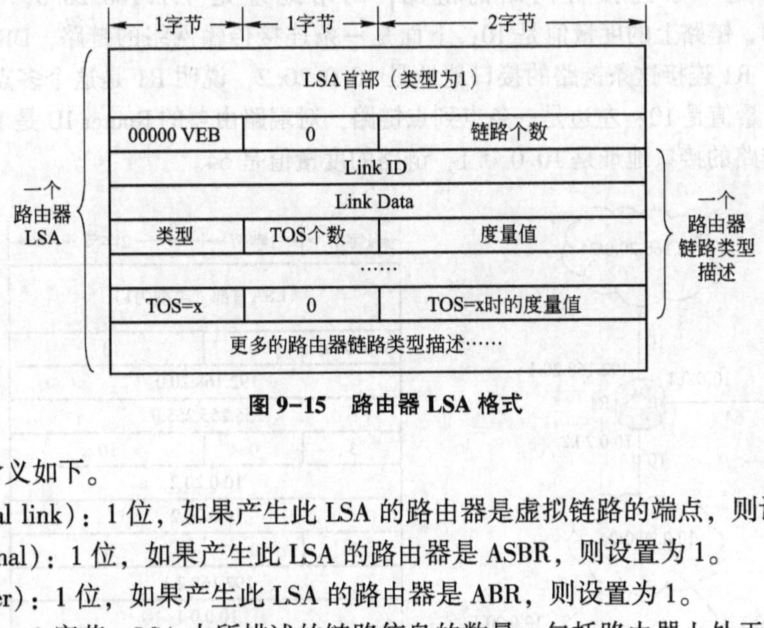

图 9-15　路由器 LSA 格式

各字段含义如下。

V（virtual link）：1 位，如果产生此 LSA 的路由器是虚拟链路的端点，则设置为 1。

E（external）：1 位，如果产生此 LSA 的路由器是 ASBR，则设置为 1。

B（border）：1 位，如果产生此 LSA 的路由器是 ABR，则设置为 1。

链路个数：2 字节，LSA 中所描述的链路信息的数量，包括路由器上处于某区域中的所有链路和接口。

Link ID：4 字节，路由器所接入的目的，其值取决于连接的类型。

Link Data：4 字节，连接数据，其值取决于连接的类型。

类型：1 字节，路由器连接的基本描述，是路由器链路的进一步分类。

（类型、Link ID 和 Link Data 的对应关系见表 9-2。）

表 9-2　路由器链路类型、Link ID 和 Link Data 的对应关系

类型值	路由器链路类型	Link ID	Link Data
1	点到点链路（PTP）	邻接路由器的 ID	接口 IP 地址
2	连接传输网络的链路（transit）	DR 的接口 IP 地址	接口 IP 地址
3	连接桩网络的链路（stub）	网络地址	网络掩码
4	虚拟链路（virtual）	邻接路由器的 ID	接口 IP 地址

TOS 个数：1 字节，链路上的不同 TOS 的总数。

度量值（metric）：2 字节，链路的代价值。

TOS：1 字节，描述了服务类型，例如，“0”表示一般服务，“2”表示最小花费，“4”表示最大可靠性，“8”表示最大吞吐率，“16”表示最小延时。同一条链路可以有多种服务类型描述。

TOS 的度量值：2 字节，和指定 TOS 值相关联的度量。

图 9-16 给出了一个路由器 LSA 示例，图 9-16（a）是网络拓扑，图 9-16（b）是根据网络拓扑给出的报文封装。这个路由器 LSA 给出的是路由器 R1 的链路情况，R1 一共有 3 条链路。上面是一条连接桩网络的链路，网络地址是 192.168.20.0，子网掩码是 255.255.255.0，链路上的度量值是 10；下面是一条连接传输网络的链路，DR 的接口地址是 10.0.20.2，R1 连接这条链路的接口地址是 10.0.20.2，说明 R1 是这个多点接入网络的 DR，链路的度量值是 10；左边是一条点到点链路，对端路由器的 Router ID 是 192.168.2.1，R1 连接这条链路的接口地址是 10.0.0.1，链路的度量值是 64。

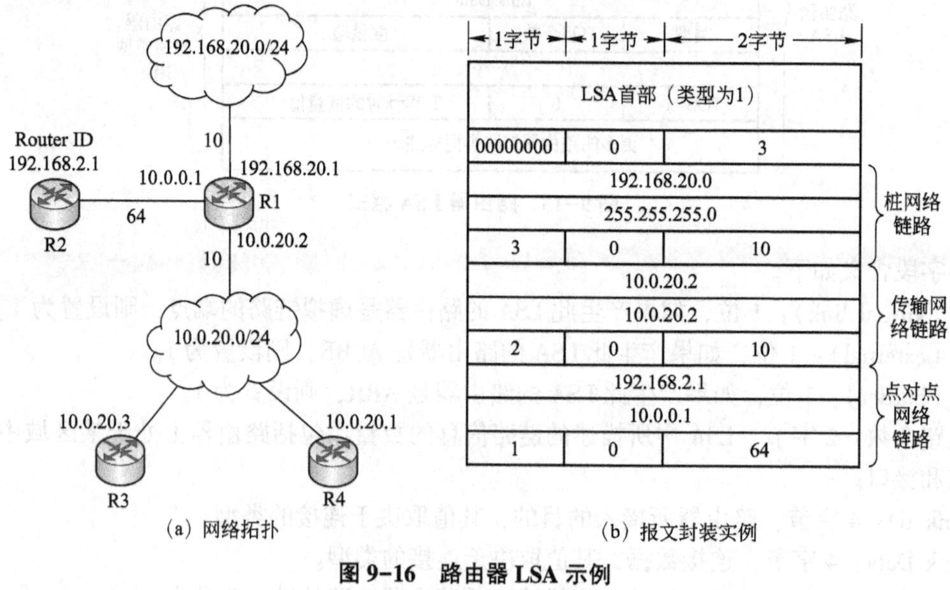

图 9-16　路由器 LSA 示例

图 9-17 是图 9-16 中路由器 LSA 的报文实例。

2）网络 LSA

每一个多路访问网络中的指定路由器（DR）都会产生网络 LSA。网络 LSA 列出了与网络相连的所有路由器，包括 DR 本身，只在所属的区域内洪泛。

网络 LSA 的格式如图 9-18 所示。

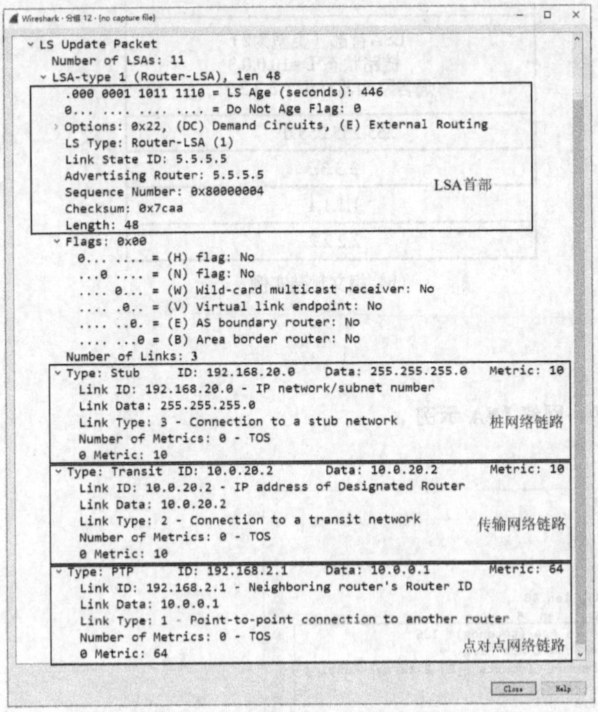

图 9-17　路由器 LSA 报文实例

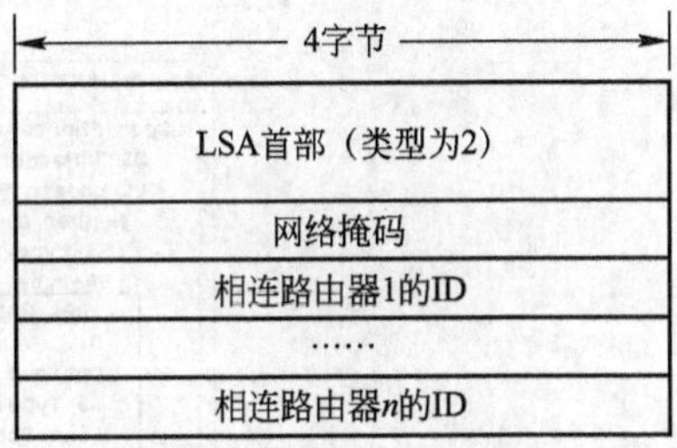

图 9-18　网络 LSA 格式

网络掩码：4 字节，描述了多点接入网络的掩码。

相连路由器的 ID：多路访问网络中包括 DR 在内的所有路由器 ID。

注意，此时 LSA 首部中的"链路状态 ID"为 DR 连接该网络的接口 IP 地址，利用它和网络掩码即可计算网络号。

图 9-19 为网络 LSA 示例。图 9-19（a）是网络拓扑，图 9-19（b）是根据网络拓扑给出的报文封装。在这个多路访问网络中，连接了 3 个路由器，路由器 ID 分别为 1.1.1.1、2.2.2.2 和 3.3.3.3。其中 3.3.3.3 为 DR，其与网络的接口 IP 为 10.0.0.3。

图 9-20 是图 9-19 中网络 LSA 的报文实例。

3）网络汇总 LSA

由 ABR 生成，描述由本 ABR 到区域内所有网络的路由汇总（根据来自区域内的 1 类、2 类 LSA 完成汇总），并通告给其他相关区域。一个 LSA 只包含一条网络路由信息。其格式如图 9-21 所示。

LSA 首部中"类型"值为 3，"链路状态 ID"为目的网络地址。

子网掩码：为目的网络的子网掩码。

度量值：到目的网路的链路上的总代价。

图 9-22 为网络汇总 LSA 示例。图 9-22（a）是网络拓扑，图 9-22（b）是根据网络拓扑给出的报文封装。区域 0.0.0.1 中有 3 个网络，区域边界路由器 4.4.4.4 将其到这 3 个网

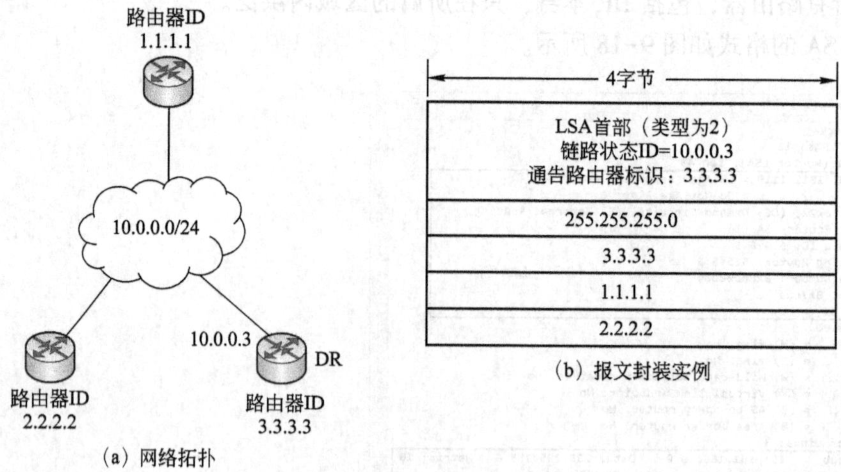

图 9-19　网络 LSA 示例

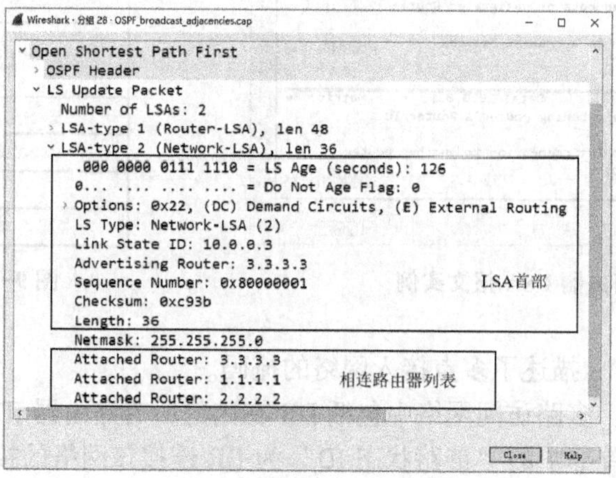

图 9-20　网络 LSA 报文实例

1字节	3字节
LSA首部（类型为3或4）	
子网掩码	
0	度量值
TOS=x	TOS=x时的度量值
……	

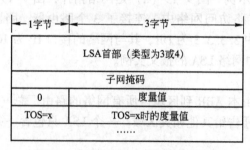

图 9-21　网络/ASBR 汇总 LSA 格式

络的路由进行汇总，给出目的网络地址、掩码、到目的网络的代价，然后将汇总后的路由信息通告给主干区域，再由主干区域汇总后通告给其他区域。由区域 0.0.0.2 可见，区域边界路由器也将来自外部区域的汇总链路信息通知给本区域内的路由器。

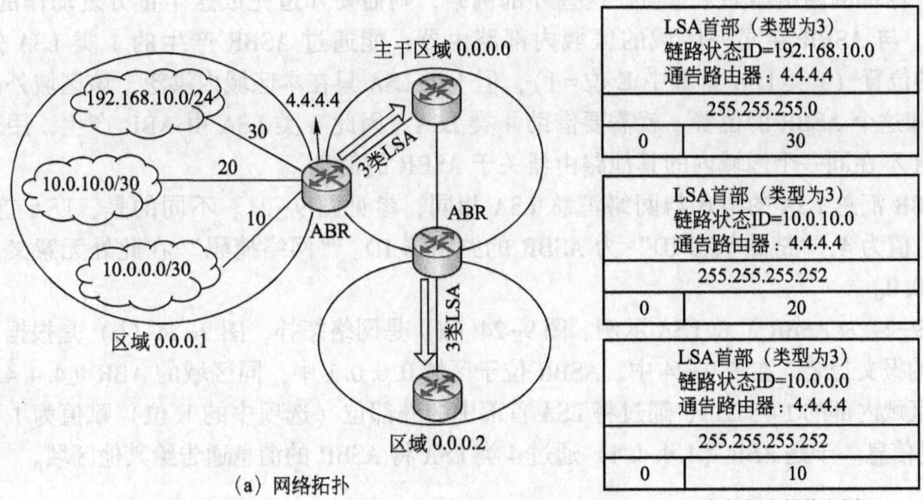

（a）网络拓扑　　（b）报文封装实例

图 9-22　网络汇总 LSA 示例

图 9-23 是图 9-22 中网络汇总 LSA 的报文实例。

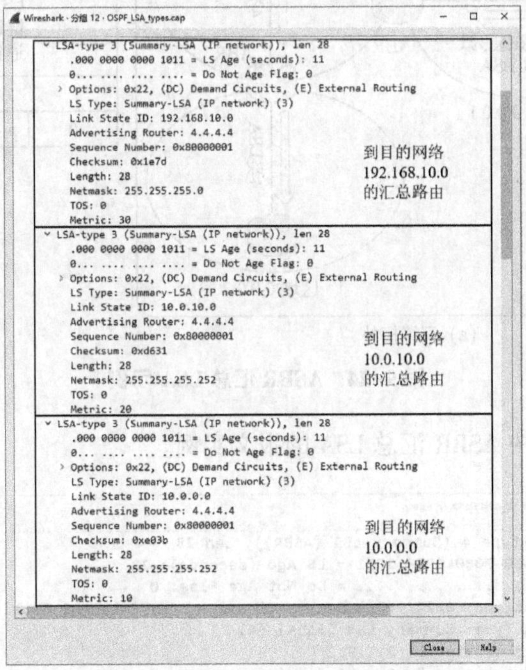

图 9-23　网络汇总 LSA 的报文实例

4）ASBR 汇总 LSA

由该 ASBR 所在区域中的 ABR 生成，指明如何到达 ASBR。

ASBR 作为自治系统边界路由器，将自治系统外部的路由通过重发布的方式注入 OSPF 域，这些外部路由在 OSPF 域中进行传递（这些外部路由以 5 类 LSA 的形式在域内传播），而 OSPF 内部的路由器如果想前往这些外部网络，则需要知道完成这个重分发动作的 ASBR 的位置。与 ASBR 在同一区域的区域内部路由器，能通过 ASBR 产生的 1 类 LSA 知道该 ASBR 的位置（1 类 LSA 首部中 E 位=1），但 1 类 LSA 只在本区域内洪泛，该区域外的路由器要得知这个 ASBR 的位置，就需要借助 4 类 LSA。因此 4 类 LSA 由 ABR 产生，用来告诉与 ASBR 不在同一个区域内的其他路由器关于 ASBR 的信息。

ASBR 汇总 LSA 的格式与网络汇总 LSA 相同，参见图 9-21。不同的是，LSA 首部中，“类型”值为 4，“链路状态 ID”为 ASBR 的路由器 ID。“网络掩码”在此处无意义，设置为 0.0.0.0。

图 9-24 为 ASBR 汇总 LSA 示例。图 9-24（a）是网络拓扑，图 9-24（b）是根据网络拓扑给出的报文封装。在图 9-24 中，ASBR 位于区域 0.0.0.1 中，同区域的 ABR（4.4.4.4）收到来自区域内部的 1 类 LSA，通过将 LSA 首部中的外部位（选项中的 E 位）赋值为 1 可知道 ASBR 的信息。于是 ABR（4.4.4.4）通过 4 类 LSA 将 ASBR 的消息通告给其他区域。

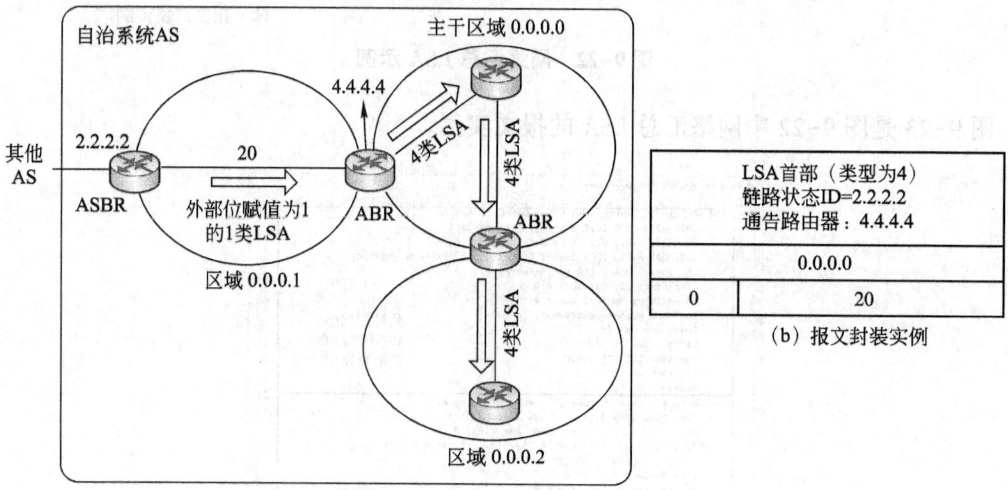

（a）网络拓扑

（b）报文封装实例

图 9-24　ASBR 汇总 LSA 示例

图 9-25 是图 9-24 中 ASBR 汇总 LSA 的报文实例。

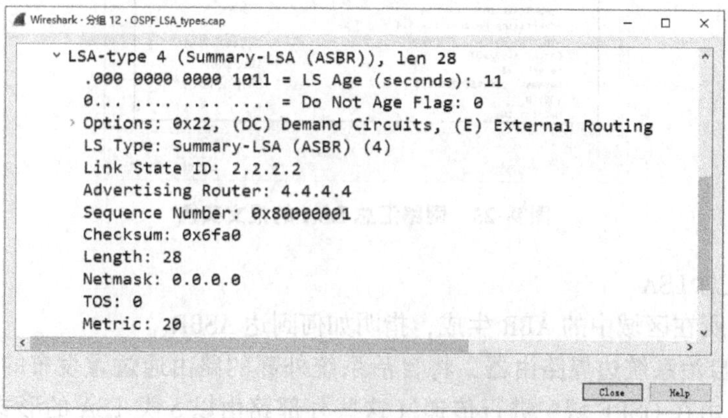

图 9-25　ASBR 汇总 LSA 报文实例

5）自治系统 LSA

由 ASBR 生成，指明到达自治系统外部网络的路由。

自治系统外部的路由，被重发布进 OSPF 域以后，将产生 5 类 LSA，在 OSPF 域中进行传播。

自治系统 LSA 的报文格式如图 9-26 所示。

图 9-26　自治系统 LSA 格式

LSA 首部中“类型”值为 5，“链路状态 ID”为通告的网络地址。“网络掩码”为通告的网络掩码。

E（external type）：1 位，外部路由的度量值类型（metric type）。“0”表示第一类外部路由，“1”表示第二类外部路由。

转发地址（forwarding address，FA）：4 字节，到所通告的目的地址的报文将被转发到这个地址。

外部路由标记（external route tag）：4 字节，添加到外部路由上的标记。OSPF 本身并不使用这个字段，它可以用来对外部路由进行管理。

下面说明一下转发地址 FA。转发地址 FA 为 OSPF 域内路由器到 5 类 LSA 所通告外部路由的下一跳地址。以免 OSPF 内部路由器在广播网络上以 ASBR 为下一跳，再由 ASBR 转发到正确的下一跳，而产生额外的路由。

FA 字段可以为全 0 或非 0，根据以下规则取值：

当与引入路由的下一跳互连的接口没有启动 OSPF 时，FA 设置为 0。

在满足以下条件后，5 类 LSA 的转发地址为连接外部路由下一跳的接口 IP：①在 ASBR 上，与引入外部路由下一跳关联的接口启动了 OSPF；②在 ASBR 上，与引入外部路由下一跳关联的接口不能配置被动接口；③在 ASBR 上，与引入外部路由下一跳关联的接口配置的 OSPF 网络类型不能是 P2P 或 P2MP。

图 9-27 为自治系统 LSA 示例。图 9-27（a）是网络拓扑，图 9-27（b）是根据网络拓扑给出的报文封装。在图 9-27 中，ASBR 将自治系统外的网络 172. 16. 3. 0/24 的路由信息通过 5 类 LSA 通告给自治系统内的其他路由器。

图 9-28 是图 9-27 中自治系统 LSA 的报文实例。

LSUP 的传输使用洪泛方式，其传播范围取决于各 LSA 的类型。洪泛过程逐跳进行。各

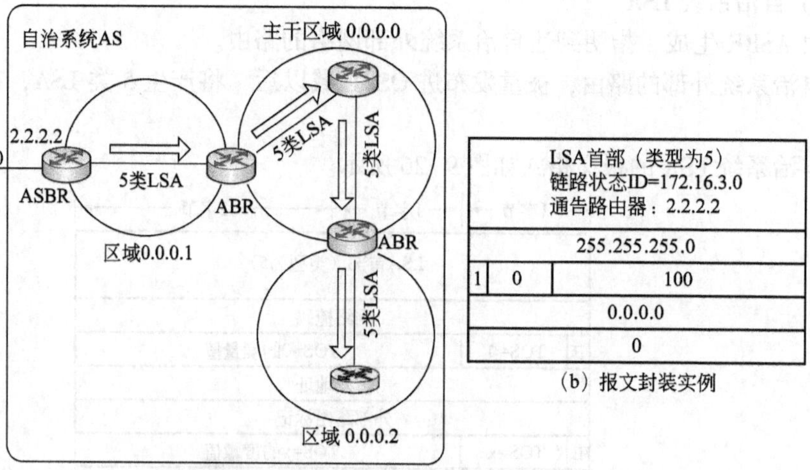

（a）网络拓扑　（b）报文封装实例

图 9-27　自治系统 LSA 示例

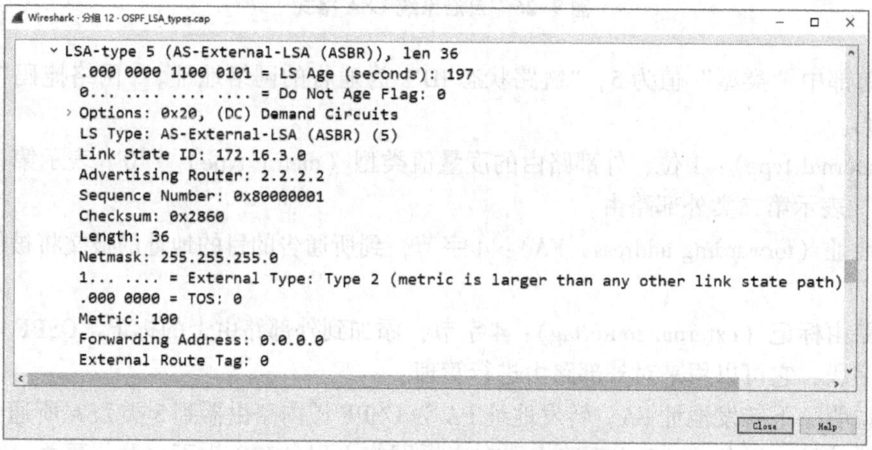

图 9-28　自治系统 LSA 报文实例

路由器收到一个 LSUP 后，取出每个 LSA，根据其类型及自己在以通告路由器为根的生成树中的位置，决定是否将该 LSA 再进行扩散。

9.3.6　链路状态确认报文

链路状态确认报文用于确认链路状态更新报文，内容是需要确认的 LSA 的首部。为保证洪泛过程的可靠性，要求各接收者向通告路由器确认每个 LSA。对于超时未收到确认的 LSA，通告路由器将重传。

链路状态确认报文的格式如图 9-29 所示，一个链路状态确认报文可对多个 LSA 进行确认。

图 9-29　链路状态确认报文格式

9.4　总结

OSPF 目前共有 3 个版本，OSPFv2 同 OSPFv1 相比，主要进行了以下修改和扩充。

(1) 将路由器地址统一改为路由器 ID，确保了标识的唯一性。

(2) 引入基于 MD5 的认证机制，安全性进一步增强。

(3) 报文中增加了“选项”字段，可以携带更多的信息量，控制能力也得到增强。

OSPFv3同 OSPFv2 相比，原理相同，但只用于 IPv6。差异体现在以下几点。

(1) 功能更强，通用性和扩展性更好。

(2) 基本抛弃了 IP 地址的概念，侧重于说明拓扑结构。

(3) 去掉了认证功能，因为 IPv6 本身已经具备该功能。

习题 9

1. OSPF 路由器在交换数据库描述报文时，主方不对从方的报文进行确认，分析 OSPF 是怎样确保主方收到从方的所有报文。

2. 简述距离向量路由协议与链路状态路由协议的区别。

3. OSPF 路由器的类型有几种，分别是什么？

4. 总结 OSPF 的 5 种报文类型及作用。

5. 分析一下 OSPF 计算路由的思路，包括区域内路由的计算、区域间路由的计算和自治系统外部路由的计算。

6. 在 9.3 节图 9-9 中，为什么说 18 号报文为路由器 10.0.0.1 发送的第 2 个 DDP 报文？分析一下第一个报文的信息及两个路由器主从协商的过程。

第10章 域名系统

域名系统（domain name system，DNS）是互联网使用的命名系统，主要用于实现域名和IP地址的映射。当用户在浏览器输入域名时，浏览器向本地DNS服务器发送DNS请求，服务器返回DNS响应，返回域名对应的IP地址。本章详细介绍DNS的相关内容，包括域名结构、域名服务器、域名的解析过程、DNS报文格式等。

10.1 域名系统概述

用户在与互联网上的主机进行通信时，必须知道对方的IP地址。但是每个IP地址都是由32位的二进制组成的，即便是十进制的IP地址表示形式，用户想要记住也是很难的一件事，况且互联网有那么多的主机。

互联网中的主机通常不仅仅只有IP地址，还有对应的便于用户记忆的主机名字，比如www.baidu.com。产生于应用层的域名系统DNS可以用来把互联网上的主机名转换成IP地址。

互联网中的域名系统DNS被设计成一个层次树状结构的联机分布式数据库系统，并且采取的是客户/服务器的方式。DNS使大多数名字都在本地进行解析，只有少量的解析需要在互联网通信，因此效率很高。采取分布式的一个好处是，即使单个服务器出了故障，也不会妨碍DNS系统的正常运行。

域名到IP地址的解析是通过许多分布在互联网上的域名服务器完成的。解析的主要过程如下：当一个主机中的进程需要把域名解析为IP地址时，该进程就会调用解析程序，并成为DNS的一个客户，把待解析的域名放在DNS的请求包中，以UDP用户数据报方式发送给本地域名服务器。本地域名服务器在查找域名后，把对应的IP地址放在响应报文中返回。获得IP地址后的主机即可进行通信。

10.2 互联网的域名结构

互联网采用了层次树状结构的命名方法，任何一个连接在互联网上的主机或路由器，都有一个唯一的层次结构的名字，即域名（domain name）。一个完整的域名由2个或2个以上的标号（label）序列组成，各标号之间用英文的句号“.”来分隔，最后一个“.”的右边部分称为顶级域名（top level domain，TLD，也称为一级域名），最后一个“.”的左边部分称为二级域名，二级域名的左边部分称为三级域名，以此类推，每一级的域名控制它下一级域名的分配。

DNS规定，域名中的标号都由英文字母和数字组成，每一个标号不超过63个字符，也不区分大小写。由多个标号组成的完整域名不超过255个字符。DNS不规定一个域名需要包含多少个下级域名，也不规定每一级域名代表什么意思。下级域名由其上级域名管理机构管理，顶级域名由互联网名称与数字地址分配机构（The Internet Corporation for Assigned and Numbers，ICANN）进行管理。

1. 顶级域名

顶级域名共分为3大类，具体如下。

（1）国家（地区）顶级域名nTLD。ISO 3166规定，每个国家（地区）都用标准的两字符来表示。如：cn（中国），uk（英国），fr（法国），kr（韩国），jp（日本），us（美国）等。

（2）通用顶级域名gTLD。最早定义的通用顶级域名有7个，即：com（公司企业），edu（美国的教育机构），gov（美国的政府机构），mil（美国的军事机构），org（非营利性组织），int（国际组织），net（从事Internet相关网络服务的机构或公司）。

后续又增加了13个通用顶级域名：aero（航空运输企业），asia（亚太地区），biz（公司和企业），name（个人），pro（有证书的专业人员），museum（博物馆），coop（合作团体），info（一般用途），cat（用于加泰罗尼亚语语种或文化相关的站点），jobs（招聘信息），mobi（移动产品与服务的用户和提供者），tel（互联网通信服务），travel（旅游业）。

（3）基础结构域名（infrastructure domain）。只有一个，名为arpa，用于反向域名解析，即由IP地址获取相应的域名。

2. 二级域名

顶级域名下为二级域名。对于arpa这个顶级域名而言，二级域名固定为“in-addr”。而对于各个一般域和国家（地区）代码域，二级域名及其下的各级域名可以任意延伸和添加。

在国家（地区）顶级域名下注册的二级域名均由该国家（地区）自行确定。我国把二级域名划分为类别域名和行政区域名两大类。

（1）类别域名。共7个，分别为：ac（科研机构），com（工、商、金融等企业），edu（教育机构），gov（政府机构），mil（国防机构），net（提供互联网服务的机构），org（非营利组织）。

（2）行政区域名。共34个，适用于我国的各省、自治区、直辖市。如：bj（北京），he（河北）等。

可以用域名树来表示互联网的域名系统，如图10-1所示。它实际上是一个倒过来的树，最上面的是根，没有对应的名字。因为根没有名字，所以根下面的一级节点就是顶级域名，顶级域名可往下划分子域名，即二级域名，往下同理。

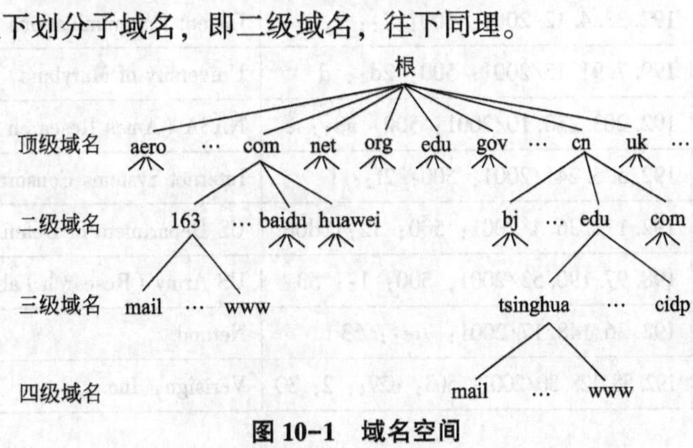

图10-1 域名空间

如 www. baidu. com，com 表示顶级域名，baidu 表示二级域名，www 表示主机名。再如 www. sina. com. cn，cn 表示顶级域名，com 表示二级域名，sina 表示三级域名，www 表示主机名。

10.3 域名服务器

域名系统是由分布在各地的域名服务器实现的。一个域名服务器所管辖的范围叫作区（zone），各单位根据具体情况来划分自己管辖范围的区。每一个区设置相应的权限域名服务器，用来保存该区中的所有主机的域名到 IP 地址的映射。DNS 服务器的管辖范围不是以“域”为单位，而是以“区”为单位。区可能小于或等于域，但不能大于域。

域名服务器是按照层次安排的。每一个域名服务器都只对域名体系中的一部分进行管辖。根据域名服务器所起的作用，可以把域名服务器划分为 4 种类型。

1. 根域名服务器

根域名服务器是最高层次的域名服务器，也是最重要的域名服务器。所有的根域名服务器都知道所有的顶级域名服务器的域名和 IP 地址。不管哪一个本地域名服务器，若要对互联网上的任何一个域名进行解析，只要自己无法解析，就首先要求助于根域名服务器。如果根域名服务器瘫痪了，那么整个互联网系统就无法工作。

全球一共有 13 个根域名服务器，其中一个在英国，一个在瑞典，一个在日本，其他在美国。根域名服务器并非只由 13 台机器组成，实际上是由 13 套装置构成这 13 组根域名服务器。每一套装置在很多地点安装根域名服务器的镜像，但都使用同一个域名。我国没有根服务器，但是有根服务器的镜像服务器。表 10-1 给出了这 13 个根服务器的域名、IP 地址、运营商及位置。

表 10-1　根域名服务器的分布

域名	IPv4/IPv6 地址	运营商	地点
a. root-servers. net	198. 41. 0. 4/2001：503：ba3e：：2：30	Verisign，Inc.	美国
b. root-servers. net	199. 9. 14. 201/2001：500：200：：b	University of Southern California，Information Sciences Institute	美国
c. root-servers. net	192. 33. 4. 12/2001：500：2：：c	Cogent Communications	美国
d. root-servers. net	199. 7. 91. 13/2001：500：2d：：d	University of Maryland	美国
e. root-servers. net	192. 203. 230. 10/2001：500：a8：：e	NASA（Ames Research Center）	美国
f. root-servers. net	192. 5. 5. 241/2001：500：2f：：f	Internet Systems Consortium，Inc.	美国
g. root-servers. net	192. 112. 36. 4/2001：500：12：：d0d	US Department of Defense（NIC）	美国
h. root-servers. net	198. 97. 190. 53/2001：500：1：：53	US Army（Research Lab）	美国
i. root-servers. net	192. 36. 148. 17/2001：7fe：：53	Netnod	瑞典
j. root-servers. net	192. 58. 128. 30/2001：503：c27：：2：30	Verisign，Inc.	美国

续表

域名	IPv4/IPv6 地址	运营商	地点
k. root-servers. net	193. 0. 14. 129/2001：7fd：：1	RIPE NCC	英国
l. root-servers. net	199. 7. 83. 42/2001：500：9f：：42	ICANN	美国
m. root-servers. net	202. 12. 27. 33/2001：dc3：：35	WIDE Project	日本

2. 顶级域名服务器

这些域名服务器负责管理在该顶级域名服务器上注册的所有二级域名服务器。当收到 DNS 查询时，就给出相应的回答（可能是最后的查询结果，也可能是下一步应该查询的域名服务器的 IP 地址）。

3. 权限域名服务器

权限域名服务器负责一个区的域名服务器。当一个权限域名服务器不能直接给出最后的查询结果时，就会告诉发出查询的 DNS 客户，下一步应当找哪一个权限域名服务器。

4. 本地域名服务器

本地域名服务器对域名系统非常重要。当一台主机发出 DNS 查询请求时，这个查询请求就发送给本地域名服务器。本地域名服务器离用户比较近，一般不超过几个路由器的距离。

10.4　域名解析原理

域名解析查询的方式有两种：递归查询与迭代查询。

1. 递归查询

如果 DNS 服务器支持递归查询，那么当它接收到递归查询请求后，它将负责把最终的查询结果返回给请求方。如果执行查询的 DNS 服务器无法从本地数据库返回查询结果，它将向其他 DNS 服务器发起查询请求，直到得到确认的查询结果。

主机向本地域名服务器发起的查询一般都是递归查询。

2. 迭代查询

DNS 服务器接收到迭代查询请求后，如果无法从本地数据库返回查询结果，它会返回一个可能知道查询结果的 DNS 服务器地址给请求者，由请求者自行查询该 DNS 服务器，以此类推，请求者最终将得到查询结果。

一般本地域名服务器发送至根域名服务器的查询采用的就是迭代查询。

图 10-2 给出了两种查询方式的过程示意图。

本地一台主机要访问 www. example. com，必须先解析一下 www. example. com 的 IP 地址。

图 10-2（a）的查询过程如下。

① 主机向本地域名服务器发起递归查询请求。

② 若本地域名服务器的数据库中有 www. example. com 的 IP 地址，则直接返回给主机。否则，本地域名服务器向根域名服务器发起迭代查询请求。

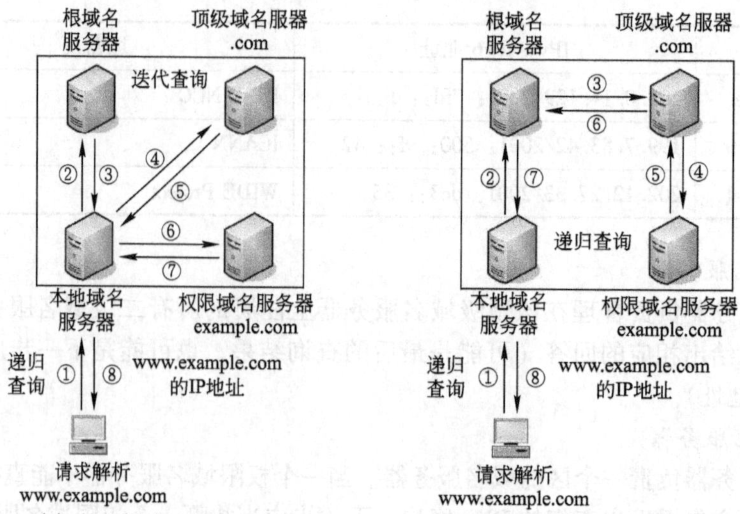

(a) 本地域名服务器采用迭代查询　　(b) 本地域名服务器采用递归查询

图 10-2　域名解析查询过程

③ 根域名服务器要么直接返回 www. example. com 的 IP 地址，要么返回顶级域名服务器 . com 的 IP 地址。

④ 本地域名服务器向顶级域名服务器 . com 发起迭代查询请求。

⑤ 顶级域名服务器 . com 要么直接返回 www. example. com 的 IP 地址，要么返回权限域名服务器 example. com 的 IP 地址。

⑥ 本地域名服务器向权限域名服务器 example. com 发起迭代查询请求。

⑦ 权限域名服务器返回 www. example. com 的 IP 地址。

⑧ 本地域名服务器向主机返回 www. example. com 的 IP 地址。

图 10-2（b）的查询过程如下。

① 主机向本地域名服务器发起递归查询请求。

② 若本地域名服务器的数据库中有 www. example. com 的 IP 地址，则直接返回给主机。否则，本地域名服务器向根域名服务器发起递归查询请求。

③ 根域名服务器要么直接返回 www. example. com 的 IP 地址，要么根域名服务器向顶级域名服务器 . com 发起递归查询请求。

④ 顶级域名服务器 . com 要么直接返回 www. example. com 的 IP 地址，要么顶级域名服务器 . com 向权限域名服务器 example. com 发起递归查询请求。

⑤ 权限域名服务器 example. com 向顶级域名服务器 . com 返回 www. example. com 的 IP 地址。

⑥ 顶级域名服务器 . com 向根域名服务器返回 www. example. com 的 IP 地址。

⑦ 根域名服务器向本地域名服务器返回 www. example. com 的 IP 地址。

⑧ 本地域名服务器向主机返回 www. example. com 的 IP 地址。

3. *高速缓存*

为了提高 DNS 的查询效率，减轻域名服务器的查询负荷和网络上的域名查询报文，域名服务器中使用了高速缓存，用来存放最近查询过的域名及从何处查询得到的结果。

在图10-2中，若本地域名服务器中缓存了 www. example. com 的 IP 地址，则本地域名服务器可直接返回查询结果给主机，而不需要向根域名服务器查询，或者本地域名服务器中没有 www. example. com 的 IP 地址，但存储了顶级域名服务器 . com 的 IP 地址，则可以直接向顶级域名服务器发送查询请求。

域名服务器应为每项内容设置计时器，并处理超过合理时间的项。当权限域名服务器回答一个查询请求时，在响应中应指明绑定的有效期。增加此时间值可减少网络开销，而减少此时间值可提高域名转换的准确性。由于域名与 IP 地址的映射关系不会频繁改变，因此 DNS 可以很好地使用高速缓存。高速缓存中记录的更新时间可以由管理员手工配置。在授权域名服务器响应一个请求时，会给出 TTL 值，指明这个记录的有效时间。

10.5 DNS 报文格式

10.5.1 报文格式

DNS 包含两种报文：查询和响应。报文由 12 字节的首部和 4 个长度可变的字段组成。报文格式如图 10-3 所示。

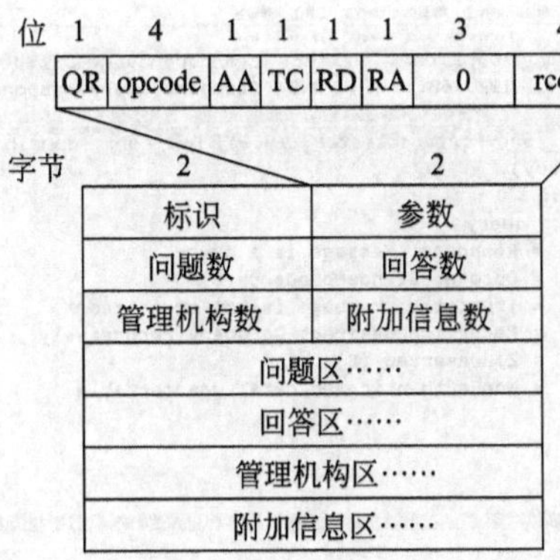

图 10-3 DNS 报文格式

首部包含 6 个字段，长度均为 2 字节。后 4 个字段为数据区，长度不固定，问题区是由客户填入的，由服务器返回回答区、管理机构区和附加信息区。

1. DNS 报文首部

标识：可以唯一标识一个 DNS 报文，并用以匹配请求和响应。

参数：16 位的参数字段被划分为若干子字段，各字段功能见表 10-2。

问题数：查询报文中的问题数量。

回答数：响应报文中的回答数量。

管理机构数：响应报文中管理机构区的授权域名服务器数量。

附加信息数：响应报文中附加信息区的信息数量。

表 10-2　参数字段的详细功能及含义

字段名	功能	取值及含义	字段名	功能	取值及含义
QR	操作位	0：查询报文 1：响应报文	RD	需要递归	0：不需要递归解析 1：需要递归解析
opcode	查询类型	0：标准（由域名查询 IP） 1：反向（由 IP 查询域名） 2、3：过时不用	RA	递归结果	0：不是递归解析的结果 1：是递归解析的结果
			未用	保留	0
AA	授权	0：响应由授权服务器返回 1：响应由非授权服务器返回	rcode	查询结果	0：无差错 1：查询格式错误 2：服务器失效 3：域名不存在 4：查询类型不支持 5：查询被拒绝
TC	截断	0：报文没有截断 1：报文被截断			

注：截断表示响应超过 512 字节时，报文被截断，只返回前 512 字节。

图 10-4 为 DNS 查询报文中首部部分。“标识”值为 0×180f；选项中“RD”位设置为 1，表示请求递归解析；“问题数”是 1；“回答数”“管理机构数”“附加信息数”均为 0。

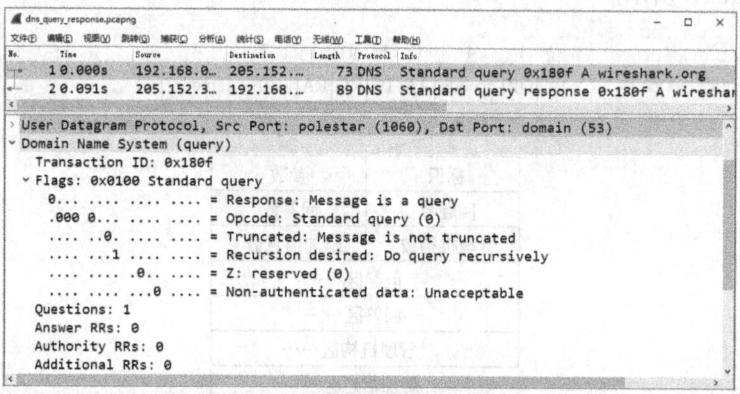

图 10-4　DNS 首部报文实例

2. 问题区

问题区包含了客户请求的问题。客户可以一次提出多个问题，每个问题的格式如图 10-5所示。

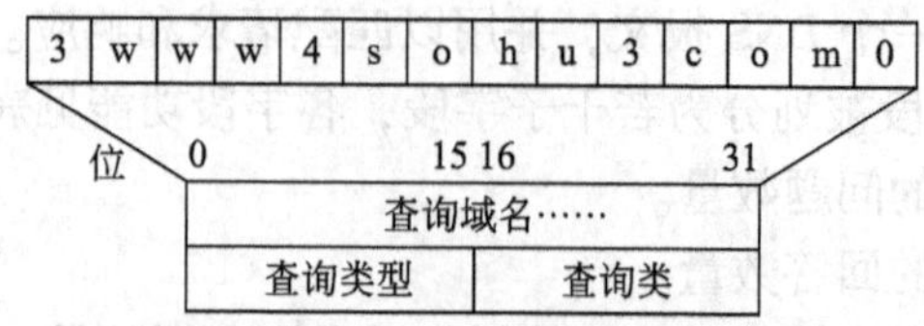

图 10-5　问题区中的问题格式

查询域名：指明了请求解析的域名，长度可变。采用“长度+字符串”的格式。域名中的每个标号之前都有 1 字节的长度字段，用以指示标号的长度。域名结束则用 0 指示。图 10-5给出了域名 www. sohu. com 的格式。

查询类型：2 字节，指明需要得到哪些查询结果。在域名服务器中除了存储域名和 IP 地址的映射关系外，还包含其他一些信息，如规范名称、域内的邮件交换机等。客户端可以对这些信息进行查询。

查询类：表示查询的协议类，如 IN 代表 Internet。考虑到还可能采用其他命名方式，DNS 引入了查询类字段，以便让该协议也适用于其他类型名字的解析。

服务器收到请求后，会把请求报文中包含的问题复制到响应报文中。因此，请求和响应报文都包含问题区。

图 10-6 为问题区报文实例。“查询域名”为 wireshark. org，数据区标出的部分即为域名的格式，“09”即第一个标号 wireshark 的字符长度，“77 69 72 65 73 68 61 72 6b”为 wire-shark 的 ASCII 码，“03”为第二个标号 org 的长度，“6f 72 67”为 org 的 ASCII 码，最后一个“00”为结束符；“查询类型”值为 1，表示 A 类查询，要求返回域名对应的 IPv4 地址；“查询类”值为 1，表示 Internet。

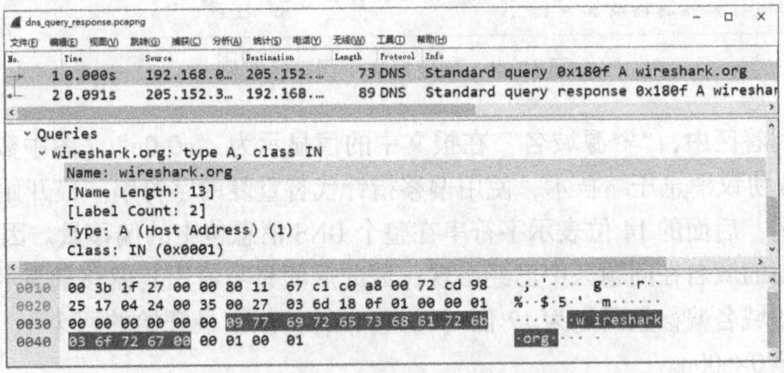

图 10-6　请求报文中问题区实例

3. 回答区

回答区仅包含在响应报文中，域名服务器把解析的结果放在这个区域中返回给客户。回答区中包含了多个答案，每个答案都用资源记录的形式表示，格式如图 10-7 所示。

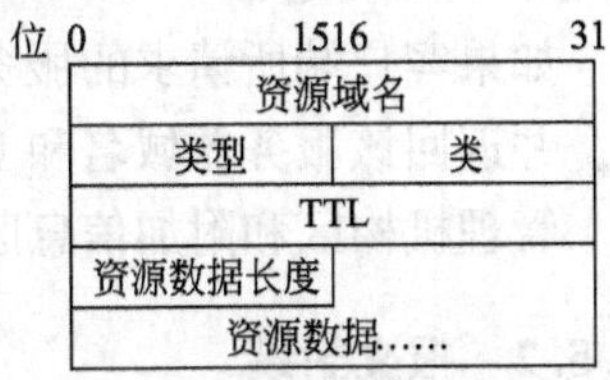

图 10-7　回答区中每条资源记录格式

资源域名：长度不固定，指明当前记录包含的域名。

类型（type）：2 字节，表示资源记录的类型。

类（class）：2 字节，表示资源数据的协议类，与问题区中相同。

TTL：4 字节，指明当前记录在缓存中的有效时间，以秒计数，取值为 0 代表只能被传输，但是不能被缓存。

资源数据长度：2 字节，指明当前资源记录数据部分的长度，以字节为单位。

资源数据：资源记录的数据区。格式跟“类型”和“类”有关。例如，类型是 A，类是 IN，那么资源数据就是一个 4 字节的 IP 地址。

图 10-8 给出了相应报文中回答区的内容实例。“资源域名”为 wireshark. org，即问题中请求解析的域名；“类型”为 A；“类”为 Internet；“TTL”值为 14 400 s（4 h），该条资源记录的有效期为 4 h；“资源数据长度”为 4 字节；“资源数据”为最终解析结果，值为 128. 121. 50. 122。

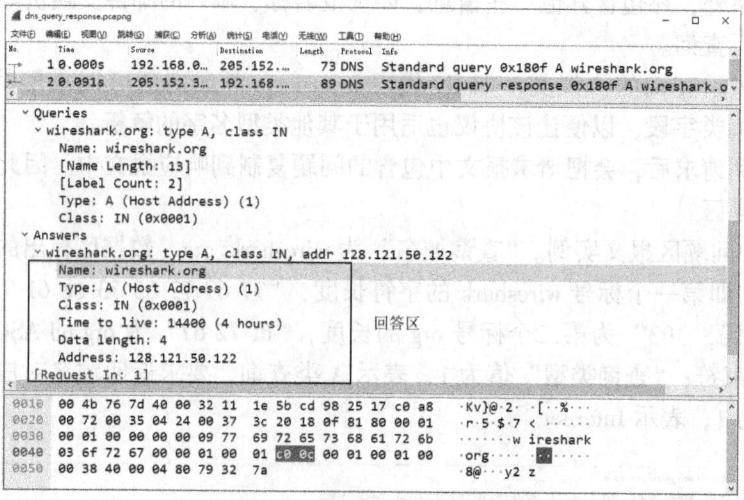

图 10-8 响应报文中回答区实例

注意：在回答区中，“资源域名”在报文中的值显示为“c0 0c”（图中数据区标出的部分），这是 DNS 协议消息压缩技术，使用偏移指针代替重复的字符串。最开始的 2 位都为 1，目的是避免混淆，后面的 14 位表示字符串在整个 DNS 消息包中的偏移量。因为 DNS 响应包中的回答区出现的域名在问题区中已经出现，因此后面只需使用其偏移量表示即可。问题区中第一个出现的域名偏移量固定为 12 位（00001100），加上最开始的两个 1，那二进制就是 1100001100，即 0×c00c。

4. 管理机构区

管理机构区包含了授权的域名服务器。如果客户端所请求的服务器没有被授权管理当前域名，它会返回相应的授权域名服务器。

5. 附加信息区

如果客户端所请求的服务器没有被授权管理当前域名，它会返回相应的授权域名服务器，并返回该服务器域名和 IP 地址的对应关系。这个对应关系就放在附加信息区。

管理机构区和附加信息区的资源记录格式与回答区相同。

10. 5. 2 报文封装

DNS 属于应用层协议，从协议依赖关系的角度看，DNS 既可以基于 TCP，也可以基于 UDP，服务器则使用知名端口 53。DNS 对 UDP 或 TCP 的使用有以下几个原则。

（1）使用 A 类型查询某个域名对应的 IP 地址时使用 UDP。

（2）如果响应报文长度大于 512 字节，则 UDP 仅返回前 512 字节，并设置报文首部“参数”字段的“截断”位值为 1。客户端收到这个响应后，使用 TCP 重新发送原来的请求。

(3) 如果一次查询的名字很多，则客户端可能会直接使用 TCP。

(4) 在主域名服务器和辅助域名服务器之间进行区域传送时，使用 TCP。

10.6 DNS 的资源记录

域名服务器中包含多种数据，如域名与 IP 地址的映射，域名与该域中邮件交换机的映射等。在进行 DNS 查询时，可以查询各种映射关系，具体哪种类型，用“查询类型”字段规定。DNS 服务器所维护的各类信息都以资源记录的形式存在，表 10-3 列出了各种资源记录的含义和内容。

表 10-3 DNS 资源记录的含义和内容

类型	含义	内容
A	IPv4 地址	域名所对应的 IPv4 地址
AAAA	IPv6 地址	域名所对应的 IPv6 地址
CNAME	规范名称	规范名称，即将域名指向另外一个域名
HINFO	计算机信息	计算机的 CPU 和操作系统名称
MINFO	信箱信息	信箱或邮件清单
MX	邮件交换机	指出当前区域内的 SMTP 邮件服务器 IP 及其优先级
NS	域名服务器	指出当前区域内有几个 DNS 服务器在提供服务
PTR	指针	反向解析，将 IP 地址解析为域名
SOA	授权开始	指出当前区域谁是主 DNS 服务器
TXT	任意文本	任意的描述性字符串

下面介绍几种常用的资源记录类型。

1. A 类型

A 类型的资源记录也称为主机记录，是使用最广泛的 DNS 记录，基本作用是说明一个域名对应的 IP 是多少，它是域名和 IP 地址的对应关系。例如，www.example.com A 200.10.10.10。

A 类型的资源记录除了进行域名和 IP 对应外，还可以实现简单的负载均衡，一个域名可以创建多个 A 记录，对应多台物理主机的 IP 地址，可以实现基本的流量均衡。

图 10-6 和图 10-8 中的查询类型就是 A 类型的资源记录。

2. AAAA 类型

说明域名和 IPv6 地址的映射关系。与 A 类型类似。

3. CNAME 类型

某些名称并没有对应的 IP 地址，而只是一个主机名的别名。CNAME 类型的资源记录代表别名与规范主机名称之间的对应关系。如某个网站公告的主机名称为 www.example.com,

但其实 www. example. com 只是一个指向 serverl. example. com 的 CNAME 记录而已。在 DNS 服务器中维护的资源记录为：www. example. com CNAME serverl. example. com。

还有，有些网站提供不同的服务，每个服务有对应的服务器，但对外统一为一个别名。如：

www. example. com CNAME ftp. example. com

www. example. com CNAME mail. example. com

图 10-9 为 CNAME 资源记录实例。可解析为：

域名 ocsp. verisign. com 的 CNAME 记录为 ocsp. verisign. net。

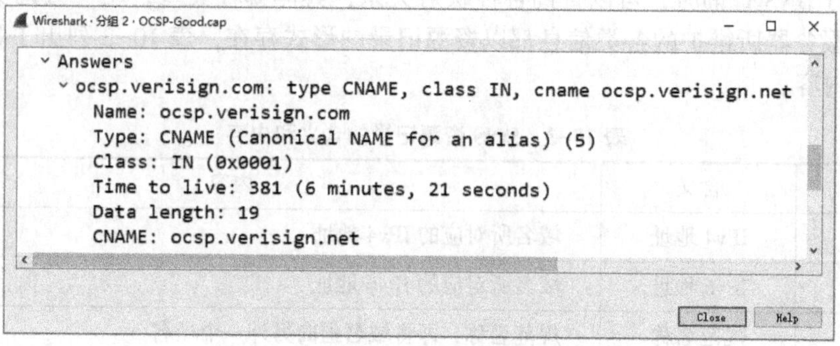

图 10-9　CNAME 资源记录

4. MX 类型

MX 记录提供邮件路由信息，即提供本网段内的邮件交换器的主机名称及其优先级。

当发送邮件时，若接收方邮箱为 xyz@ example. com，邮件发送程序首先要知道将邮件发送给谁。此时，主机进行 DNS 查询，将查询域名设置为 example. com，查询类型设置为 MX，域名服务器会返回相应的邮件交换机域名。如果附加信息区中包含了这些交换机对应的 IP 地址，则邮件发送程序会把邮件发送到相应的地址。否则，会再进行一步 DNS 查询，查询域名为邮件交换机的域名，查询类型为 A，获得邮件交换机对应的 IP 地址之后才发送邮件。

同一个网段可能有多个邮件交换器，所以每一个 MX 记录都有一个优先值，供邮件发送程序作为选择邮件交换机的依据。

资源记录示例如下：

example. com MX mail1. example. com

example. com MX mail2. example. com

图 10-10 为 MX 资源记录实例。

首先，这是一个响应包，由问题区可知，查询包中请求查询的类型为 MX。

回答区中给出了两个资源记录，可以解析为：

（1）163. com 的邮件交换机为 163mx00. mxmail. netease. com，优先级为 50。

（2）163. com 的邮件交换机为 163mx01. mxmail. netease. com，优先级为 10。

5. PTR 类型

又称为逆向查询记录，是 A 记录的逆向记录，作用是把 IP 地址解析为域名。

DNS 在实现逆向查询时，把反向解析问题转化为正向解析问题。DNS 定义了一个特殊

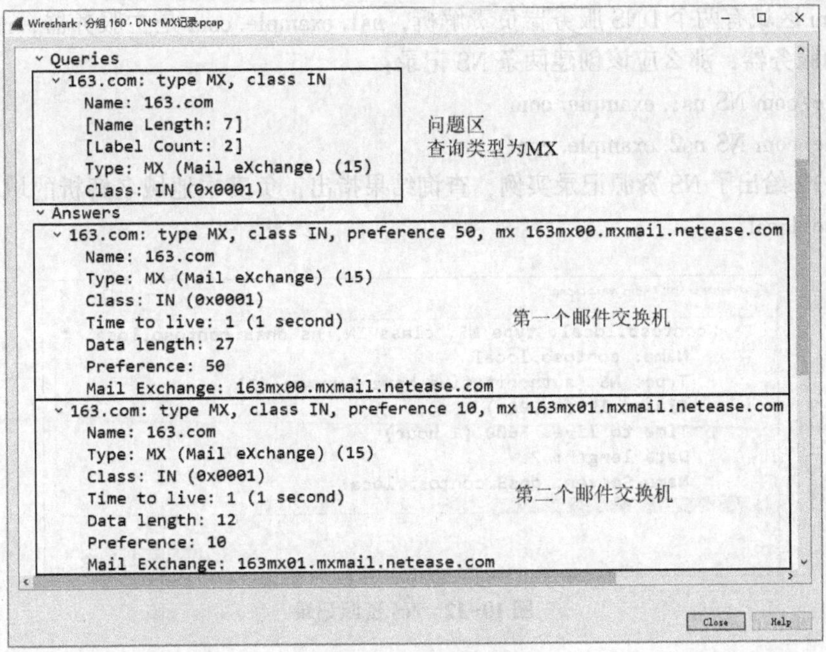

图 10-10　MX 资源记录

域“in-addr. arpa”，该域专门为反向解析设计。设一个 IP 地址为 200. 10. 10. 10，在进行反向查询时，该 IP 地址转化为以下形式的域名：10. 10. 10. 200. in-addr. arpa，并填写在“查询域名”字段，同时将查询类型设置为“PTR”即可。

图 10-11 为 PTR 类型资源记录实例。

首先这是一个响应包。由问题区可知，请求查询的资源类型为 PTR，请求解析域名 1. 0. 168. 192. in-addr. arpa 的 IP 地址。由回答区可知，其域名为 www. example. com。

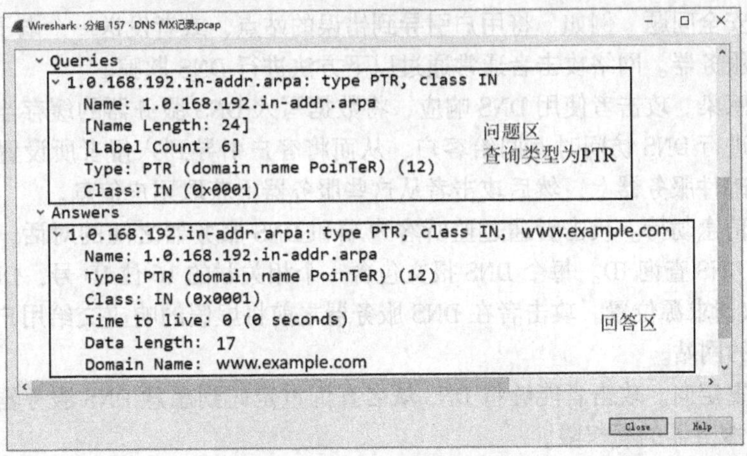

图 10-11　PTR 类型资源记录

6. NS 类型

NS 记录称为域名服务器记录，用来指定该域名由哪个 DNS 服务器来进行解析。假设

example. com 区域有两个 DNS 服务器负责解析，ns1. example. com 是主服务器，ns2. example. com 是辅助服务器，那么应该创建两条 NS 记录：

example. com NS ns1. example. com

example. com NS ns2. example. com

图 10-12 给出了 NS 资源记录实例，查询结果指出，负责本地域名解析的域名服务器为 dns3. contoso. local。

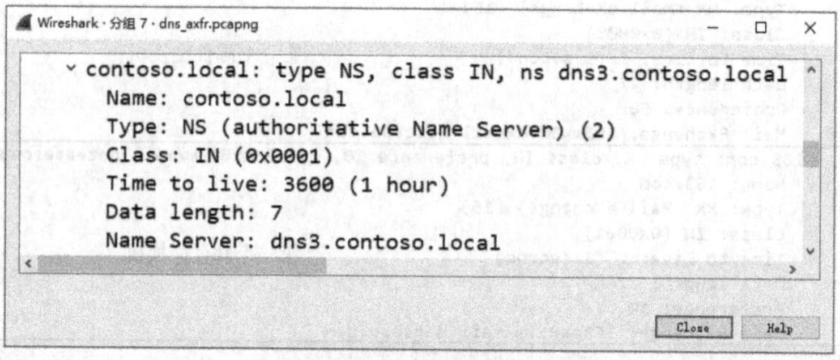

图 10-12　NS 资源记录

10. 7　DNS 的安全问题

DNS 服务面临的安全隐患主要包括：DNS 欺骗、拒绝服务攻击和缓冲区溢出攻击。

1. DNS 欺骗

DNS 欺骗是最常见的 DNS 安全问题。当一个 DNS 服务器掉入陷阱，使用了来自一个恶意 DNS 服务器的错误信息时，那么该 DNS 服务器就被欺骗了。DNS 欺骗使被攻击的 DNS 服务器产生许多安全问题，例如，将用户引导到错误的站点，或者发送一个电子邮件到一个未经授权的邮件服务器。网络攻击者通常通过以下方法进行 DNS 欺骗。

（1）缓存感染。攻击者使用 DNS 响应，将数据写入 DNS 服务器的缓存当中。这些缓存信息会在客户进行 DNS 访问时返回给客户，从而将客户引导到入侵者所设置的运行木马的 Web 服务器或邮件服务器上，然后攻击者从这些服务器上获取用户信息。

（2）DNS 信息劫持。攻击者通过监听客户端和 DNS 服务器之间的对话，猜测服务器响应给客户端的 DNS 查询 ID。每个 DNS 报文包含一个相关联的 16 位 ID 号，DNS 服务器根据这个 ID 号获取请求源位置。攻击者在 DNS 服务器之前将虚假的响应交给用户，从而欺骗客户端访问恶意的网站。

（3）DNS 重定向。攻击者能够将 DNS 域名查询重定向到恶意 DNS 服务器。这样攻击者可以获得 DNS 服务器的写权限。

2. 拒绝服务攻击

攻击者利用一些 DNS 软件的漏洞，如在 BIND 9 版本上，如果有人向运行 BIND 的设备发送特定的 DNS 请求，BIND 就会自动关闭。如果得不到 DNS 服务，那么就会产生一场灾难，由于网址不能解析为 IP 地址，用户将无法访问互联网。

3. 缓冲区溢出攻击

攻击者利用 DNS 服务器软件存在漏洞，比如对特定的输入没有进行严格检查，那么有可能被攻击者利用，攻击者构造特殊的畸形数据包来对 DNS 服务器进行缓冲区溢出攻击。如果这一攻击成功，就会造成 DNS 服务停止，或者攻击者能够在 DNS 服务器上执行其设定的任意代码。

习题 10

1. 为什么当客户端一次性查询多个域名时，会直接使用 TCP 封装报文？

2. 查询网络资料，了解 nslookup 命令的使用方法，并进行验证。

3. 查询网络资料，进一步理解 13 个根域名服务器的使用和原理。

4. 某校园网上有一台主机，其 IP 地址为 202.113.27.60，子网掩码为 255.255.255.224。默认路由器为 202.113.27.33，DNS 服务器为 202.113.16.10。现在，该主机需要解析域名 www.sina.com.cn，请逐步写出其域名解析过程。

第 11 章　万维网和超文本传送协议

万维网（world wide web，WWW）是一个大规模的、联机式的信息储藏所，英文简称为 Web，是目前互联网上最为普及的应用之一。超文本传送协议（hypertext transfer protocol，HTTP）提供了访问超文本信息的功能，是 WWW 浏览器和 WWW 服务器之间的应用层通信协议。下面将详细介绍万维网和 HTTP 的相关内容。

11.1　万维网

11.1.1　万维网概述

万维网（又称为网络、WWW、W3，英文名称为 Web 或 world wide web），是存储在 Internet 计算机中、数量巨大的文档集合。这些文档称为页面，它是一种超文本信息，可以用于描述超媒体（文本、图形、视频、音频等多媒体），并且由一个全域的统一资源定位符（universal resource locator，URL）标识。Web 上的资源是由彼此关联的文档组成的，而使其连接在一起的是超链接。使用者通过单击链接来获得资源，这些资源通过超文本传输协议（HTTP）传送给使用者。

当访问万维网上一个网页或其他网络资源的时候，首先在浏览器上键入想要访问网页的统一资源定位符，或者通过超链接方式链接到那个网页或网络资源。然后通过域名系统解析统一资源定位符中的域名部分，获取目的服务器的 IP 地址。接下来向位于这个 IP 地址上的服务器发送一个 HTTP 请求，在通常情况下，HTML 文本、图片和构成该网页的一切其他文件会被逐一请求并发送回用户。最后浏览器把 HTML、CSS 和其他接收到的文件所描述的内容，加上图像、链接和其他必须的资源显示给用户。这些就构成了“网页”。

WWW 始于 1989 年，CERN 的一位物理学家 Tim Berbners-Lee 首次提出了 WWW 的构想。18 个月后，他推出了第一个基于文本的原型系统。1991 年 12 月，这个系统在美国得克萨斯的 San Antonio91 超文本会议上首次公开演示，得到了广泛的关注。1993 年 2 月，第一个图形界面的浏览器开发成功，名字叫作 Mosaic。1995 年，著名的 Netscape Navigator 浏览器上市。目前比较流行的浏览器有很多，如谷歌的 Chrome 浏览器，腾讯的 QQ 浏览器，苹果的 Safari 浏览器等。

11.1.2　统一资源定位符

统一资源定位符（URL）是专为标识 Internet 上资源位置而设置的一种编址方式，平时所说的网页地址指的即是 URL。

URL 是对可以从互联网上得到的资源的位置和访问方法的一种简洁的表示，是互联网上标准资源的地址。互联网上的每个文件都有一个唯一的 URL，它包含的信息指出文件的位置及浏览器应该怎么处理它。

URL 的一般形式由 4 部分组成：协议：//主机名：端口/路径。

协议：指出使用何种协议来获取文档，最常用的协议是 http，其次是 ftp。协议后面的"：//"是格式自带的，必须写上。

主机名：万维网文档所存放的主机的域名，也可用 IP 地址替代。

端口：端口号，通常省略。因为这个端口号通常是协议的默认端口号，如 http 默认端口号是 80。如果不使用默认端口号，则必须写明当前所使用的端口号。

路径：给出文档在目的服务器上的详细路径。

例如，有 URL 为：http：//www. example. com。

此处省略了默认端口号 80，省略了路径，表明是一个服务器的主页。进入主页后，可以通过不同的链接查看各种页面的信息。如：

http：//www. example. com/news/article/H6C4T9DF000189FH. html

"news/article/H6C4T9DF000189FH. html"指向文件的路径。

URL 的协议和主机名部分，字母不区分大小写。但路径中的字母有时需要区分大小写。

11. 1. 3　超文本标记语言

HTML 的英文全称是 hyper text markup language，即超文本标记语言。HTML 是由 Web 的发明者 Tim Berners-Lee 和同事 Daniel W. Connolly 于 1990 年创立的一种标记语言，它是标准通用化标记语言 SGML 的应用。用 HTML 编写的超文本文档称为 HTML 文档，它能独立于各种操作系统平台（如 UNIX、Windows 等）。

HTML 是一种建立网页文件的语言，通过标记式的指令（tag），将影像、声音、图片、文字动画、影视等内容显示出来。事实上，每一个 HTML 文档都是一种静态的网页文件，这个文件里面包含了 HTML 指令代码，这些指令代码并不是一种程序语言，而是一种排版网页中资料显示位置的标记结构语言，易学易懂，非常简单。

超文本标记语言文档制作不是很复杂，但功能强大，支持不同数据格式的文件，这也是万维网盛行的原因之一，其主要特点如下。

（1）简易性：超文本标记语言版本升级采用超集方式，从而更加灵活方便。

（2）可扩展性：超文本标记语言的广泛应用带来了加强功能，增加标识符等要求，超文本标记语言采取子类元素的方式，为系统扩展带来保证。

（3）平台无关性：虽然个人计算机大行其道，但使用 MAC 等其他机器的大有人在，超文本标记语言可以使用在广泛的平台上。

（4）通用性：HTML 是一种简单、通用的标记语言。它允许网页制作人建立文本与图片相结合的复杂页面，这些页面可以被网上任何其他人浏览到，无论使用的是什么类型的计算机或浏览器。

一个网页对应多个 HTML 文件，HTML 文件以 . htm 或 . html 为扩展名。可以使用任何能够生成 TXT 类型源文件的文本编辑器来产生超文本标记语言文件，只需修改文件后缀即可。

标签（tag）是 HTML 定义的用于排版的命令，标签一般都是成对出现（部分标记除外，例如，
 <IMG/>)，有 3 个双标签用于页面整体结构的确认。

文档开始和结束标签<HTML>、</HTML>：说明该文件是用 HTML 来描述的。<HTML>表示文件的开头，而</HTML>则表示文件的结尾，它们是 HTML 文件的开始标记和结尾标记。

头部内容标签<HEAD>、</HEAD>：这 2 个标签分别表示头部信息的开始和结尾。头部中包含的是页面的标题、序言、说明等内容，它本身不作为内容来显示，但影响网页显示的效果。

主体内容标签<BODY>、</BODY>：网页中显示的实际内容均包含在这 2 个正文标签之间。正文标签又称为实体标签。

其他常用标签还有：

<TITLE>、</TITLE>：定义文档的标题。

<H1></H1>～<H6></H6>：定义 HTML 标题，共有 6 个等级。

<P>、</P>：定义文本，之间的内容是主体的一个段落。

<B>、</B>：粗体字。

<I>、</I>：斜体字。

：换行符。

<IMG SRC = “…” >：装载图像文件。

<A HREF = “…” ></A>：定义超链接。

图 11-1 给出了一个例子，说明了 HTML 文档中标签的用法，以及浏览器对 HTML 文件的解析结果。

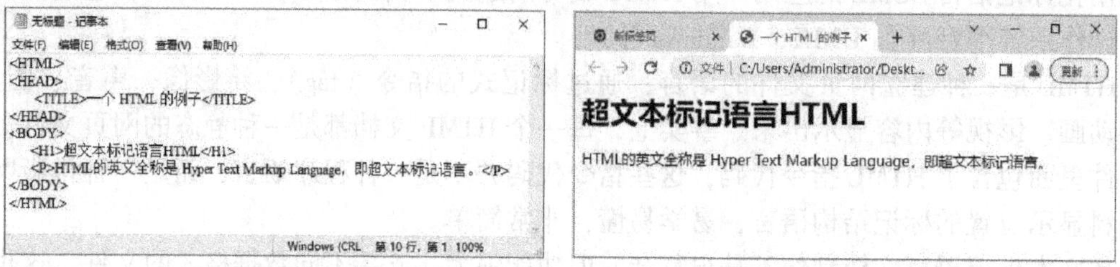

（a）一个HTML源文件　　（b）浏览器对HTML的解析

图 11-1　一个 HTML 例子

11.2 超文本传送协议

11.2.1 HTTP 概述

HTTP 是一个简单的请求/响应协议，指定了客户端可能发送给服务器什么样的消息及得到什么样的响应。请求和响应消息的头以 ASCII 形式给出，而消息内容则具有一个类似 MIME 的格式。

HTTP 基于 TCP，采用客户/服务器模式，服务器端常用端口号为 80。HTTP 的通信过程很简单，客户端向服务器发出请求，服务器收到请求后做出响应。

HTTP 的主要特点如下。

（1）媒体独立：这意味着，只要客户端和服务器知道如何处理数据内容，任何类型的数据都可以通过 HTTP 发送。客户端及服务器指定使用适合的 MIME-type 内容类型。

（2）无状态：HTTP 协议是无状态协议。无状态是指协议对于事务处理没有记忆能力。缺少状态意味着如果后续处理需要前面的信息，则它必须重传。

（3）双向传输：大多数情况下是客户端向服务器请求 Web 页面，但是 HTTP 也允许客户端向服务器传输数据。

（4）高速缓存：为了减少响应时间，浏览器会把收到的每个 Web 页面副本存放在高速缓存中。如果用户再次请求该页面，浏览器可以直接从缓存中获取。

HTTP 一共有 4 个版本，具体如下。

（1）HTTP 0.9：0.9 是一个交换信息的无序协议，仅限于文字，仅支持请求方式 GET，仅能请求访问 HTML 格式的资源。

（2）HTTP 1.0：1982 年，Tim Berners-Lee 提出了 HTTP 1.0。增加了请求方式 POST 和 HEAD，支持多媒体资源传输，根据 Content-Type 可以支持多种数据格式，对每一次请求/响应建立并断开一次 TCP 连接。

（3）HTTP 1.1：引入了保活机制，支持持续连接，即连接可以用于多个请求。加入了管道机制，在同一个连接里，允许多个请求同时发送，增加了并发性，进一步改善了 HTTP 协议的效率。新增 PUT、PATCH、OPTIONS、DELETE 等请求方式。

（4）HTTP 2.0：是 HTTP 1.1 的升级版本。使用二进制数据传输，支持主动推送资源，服务器支持持续连接且响应不须要按序进行。

主流浏览器都支持 HTTP 2.0，但有的服务器未来得及更新，仍只支持 HTTP 1.1，但 HTTP 2.0 是向后兼容的。

图 11-2 给出了在客户端浏览器输入 URL 后的协议流程。客户端首先访问本地 DNS 服务器，请求解析域名对应的 IP 地址。获取 IP 地址后，客户端与该 IP 的 80 端口（默认）建立 TCP 连接，然后在这个 TCP 连接上发送 HTTP 请求，Web 服务器收到请求后，发送 HTTP 响应，将客户端请求的信息传送给客户端，信息传送完成后，断开这个 TCP 连接。

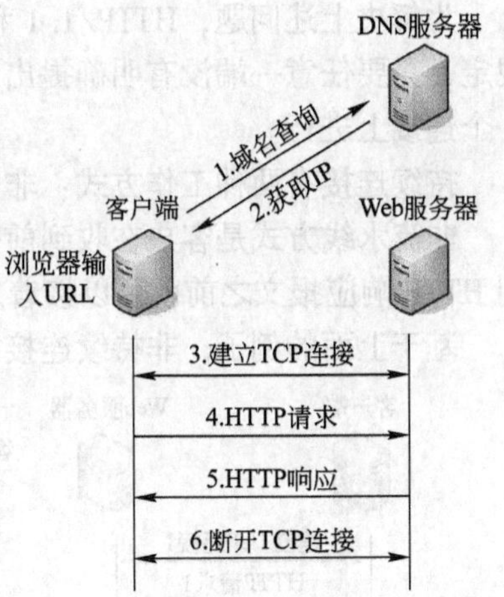

图 11-2　浏览器输入 URL 后的协议过程

11.2.2　HTTP 的非持续连接和持续连接

依据应用程序及应用程序的使用方式，一系列请求可以以规则的间隔周期性地一个接着一个发出。当这种客户/服务器之间的交互是基于 TCP 时，如果每个请求/响应通过一个单独的 TCP 连接发送，就是非持续性连接；如果所有请求/响应通过相同的 TCP 连接发送，就是持续连接。

这两种方式各有优点，HTTP 默认采用的是持续连接。

1. 非持续连接

下面举个例子说明。假设向一个 Web 页面发送请求，该页面含有一个 HTML 基本文件和 3 个图像文件的应用，也就是说，以网络连接的角度来看，这个页面有 4 个对象。

非持续连接的实现过程如下。

（1）HTTP 客户进程与服务器的 80 端口建立一个 TCP 连接。

（2）HTTP 客户进程在此 TCP 连接上向服务器发送一个 HTTP 请求报文。请求报文中包含了 html 文件的地址。

（3）HTTP 服务进程接受该请求报文，从自己的存储中检索出对象文件，在一个响应报文中封装对象，并通过 TCP 连接发送给客户端。

（4）HTTP 服务进程通知 TCP 断开连接。

（5）HTTP 客户端收到响应报文，TCP 连接中断。

（6）该响应报文里面封装了一个 html 文件，客户端从报文中提取并检查该 html 文件，得到对应 3 个图片的引用。对每个图片引用对象重复（1）～（5）的操作，直到全部获取完毕。

2. 持续连接

随着 HTTP 的普及，文档中包含大量图片的情况越来越多。在上面非持续连接的情况下，当浏览器浏览一个包含多张图片的 HTML 页面时，每次请求都会造成无谓的 TCP 连接建立和断开，增加通信量的开销。

为解决上述问题，HTTP/1.1 和一部分的 HTTP/1.0 提出了持续连接的方法。持续连接规定，只要任意一端没有明确提出断开连接，则保持 TCP 连接状态，多次的请求/响应在同一个连接上进行。

持续连接有两种工作方式：非流水线方式和流水线方式。

非流水线方式是客户在收到前一个响应后才能发出下一个请求。流水线方式是客户在收到 HTTP 响应报文之前就可以接着发送新的请求报文，服务器可连续返回响应报文。

基于上面的例子，非持续连接和持续连接实现过程如图 11-3 所示。

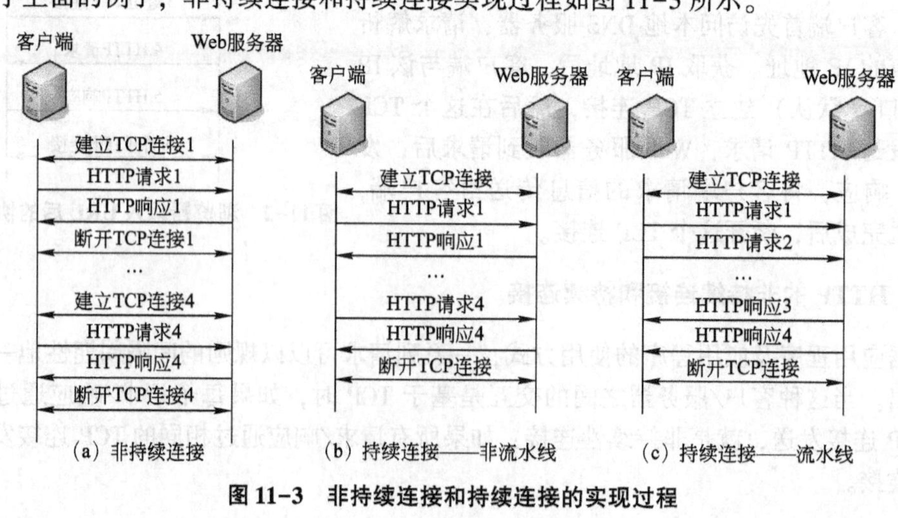

图 11-3　非持续连接和持续连接的实现过程

11.2.3　HTTP 的报文格式

HTTP 有两类报文：请求报文，从客户端向服务器发送请求报文，格式如图 11-4（a）所示；响应报文，从服务器返回给客户端的应答，格式如图 11-4（b）所示。

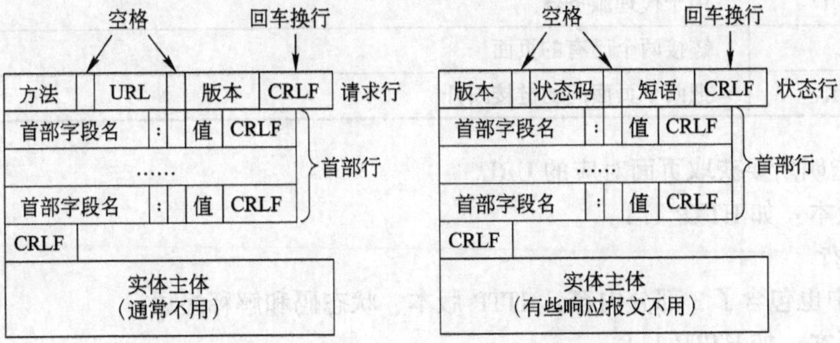

（a）请求报文　　（b）响应报文

图 11-4　HTTP 的报文格式

HTTP 是面向正文的，因此报文中每一个字段的值都是一些 ASCII 码串，每个字段的长度都是不确定的。

HTTP 请求报文和响应报文都是由开始行、首部行和实体主体 3 部分组成的。

开始行：报文的第一行，用于区分是请求报文还是响应报文。请求报文的开始行称为“请求行”，响应报文的开始行称为“状态行”。开始行的 3 个字段之间都以空格分隔开，结束用回车（CR）+换行（LF）表示。

首部行：说明浏览器、服务器或报文主体的一些信息。可以有多行，也可以不使用。每一个首部行都有首部字段名和它的值，首部字段名和值之间用“:”间隔，每一行结束用回车（CR）+换行（LF）表示。

实体主体：这是真正的数据部分，请求报文中一般不用，响应报文中也可能没有该字段。首部和实体主体之间要间隔一个空行。

1. 请求行

请求行中包含了 3 部分内容：方法、请求资源的 URL 和 HTTP 版本。

方法：指的是对所请求的对象进行的操作，这些方法实际上就是一些命令。请求报文的类型是由它所采用的方法决定的。表 11-1 给出了请求报文中常用的几种方法。

表 11-1　HTTP 请求报文的常用方法

方法	意义
OPTION	设置选项
GET	获取指定 URL 的数据
HEAD	获取指定 URL 的数据首部
POST	请求服务器接收 URL 指定文档作为可执行的信息
PUT	请求服务器保存客户端传送的数据到 URL 指定的资源

续表

方法	意义
DELETE	删除指明的 URL 所指定的资源
TRACE	用来进行环回测试的请求报文
CONNECT	用于代理服务器
LINCK	链接两个已有的页面
UNLINCK	把两个页面间的链接断开

URL：指明所要获取页面对应的 URL。

HTTP 版本：如 HTTP 1.1。

2. 状态行

状态行中也包含了 3 部分内容：HTTP 版本、状态码和解释短语。

HTTP 版本：如 HTTP 1.1。

状态码：是 3 位数字字符，表示操作的状态。

解释短语：对状态码含义的进一步解释。

HTTP 定义了 5 类状态码，其分类及各类中常见的状态码含义见表 11-2。

表 11-2　常见状态码及其短语

类别	含义	状态码	解释短语
1XX	收到了请求或正在进行处理	100	继续
		101	交换协议
2XX	成功	200	正确
		201	已创建
		202	接收
		204	无内容
3XX	重定向	300	多种选择
		301	永久移动
		302	暂时移动
		304	未被修改
4XX	客户端错误	400	错误请求
		401	未授权
		403	禁止
		404	未发现
5XX	服务器错误	500	内部服务错误
		501	未实现
		502	错误网关
		503	服务未提供

3. 首部行

HTTP 提供了流水线机制，要在传输数据前通告其长度；提供了选项协商机制，客户端和服务器可以把选项告诉对方；提供了条件请求机制，客户端可以把条件发送给对方；提供了高速缓存控制机制，客户端可以把缓存寿命设为 0 以获取最新的页面。

上述内容均放在 HTTP 报文的首部行部分。HTTP 常用首部的名称及含义见表 11-3。

表 11-3　HTTP 常用首部名称及含义

首部名称	含义	首部名称	含义
Content-length	主体长度，以字节为单位	Accept-encoding	指明客户端可接受的编码格式
Content-Type	主体的对象类型，如 text	Accept-Language	指明客户端可接受的语言
Content-encoding	主体使用的编码	Age	从最初创建开始，响应持续时长
Content-Language	主体使用的语言	Server	服务器程序软件名称和版本
Host	指定 www 服务器的名称	Expires	实体的过期时间
Connection	指定是否使用持久连接	Last-Modified	最后一次修改的时间
User-agent	客户端代理，浏览器版本	Cookie	客户端向服务器发送 cookie
Accept	通知服务器自己可接受的媒体类型	If-Modified-Since	自从指定的时间之后，请求的资源是否发生过修改
Accept-Charset	客户端可接受的字符集	If-Unmodified-Since	自从指定的时间之后，请求的资源是否未发生过修改
Referer	跳转至当前 URL 的前一个 URL	Authorization	向服务器发送认证信息，如账号和密码

下面给出几种报文实例，包括请求报文中的 GET、HEAD、POST 等方法，响应报文等的详细内容。

GET：用于使用给定的 URL 从服务器中检索信息，即从指定资源中请求数据。使用 GET 方法的请求应只是检索数据，并不对数据产生其他影响。

图 11-5 是一个 GET 方法请求报文实例。请求行中使用了相对 URL（省略了域名），因为下面的首部行中会给出域名。该请求报文的作用是请求 URL：http：//www. 191. cn/ favicon. ico 所指定的资源。

完整的请求行为：GET http：//www. 191. cn/favicon. ico HTTP/1. 1

首部行如下。

Host：www. 191. cn（服务器的域名）；

Connection：keep-alive（使用持续连接）；

User-Agent：Mozilla/5. 0（Windows NT 10. 0；WOW64）AppleWebKit/537. 36（KHTML, like Gecko）Chrome/86. 0. 4240. 198 Safari/537. 36（客户端代理）；

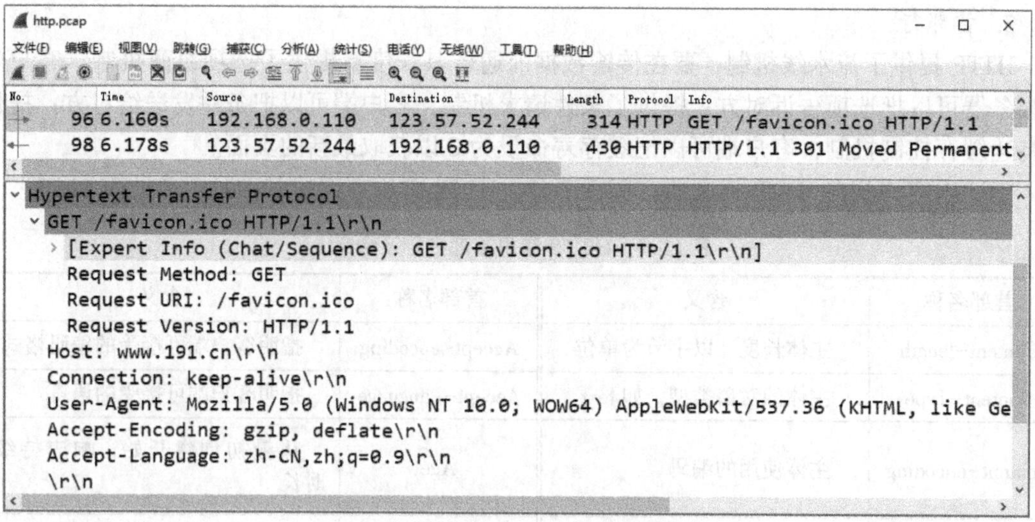

图 11-5　HTTP GET 方法请求报文

Accept-Encoding：gzip，deflate（客户端可接受的编码格式）；

Accept-Language：zh-CN，zh；q=0.9（客户端可接受的语言）。

空行；

HEAD：浏览器使用 HEAD 方式请求读取某个 Web 页面的头部。Web 页面头部包含了 Web 页面的题头、内容及一些属性信息。获取头部主要有以下两个用途。

(1) 测试 URL 的有效性。如果仅要测试某个 URL 指示的页面是否存在，则仅仅获取头部就可以了，这样可以减少通信数据量，提高效率。

(2) 用于搜索引擎。搜索引擎就是要在各个服务器存储的页面中搜索包含用户输入关键字的页面。

图 11-6 是一个 HEAD 方法请求报文实例。

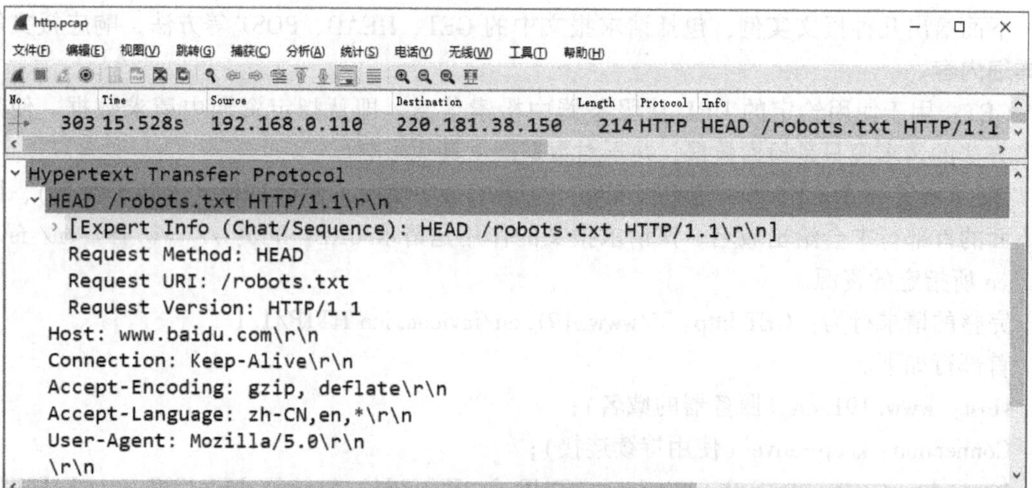

图 11-6　HTTP HEAD 方法请求报文

该请求报文的作用是请求 URL：http：//www. baidu. com/robots. txt 所标志的文档的首部。

完整的请求行为：HEAD www. baidu. com/robots. txt HTTP/1. 1

首部行如下。

Host：www. baidu. com（服务器的域名）；

Connection：Keep-Alive（使用持续连接）；

Accept-Encoding：gzip，deflate（客户端可接受的编码格式）；

Accept-Language：zh-CN，en，*（客户端可接受的语言）；

User-Agent：Mozilla/5. 0（客户端代理）；

空行；

POST：向指定资源提交数据进行处理请求（如提交表单或上传文件）。POST 请求可能会导致新的资源的建立或已有资源的修改。

图 11-7 是一个 POST 方法请求报文实例。该报文的作用是向 http：//s. f. 360. cn/scan/ 处上传数据。

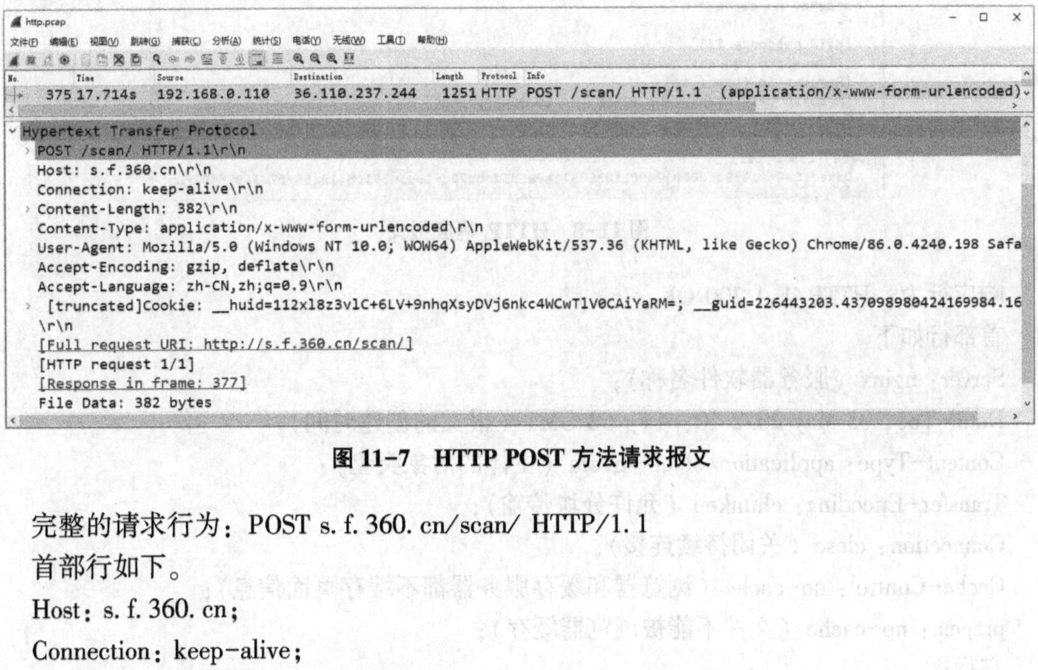

图 11-7　HTTP POST 方法请求报文

完整的请求行为：POST s. f. 360. cn/scan/ HTTP/1. 1

首部行如下。

Host：s. f. 360. cn；

Connection：keep-alive；

Content-Length：382（主体长度）；

Content-Type：application/x-www-form-urlencoded（主体对象类型）；

User-Agent：Mozilla/5. 0（Windows NT 10. 0；WOW64）AppleWebKit/537. 36（KHTML, like Gecko）Chrome/86. 0. 4240. 198 Safari/537. 36 QIHU 360SE；

Accept-Encoding：gzip，deflate；

Accept-Language：zh-CN，zh；q=0. 9；

Cookie：__huid = 112xl8z3vlC + 6LV + 9nhqXsyDVj6nkc4WCwTlV0CAiYaRM =；__guid = 226443203. 437098980424169984. 1643199984000. 7732；

__DC_gid=177231408.211994896.1644063004371.1649989384586.5;
Q=u%3D360H3368193031%26n%3D%26le%3D%26m%3DZGZ4W
（向服务器发送 Cookie）

空行；

实体主体：File Data：382 bytes；

响应报文—200 OK：表示成功接收请求并完成处理过程。

图 11-8 为响应码为“200 OK”的响应报文。

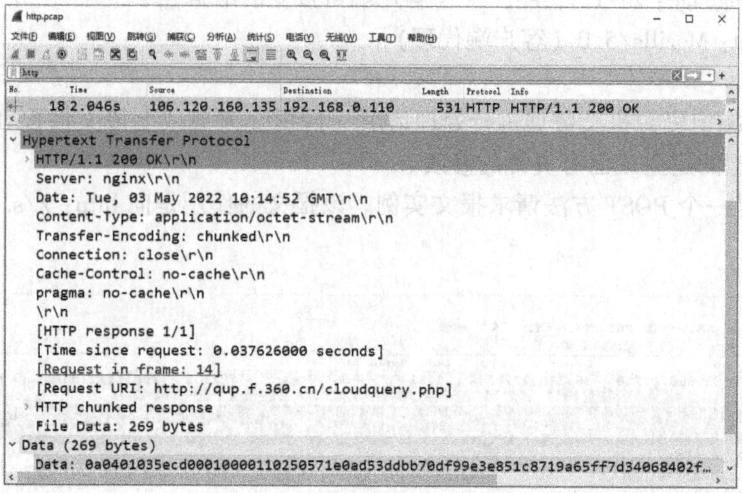

图 11-8　HTTP 响应报文

响应行为：HTTP/1.1 200 OK

首部行如下。

Server：nginx（服务器软件名称）；

Date：Tue，03 May 2022 10：14：52 GMT（报文的创建时间）；

Content-Type：application/octet-stream（主体的对象类型）；

Transfer-Encoding：chunked（允许分块传输）；

Connection：close（关闭持续连接）；

Cache-Control：no-cache（浏览器和缓存服务器都不缓存页面信息）；

pragma：no-cache（文件不能被浏览器缓存）；

空行；

实体主体：File Data：269 bytes；

Data：0a0401035ecd0001000011025057le0ad53ddbb70df99e3e851c8719a65ff7d34068402f…

11.3　代理服务器

代理服务器（proxy server）是一种网络实体，又称为万维网高速缓存。代理服务器通常位于 Web 服务器和客户端之间，扮演一种中间人的角色，在各个点之间传递 HTTP 报文，如果没有代理，HTTP 客户端和 HTTP 服务器进行直接对话。

代理服务器网络拓扑如图 11-9 所示。

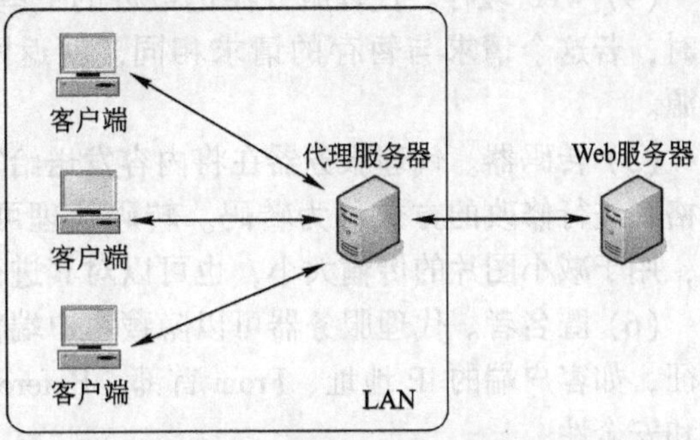

图 11-9　代理服务器网络拓扑

依据不同的协议，代理可以分为很多种，常用的有下面 3 种代理方式。

(1) HTTP 代理，是最常见到的一种代理方式，主要是代理浏览器进行页面访问。

(2) SOCKS 代理，SOCKS 代理的是 Socket，它支持 HTTP 、FTP 等多种类型请求。分为 SOCKS 4 和 SOCKS 5 两种类型，SOCKS 4 只支持 TCP，而 SOCKS 5 支持 TCP/UDP，还支持各种身份验证机制等协议。

(3) SSL 代理，SSL 代理也叫作 HTTPS 代理，为了保护敏感数据在传送中的安全性，越来越多的网站都采用 SSL 加密形式。

代理服务器的功能主要有以下几种。

(1) 网站过滤。代理服务器能够代替客户端访问目的网站，它有过滤功能，可以禁止一些网站的访问。

(2) 文档访问控制。可以使用代理服务器在大量的 Web 服务器和 Web 资源之间实现统一的访问控制，通常用在大型企业或分布式机构中。图 11-10 是 3 种拥有不同访问控制权限的客户端。

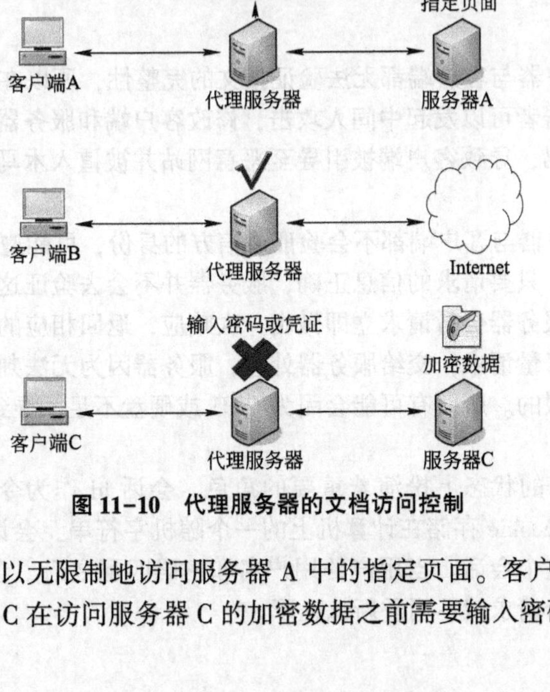

图 11-10　代理服务器的文档访问控制

其中，客户端 A 可以无限制地访问服务器 A 中的指定页面。客户端 B 可以无限制地直接访问互联网。客户端 C 在访问服务器 C 的加密数据之前需要输入密码或凭证。

（3）安全防火墙。代理服务器也可以充当防火墙的角色，用于限制或过滤数据的流入和流出，进行安全性检查等。

（4）Web 缓存。代理服务器把最近的一些请求和响应暂存在本地磁盘中，当新请求到达时，若这个请求与暂存的请求相同，就返回暂存的响应，不需要再次去互联网中访问资源。

（5）转码器。代理服务器在将内容发送给客户端之前，修改内容的主体格式，这种对数据格式进行修改的方式称为转码。转码代理可以在传输 GIF 图片时，将其转换为 JPEG 图片，用于减小图片的传输大小，也可以对其进行压缩等。

（6）匿名者。代理服务器可以隐藏客户端特征，匿名者代理会从 HTTP 报文中删除身份特征，如客户端的 IP 地址、From 首部、Referer 首部、cookie、URL 的会话 ID 等，提高私密性和安全性。

（7）反向代理。代理除了能够作为客户端之外，还能够作为服务器，这种方式被称为反向代理。对于客户端而言，反向代理服务器就相当于目的服务器，即客户端直接访问代理服务器就能够直接获得目的服务器的资源。

11.4 HTTP 的安全问题

HTTP 是一个明文传输协议，没有内置加密机制和完整性校验，而且是一个默认无状态协议。HTTP 存在很多安全隐患，下面介绍常见的几种安全问题。

1. 明文攻击

HTTP 采用明文方式传输数据，攻击者可使用嗅探工具进行网络嗅探，从传输过程中分析出敏感的数据，例如，管理员对 Web 程序后台的登录过程等，从而获取网站管理权限，进而渗透到整个服务器。

2. 中间人攻击

使用 HTTP 的服务器与客户端都无法验证报文的完整性，所以在通信过程中，报文有可能会被篡改。因此攻击者可以发起中间人攻击，修改客户端和服务器传输的数据，甚至在传输数据中插入恶意代码，导致客户端被引导至恶意网站并被植入木马。

3. 拒绝服务攻击

使用 HTTP 的服务器与客户端都不会验证通信方的身份，可能遭遇伪装。例如，在服务器接收到请求的时候，只要请求的信息正确，服务器并不会去验证这个请求是否由其对应的客户端发出。并且，服务器会对请求立即做出一次响应，返回相应的数据。

攻击者恶意进行海量请求，交给服务器处理，服务器因为无法判别，所以都要处理，服务器的处理能力是有限的。所以有可能会因为 CPU 或硬盘不足，导致系统崩溃。

4. 会话劫持

会话在维持 HTTP 的状态上扮演着重要的角色。会话 id 作为令牌唯一标识一个会话。通常，会话 id 是作为 cookie 存储在计算机上的一个随机字符串，会话 id 随着请求被送往服务器并用于唯一标识这个会话。当用户的用户名和密码匹配之后，会话 id 会存储在用户的浏览器里，这样下一个请求就不用重新认证了。

如果一个攻击者拿到了这个会话 id，他就会跟用户共享这个会话，同时也就能访问这个 Web 应用了。在会话劫持攻击中，攻击者甚至不用知道用户的用户名和密码就可以访问会话。

习题 11

1. 什么是 WWW 服务？

2. 在 Internet 上有一台 WWW 服务器，其域名为 www.center.edu.cn，IP 地址为 10.67.145.89，HTTP 服务器进程在默认端口监听。如果用户直接用服务器域名查看该 WWW 服务器的主页，那么客户端的 WWW 浏览器需要经过哪些步骤才能将主页显示在客户端的屏幕上？

3. 理解 HTTP POST 方法的用途，自己抓取 HTTP POST 报文，并分析 HTTP 的工作流程及报文格式。

4. 假定一个用户正在通过 HTTP 下载一个网页，该网页没有内嵌对象，TCP 协议的慢启动窗口门限值为 30 个分组的大小。该网页长度为 14 个分组的大小，用户主机到 WWW 服务器之间的往返时延 RTT 为 1 s。不考虑其他开销（如域名解析、分组丢失、报文段处理），分析在持续连接的流水线传输和非流水线传输两种情况下，用户下载该网页大概需要多少时间？

第12章　电子邮件系统

电子邮件（E-mail）是互联网上使用最多和最受欢迎的一种应用。通过网络的电子邮件系统，用户可以以非常低廉的价格、非常快速的方式，与世界上任何一个角落的网络用户联系。电子邮件可以是文字、图像、声音等多种形式。电子邮件的存在极大地方便了人与人之间的沟通与交流，促进了社会的发展。

12.1　电子邮件概述

电子邮件类似邮政系统，将邮件发送到收件人使用的邮箱服务器，并放在收件人的邮箱中，收件人可在自己方便时登录邮箱读取邮件，这相当于互联网为用户设置了存储邮件的信箱。

12.1.1　电子邮件的组成

一个电子邮件系统主要由3部分组成：用户代理、邮件服务器、邮件发送协议和接收协议，如图12-1所示。

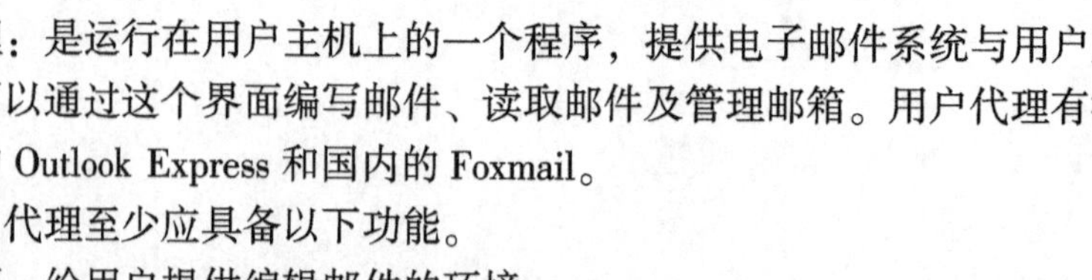

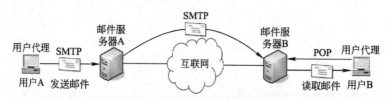

图12-1　电子邮件的主要组成

用户代理：是运行在用户主机上的一个程序，提供电子邮件系统与用户直接交互的图形界面。用户可以通过这个界面编写邮件、读取邮件及管理邮箱。用户代理有很多种，比较常见的有微软的Outlook Express和国内的Foxmail。

一个用户代理至少应具备以下功能。

（1）撰写。给用户提供编辑邮件的环境。

（2）显示。能方便地显示出邮件的内容，包括其中的图片、语音、视频。

（3）处理。用户能对邮件进行处理，包括删除、存盘、打印、转发、对邮件进行分类等。还可在接收邮件之前查看发件人和邮件长度，将不愿接收的邮件直接删除等。

（4）通信。包括发送邮件和接收邮件。发件人在将邮件撰写完成后，利用邮件发送协议将邮件发送到收件人所使用的邮箱。收件人使用邮件接收协议从本地邮箱读取邮件。

邮件服务器：功能是发送和接收邮件，同时还向发件人报告邮件传送的结果（已交付、被拒绝、丢失等）。邮件服务器基于客户/服务器模式工作，每个邮件服务器至少要使用两种协议，一种用于用户代理向本地邮件服务器发送邮件或两个邮件服务器之间发送邮件，如 SMTP；另一种用于用户代理从邮件服务器读取邮件，如 POP 3 或 IMAP。

邮件服务器既是客户端也是服务器。例如，当用户代理向本地邮件服务器发送邮件时，本地邮件服务器是 SMTP 服务器端，当本地邮件服务器向目的邮件服务器发送邮件时，本地邮件服务器又是 SMTP 客户端。或者当邮件反向传输时，客户和服务器的角色就互换了。

邮件发送协议和接收协议：RFC 文档给出的用于邮件发送和接收的标准协议。

电子邮件系统支持的协议有以下几种。

SMTP（simple mail transfer protocol）：简单邮件传送协议。

MIME（multipurpose internet mail extensions）：多用途 Internet 邮件扩充。

POP（post office protocol）：邮局协议，现在使用的是第 3 个版本 POP 3。

IMAP（internet message access protocol）：网际报文存取协议。

电子邮件的发送和接收使用不同的协议，发送使用 SMTP，接收使用 POP 3 或 IMAP。由于 SMTP 只能传送可打印的 7 位 ASCII 码，因此又发布了 MIME，MIME 可同时传送多种类型的数据（文本、声音、图像、视频等），MIME 作为 SMTP 的补充协议使用。

SMTP 和 POP 3（或 IMAP）都使用 TCP 连接可靠地传送邮件。

12.1.2　电子邮件的传输过程

一封邮件的发送和接收过程如下。

（1）发件人在用户代理上编辑邮件，并写清楚收件人的邮箱地址。

（2）用户代理根据发件人编辑的信息，生成一封符合邮件格式的邮件。

（3）用户代理把邮件发送到发件人的邮件服务器上，邮件服务器上有一个缓存队列，发送到邮件服务器上的邮件都会加入到缓存队列中，等待邮件服务器上的 SMTP 客户端进行发送。

（4）发送方邮件服务器的 SMTP 客户与接收方邮件服务器的 SMTP 服务器建立 TCP 连接，然后把缓存队列中的邮件依次发送出去。如果 SMTP 客户上有多个邮件发送给同一邮件服务器，可在同一个 TCP 连接上发送。如果客户端超过规定时间仍没有把邮件发送出去，发送邮件服务器要向用户通告这种情况。

（5）收件人的邮件服务器收到邮件后，把这封邮件放到收件人在这个服务器上的邮箱中。

（6）收件人使用用户代理来读取邮件。首先用户代理使用 POP 3（或 IMAP）协议来连接收件人所在的邮件服务器，身份验证成功后，用户代理就可以把邮件服务器上面的收件人邮箱里面的邮件读取出来，并展示给收件人。

12.1.3　邮箱地址及电子邮件格式

1. 邮箱地址

电子邮件系统规定的邮箱地址格式为：用户名@邮件服务器的域名。

“用户名”代表用户邮箱的账号，对于同一个邮件服务器来说，这个账号必须是唯一的。“@”是分隔符，读作 at，表示“在”的意思。“邮件服务器域名”，用以标志邮箱所在的位置。如 sxl@ abc. edu. cn。

2. 电子邮件的格式

一封电子邮件分为信封和内容两大部分。邮件内容又分为首部和主体两部分。RFC 822 规定了邮件的首部格式，而邮件的主体部分则让用户自由撰写。用户写好首部后，邮件系统自动地将信封所需的信息提取出来写在信封上，用户不需要亲自填写信封上的信息。

1）信封

信封部分包含发送电子邮件所需的信息，例如，目的地址、优先级和安全级别等。信封被邮件传送代理用于路由消息。

2）首部

邮件内容首部由一系列行组成。每个首部均是一行 ASCII 文本，由字段名称、冒号和值 3 部分组成。与邮件传输相关的主要首部字段如下。

发送至（To）：指定一个或多个收件人的邮箱地址。

主题（Subject）：邮件的主题，反映了邮件的主要内容。类似于文件名。

抄送（Cc）：把邮件副本发送到指定的邮箱。一封邮件如果抄送给多个收件人，则所有收件人都可以互相看到对方的电子邮件地址。

暗送（Bcc）：暗送邮件副本给指定的邮箱，收件人之间不会看到对方的邮箱地址。

来自（From）：指定发件人的电子邮箱地址。

日期（Date）：发送邮件的日期。

回复至（Reply-To）：指定对方回信所用的收件地址。这个地址可以与发件人发信时用的地址不同。

收到（Received）：指明发件人的身份、数据及收到邮件的时间。

消息 ID（Message-ID）：是邮件系统在首次创建邮件时分配的唯一字符串，通常标识发件人登录的系统。

3）主体

邮件的内容部分。

下面是一个简单的邮件示例。假设 sxl@ abc. edu. cn 向 xyz@ test. edu. cn 发送邮件，主题为“Hello”，内容为“It is a rainy day!”。（每行之间用“\r\n”间隔。）

信封形式如下：

MAIL From：<sxl@ abc. edu. cn>

RCPT To：<xyz@ test. edu. cn>

首部形式如下：

From："sxl" <sxl@ abc. edu. cn>

To：<xyz@ test. edu. cn>

Subject：Hello

Date：Fri，6 May 2022 18：46：17 +0800

Message-ID：<001c01d86136$83edaef0$8bc90cd0$@ abc. edu. cn>

MIME-Version：1. 0

X-Mailer：Microsoft Outlook 16. 0

此处有一空行

主体形式如下：

It is a rainy day!

12.2 简单邮件传送协议

SMTP 规定了在两个相互通信的 SMTP 进程之间交换信息的方法。SMTP 工作在两种情况下：一是电子邮件从客户机传输到服务器；二是从发送方服务器传输到接收方服务器。SMTP 使用客户/服务器方式，负责发送邮件的进程就是 SMTP 客户，负责接收邮件的进程是 SMTP 服务器。该协议使用知名端口 25。

SMTP 是一个基于文本（ASCII 码）的协议，客户与服务器之间采用命令/应答方式进行交互。SMTP 定义了 14 条命令和 21 种应答信息。每条命令都是一个 4 字符的串，后面带上相应的参数。每种应答都由一个 3 字符数字开始，后面跟上简单的文字说明。每条命令和应答都以<CRLF>（回车换行）结束。

表 12-1 给出了常用的 SMTP 命令及说明。

表 12-1 常用 SMTP 命令及说明

命令	参数	状态	描述
HELO/EHLO	<domin>	连接建立	与 SMTP 服务器建立连接，将发送者邮件地址发送给 SMTP 服务器
MAIL FROM	<reverse-path>	邮件传送	客户端将邮件发送者的名称传送给 SMTP 服务器
RCPT TO	<forward-path>	邮件传送	客户端将邮件接收者的名称传送给 SMTP 服务器
DATA		邮件传送	客户端将邮件主体内容传送给 SMTP 服务器
SEND FROM	<reverse-path>	邮件传送	开始一个发送命令，将邮件发送到一个或多个终端上
SOML FROM	<reverse-path>	邮件传送	将邮件内容传送到一个或多个终端上，或者传送到邮箱中
SAML FROM	<reverse-path>	邮件传送	将邮件内容传送到一个或多个终端上，并传送到邮箱中
RSET		邮件传送	取消客户端与 SMTP 服务器间的当前事务，释放与当前事务相关的内存
EXPN	<string>	邮件传送	标识邮件接收者列表
QUIT		释放连接	终止客户端与 SMTP 服务器间的连接

reverse-path：返回路径，为发送者邮件地址；forward-path：目的路径，为接收者邮件地址。

表 12-2 给出了常用的 SMTP 应答及说明。

表 12-2　常用 SMTP 应答及说明

类别	含义	应答码	描述
2XX	要求的操作已经完成，可以开始另一个新的请求	211	系统状态或系统帮助响应
		214	帮助信息
		220	参数<domain>，服务器就绪
		221	参数<domain>，服务关闭
		250	要求的邮件操作完成
		251	用户非本地，将转发向<forward-path>
3XX	命令被接受，但是要求的操作被中止，需要接收进一步的信息	354	开始邮件输入，以“.”结束
4XX	命令未被接受，要求的操作也未执行，但是发生错误的状态是暂时的，可以再一次请求操作	421	参数<domain>，服务器未就绪，关闭传输信道
		450	要求的邮件操作未完成，邮箱不可用（如邮箱忙）
		451	放弃要求的操作，处理过程中出错
		452	系统存储不足，要求的操作未执行
5XX	命令未被接受，要求的操作未完成，重复发送命令不起作用	500	命令无法识别
		501	参数格式错误
		502	命令不可实现
		503	错误的命令序列
		504	命令参数不可实现
		550	要求的邮件操作未完成，邮箱不可用（如邮箱未找到）
		551	用户非本地，请尝试<forward-path>
		552	过量的存储分配，要求的操作未执行
		553	邮箱名不可用，要求的操作未执行
		554	操作失败

SMTP 通信过程分为 3 个阶段：建立连接、邮件传送、释放连接。

下面就一个典型的发送邮件过程，说明命令和应答的使用情况。

1. 建立连接

① SMTP 客户每隔一定的时间对邮件缓存扫描一次，若发现有邮件，就使用 25 号端口与收件方的 SMTP 服务器建立 TCP 连接。

② 连接建立后，SMTP 服务器发出“220 Service ready”。

③ SMTP 客户向 SMTP 服务器发送 HELO 命令，并附上发送方主机名。

④ SMTP 服务器若有能力接收邮件，则回复“250 OK”，表示已准备好接收。否则，回

答“421 Service not available”。

2. 邮件传送

① SMTP 客户向服务器发送 MAIL FROM 命令，开始发送邮件，命令后跟发件人地址。

② 若 SMTP 服务器准备好接收邮件，则回答“250 OK”。否则，返回一个应答码，指明出错原因。

③ SMTP 客户发送一个或多个 RCPT TO 命令，其格式为 RCPT TO：<收信人地址>，指出信件要发送的目的地。对每个 RCPT TO 命令，若其后的邮箱在接收方系统中，则服务器回答“250 OK”。否则，回答“550 No such user here”。

④ 接着，SMTP 客户发送 DATA 命令，表示要开始发送邮件内容了。若能接收邮件，SMTP 服务器返回“354 send the mail data，end with .”。否则，返回“421（服务器不可用）”或“500（命令无法识别）”等。

⑤ SMTP 客户发送邮件内容，发送完毕，再发送<CR><LF>。若邮件收到了，则服务器返回“250 OK”，否则，返回一个差错代码。

3. 释放连接

邮件发送完毕后，SMTP 客户发送 QUIT 命令，服务器返回“221 Bye”。

断开 TCP 连接，结束邮件传输。

注意：<CR><LF>分别表示十六进制字符 0d、0a，即 \ r 和 \ n。

图 12-2 给出了一封邮件发送过程的 SMTP 抓包列表，因为 SMTP 是基于文本的，所以从抓包列表中的“Info”栏即可知相应报文的命令或应答情况。

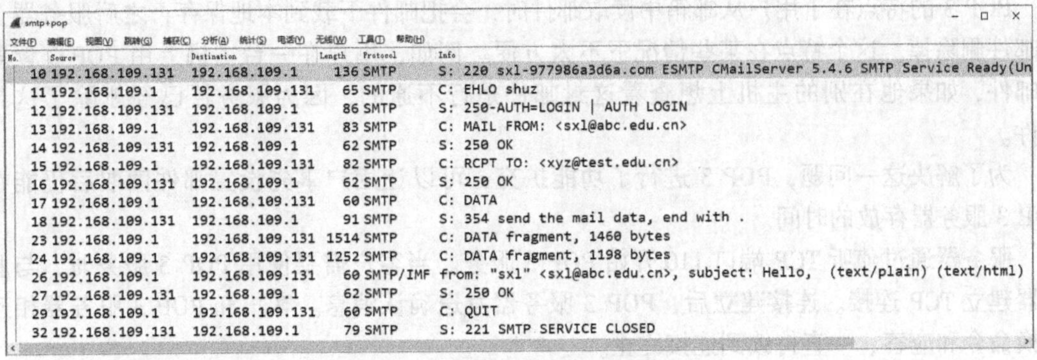

No.	Source	Destination	Length	Protocol	Info
10	192.168.109.131	192.168.109.1	136	SMTP	S: 220 sxl-977986a3d6a.com ESMTP CMailServer 5.4.6 SMTP Service Ready(Un
11	192.168.109.1	192.168.109.131	65	SMTP	C: EHLO shuz
12	192.168.109.131	192.168.109.1	86	SMTP	S: 250-AUTH=LOGIN | AUTH LOGIN
13	192.168.109.1	192.168.109.131	83	SMTP	C: MAIL FROM: <sxl@abc.edu.cn>
14	192.168.109.131	192.168.109.1	62	SMTP	S: 250 OK
15	192.168.109.1	192.168.109.131	82	SMTP	C: RCPT TO: <xyz@test.edu.cn>
16	192.168.109.131	192.168.109.1	62	SMTP	S: 250 OK
17	192.168.109.1	192.168.109.131	60	SMTP	C: DATA
18	192.168.109.131	192.168.109.1	91	SMTP	S: 354 send the mail data, end with .
23	192.168.109.1	192.168.109.131	1514	SMTP	C: DATA fragment, 1460 bytes
24	192.168.109.1	192.168.109.131	1252	SMTP	C: DATA fragment, 1198 bytes
26	192.168.109.1	192.168.109.131	60	SMTP/IMF	from: "sxl" <sxl@abc.edu.cn>, subject: Hello, (text/plain) (text/html)
27	192.168.109.131	192.168.109.1	62	SMTP	S: 250 OK
29	192.168.109.1	192.168.109.131	60	SMTP	C: QUIT
32	192.168.109.131	192.168.109.1	79	SMTP	S: 221 SMTP SERVICE CLOSED

图 12-2 SMTP 发送邮件过程抓包

No. 10：服务器发送应答“220 SMTP Service ready”，同时通告服务器名称：sxl-977986a3d6a. com ESMTP CMailServer 5. 4. 6。

No. 11：客户向服务器发送 EHLO 命令，客户主机名为：shuz。

关于 HELO 和 EHLO：HELO 是普通 SMTP，不带身份验证，可以伪造邮件。EHLO 是 ESMTP，带有身份验证，无法伪造。

No. 12：服务器返回应答“250-AUTH=LOGIN”，指明服务器支持的验证类型为 LOGIN。

No. 13：客户向服务器发送 MAIL FROM 命令，指明发件人邮箱地址为：<sxl@abc. edu. cn>。

No. 14：服务器返回应答“250 OK”。

No. 15：客户向服务器发送 RCPT TO 命令，指明收件人邮箱地址为：<xyz@ test. edu. cn>。

No. 16：服务器返回应答“250 OK”。

No. 17：客户向服务器发送 DATA 命令，通知服务器将要传输邮件内容。

No. 18：服务器返回应答“354 send the mail data，end with .”，通知客服端可以开始传数据了。

No. 23～24：客户端发送邮件内容。

No. 26：是以 IMF 格式给出的前面两个数据包合并后的全部内容。

No. 27：服务器返回应答“250 OK”。

No. 29：客户向服务器发送 QUIT 命令，请求释放 SMTP 连接。

No. 32：服务器返回应答“221 SMTP SERVICE CLOSED”。

12.3 邮局协议

邮局协议（POP）是一个非常简单、功能有限的邮件读取协议。现在使用的是第三个版本 POP 3（RFC 1939）。

POP 3 使用客户端/服务器模式，基于 TCP，使用知名端口号 110。

POP 3 服务器仅仅在用户身份得到认证后才允许对邮箱进行操作，认证使用用户名和口令。POP 3 定义了用户登录、退出、读取邮件和删除邮件的命令。

POP 3 的特点在于用户从邮箱中读取邮件时，会把邮件下载到本地保存，之后服务器会把邮件删除掉。这个特点在某些情况下不太方便。例如，用户在一台主机上用 POP 3 读取了邮件，如果他在别的主机上想查看这封邮件是行不通的，因为服务器已经删除了这封邮件。

为了解决这一问题，POP 3 进行了功能扩充，可以让用户事先设置邮件读取后仍能在 POP 3 服务器存放的时间。

服务器通过侦听 TCP 端口 110 开始 POP 3 服务。当客户需要使用 POP 3 服务时，与服务器建立 TCP 连接。连接建立后，POP 3 服务器发送确认消息。客户和 POP 3 服务器相互交换命令和应答，一直持续到连接终止。

命令一般都是一个 4 字符的串，后面带上相应的参数。每种应答都由状态码开始，后面跟上简单的文字说明，状态码有两种，“+OK”和“-ERR”。每条命令和应答都以<CRLF>（回车换行）结束。

表 12-3 给出了常用的 POP 3 命令及说明。

表 12-3 常用的 POP 3 命令及说明

命令	参数	状态	描述
USER	用户邮箱名	确认	将用户邮箱名称发送给 POP 3 服务器
PASS	口令	确认	将用户邮箱口令发送给 POP 3 服务器
STAT		处理	向 POP 3 服务器查询邮件总数和长度

续表

命令	参数	状态	描述
LIST		处理	请求服务器返回邮件数量和每个邮件的大小
UIDL		处理	请求服务器返回邮件的唯一标识符
RETR	邮件编号	处理	请求服务器返回由参数标识的邮件的全部文本
DELE	邮件编号	处理	请求服务器将由参数标识的邮件标记为删除
RSET		处理	请求服务器重置所有标记为删除的邮件，用于撤销 DELE 命令
TOP	邮件编号 *n*	处理	请求服务器返回由参数标识的邮件的前 *n* 行内容
QUIT		更新	删除具有“删除”标记的邮件，关闭连接

在 POP 3 协议中有 3 种状态：确认状态、处理状态和更新状态。

1. 确认状态

① 用户与 POP 3 服务器的 110 号端口建立 TCP 连接。

② 连接建立后，POP 3 服务器发出“+OK Service Ready”。

③ 客户发送 USER 命令，将用户邮箱名发送给 POP 3 服务器。如果邮箱名存在，POP 3 服务器返回应答“+OK welcome here”，否则返回差错应答。

④ 客户发送 PASS 命令，将用户邮箱口令发送给 POP 3 服务器。如果口令正确，服务器返回“+OK”，否则返回差错应答。

2. 处理状态

POP 3 服务器成功地确认了客户的身份后，进入处理状态。

① 客户发送 STAT 命令，请求服务器返回关于邮箱的统计资料，如邮件总数和总字节数。服务器返回“+OK 邮件总数 总字节数”。

② 客户发送 UIDL 命令，请求服务器返回邮件的唯一标识符。服务器返回“+OK”及邮件的唯一标识符。

③ 客户发送 LIST 命令，请求服务器返回邮件数量和每个邮件的大小。服务器返回“+OK”及每个邮件的邮件编号及字节数。

④ 客户发送 RETR 命令，请求服务器返回指定邮件的全部文本。服务器返回“+OK”及邮件的内容。

⑤ 客户发送 DELE 命令，请求服务器将指定邮件标记为删除。服务器返回“+OK”。

3. 更新状态

客户在处理状态下发送 QUIT 命令，会话进入更新状态（如果客户在确认状态下发送 QUIT，会话不进入更新状态）。服务器删除所有标记为删除的邮件，然后释放连接。如果会话因为 QUIT 命令以外的原因中断，会话并不进入更新状态，也不从服务器中删除任何信件。

图 12-3 给出了用户登录邮箱读取邮件时的 POP 3 协议抓包列表。

No. 93：服务器发送应答“+ OK POP3 Service Ready”，同时通告服务器名称：

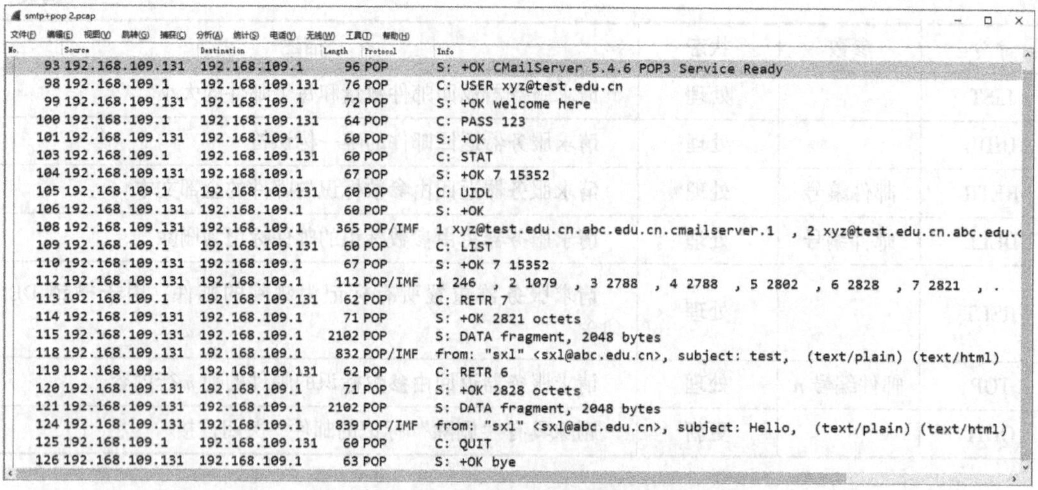

No.	Source	Destination	Length	Protocol	Info
93	192.168.109.131	192.168.109.1	96	POP	S: +OK CMailServer 5.4.6 POP3 Service Ready
98	192.168.109.1	192.168.109.131	76	POP	C: USER xyz@test.edu.cn
99	192.168.109.131	192.168.109.1	72	POP	S: +OK welcome here
100	192.168.109.1	192.168.109.131	64	POP	C: PASS 123
101	192.168.109.131	192.168.109.1	60	POP	S: +OK
103	192.168.109.1	192.168.109.131	60	POP	C: STAT
104	192.168.109.131	192.168.109.1	67	POP	S: +OK 7 15352
105	192.168.109.1	192.168.109.131	60	POP	C: UIDL
106	192.168.109.131	192.168.109.1	60	POP	S: +OK
108	192.168.109.131	192.168.109.1	365	POP/IMF	1 xyz@test.edu.cn.abc.edu.cn.cmailserver.1 , 2 xyz@test.edu.cn.abc.edu.c
109	192.168.109.1	192.168.109.131	60	POP	C: LIST
110	192.168.109.131	192.168.109.1	67	POP	S: +OK 7 15352
112	192.168.109.131	192.168.109.1	112	POP/IMF	1 246 , 2 1079 , 3 2788 , 4 2788 , 5 2802 , 6 2828 , 7 2821 , .
113	192.168.109.1	192.168.109.131	62	POP	C: RETR 7
114	192.168.109.131	192.168.109.1	71	POP	S: +OK 2821 octets
115	192.168.109.131	192.168.109.1	2102	POP	S: DATA fragment, 2048 bytes
118	192.168.109.131	192.168.109.1	832	POP/IMF	from: "sxl" <sxl@abc.edu.cn>, subject: test, (text/plain) (text/html)
119	192.168.109.1	192.168.109.131	62	POP	C: RETR 6
120	192.168.109.131	192.168.109.1	71	POP	S: +OK 2828 octets
121	192.168.109.131	192.168.109.1	2102	POP	S: DATA fragment, 2048 bytes
124	192.168.109.131	192.168.109.1	839	POP/IMF	from: "sxl" <sxl@abc.edu.cn>, subject: Hello, (text/plain) (text/html)
125	192.168.109.1	192.168.109.131	60	POP	C: QUIT
126	192.168.109.131	192.168.109.1	63	POP	S: +OK bye

图 12-3　POP 3 协议读取邮件过程抓包

CMailServer 5. 4. 6。

No. 98：客户向服务器发送 USER 命令，客户邮箱名为：xyz@ test. edu. cn。

No. 99：服务器返回应答“+OK welcome here”。

No. 100：客户向服务器发送 PASS 命令，客户邮箱口令为：123。

No. 101：服务器返回应答“+OK”。

No. 103：客户向服务器发送 STAT 命令。

No. 104：服务器返回应答“+OK 7 15352”，通知用户一共有 7 个邮件，共 15 352 字节。

No. 105：客户向服务器发送 UIDL 命令。

No. 106：服务器返回应答“+OK”。

No. 108：服务器继续返回每个邮件的唯一标识符，分别为 1～7。

No. 109：客户向服务器发送 LIST 命令。

No. 110：服务器返回应答“+OK 7 15352”。

No. 112：服务器继续返回每个邮件的标识符及长度。分别为：

1　246、2　1079、3　2788、4　2788、5　2802、6　2828、7　2821。

No. 113：客户向服务器发送 RETR 命令，指明返回标识符为 7 的邮件内容。

No. 114：服务器返回应答“+OK 2821 octets”，指明标识符为 7 的邮件包含 2 821 字节。

No. 115：服务器继续返回邮件内容。

No. 119～121：查看标识符为 6 的邮件内容。过程同上。

No. 125：客户向服务器发送 QUIT 命令，进入更新状态。

No. 126：服务器返回应答“+OK bye”。

12. 4　网际报文存储协议

IMAP 是斯坦福大学在 1986 年开发的一种邮件获取协议。当前的权威定义是 RFC 3501。

IMAP 也是基于 TCP 协议，采用客户/服务器模式，使用的端口是 143。它与 POP 3 协议的主要区别是用户可以不用把所有的邮件全部下载，可以通过客户端直接对服务器上的邮件进行操作。

使用 IMAP 时，用户在主机上运行 IMAP 客户程序，与接收方的邮件服务器的 IMAP 服务器程序建立 TCP 连接。用户在自己的计算机上远程操纵邮件服务器上的邮箱，所以 IMAP 是一个联机协议。

IMAP 比 POP 3 复杂得多，其主要特点如下。

(1) 支持连接和断开两种操作模式。使用 POP 3 时，客户端只会在一段时间内连接到服务器，下载完所有新邮件后，客户端即断开连接。在 IMAP 中，只要用户界面是活动的或下载邮件内容是需要的，客户端就会一直连接服务器。对于有很多或很大邮件的用户来说，使用 IMAP 模式可以获得更快的响应时间。

(2) 支持多个客户同时连接到一个邮箱。POP 3 协议假定邮箱当前的连接是唯一的。相反，IMAP 协议允许多个用户同时访问邮箱，同时提供一种机制让客户能够感知其他当前连接到这个邮箱的用户所做的操作。

(3) 支持访问消息中的 MIME 部分和获取部分信息。几乎所有的 Internet 邮件都是以 MIME 格式传输的。MIME 允许消息包含一个树型结构，这个树型结构的叶节点都是单一内容类型。IMAP 协议允许客户端获取任何独立的 MIME 部分和获取信息的一部分或全部。这些机制使得用户无须下载附件就可以浏览消息内容或在获取内容的同时进行浏览。

(4) 支持在服务器保留消息状态。通过使用在 IMAP 协议中定义的标志，客户端可以跟踪消息状态，如邮件是否被读取、回复或删除。这些标识存储在服务器，所以多个客户在不同时间访问一个邮箱可以感知其他用户所做的操作。

(5) 支持在服务器上访问多个邮箱。IMAP 客户端可以在服务器上创建、重命名或删除邮箱。支持多个邮箱，允许服务器提供对于共享和公共文件夹的访问。

(6) 支持服务器端搜索。IMAP 提供了一种机制给客户，使客户可以要求服务器搜索匹配多个标准的信息。在这种机制下，客户端无须下载邮箱中所有信息来完成这些搜索。

(7) 支持一个定义良好的扩展机制。吸取早期 Internet 协议的经验，IMAP 的扩展定义了一个明确的机制。

无论使用 POP 3 还是 IMAP 来获取消息，客户端均使用 SMTP 协议来发送消息。

12.5　通用互联网邮件扩充

SMTP 有以下缺点。

(1) SMTP 不能传送可执行文件或其他的二进制文件。

(2) SMTP 仅限于传送 7 位 ASCII 码。

(3) SMTP 服务器拒绝传送超过一定长度的邮件。

(4) 某些 SMTP 的实现并没有完全按照 SMTP 的互联网标准。

在此情况下，提出了通用互联网邮件扩充 MIME。MIME 并没有改变或取代 STMP，而是在原来邮件格式的基础上，增加了邮件主体的结构，定义了传送非 ASCII 码的编码规则。

MIME 主要包括以下 3 方面的内容。

（1）加入 5 个新的邮件首部字段，可包含在原来的首部中，提供了邮件主体的相关信息。

（2）定义了传送编码，可以将任意格式的数据转化为 ASCII 码。

（3）定义了许多邮件内容的格式，并对多媒体电子邮件的表示方法进行了标准化。

1. 新的首部字段

下面是 MIME 增加的 5 个新的邮件首部的名称及含义。

（1）MIME-Version：表示 MIME 的版本号，现在的版本号是 1.0。

（2）Content-Description：这是一个可选的首部。说明此邮件主体是否是图像、音频或视频。

（3）Content-ID：邮件的唯一标识符。

（4）Content-Transfer-Encoding：传输数据时，对邮件主体的编码方式。

（5）Content-Type：说明邮件主体的数据类型和子类型。

2. 内容传送编码

对于不同类型的数据，MIME 使用不同的编码方式。下面介绍 3 种常用的内容传送编码。

1）7 位 ASCII 码

如果邮件内容仅包含 7 位 ASCII 码文本，MIME 对此不进行转换。

2）quoted-printable

适用于所传输的数据只有少量的非 ASCII 码，如汉字。其编码规则如下：

对于所有可打印的 ASCII 码，除特殊字符“=”外，都不改变。

对于“=”、不可打印的 ASCII 码和非 ASCII 码，先将每个字节的二进制代码用两个十六进制数字表示，然后在前面加上一个“=”。例如，汉字“协议”的二进制码是：11010000 10101101 11010010 11101001（共 32 位，4 个字节都不是 ASCII 码），其十六进制表示为：D0ADD2E9。用 quoted-printable 编码表示为“=D0=AD=D2=E9”，这 12 个字符都是可打印的 ASCII 码字符，总长度变为 96 位。而“=”的二进制编码为 00111101，十六进制为 3D，则“=”的 quoted-printable 编码为“=3D”。

3）base 64

对于任意长度的二进制文件，使用 base64 编码方法：先将二进制编码划分为 24 位一组（如果不够 24 位，用“=”补齐，一个“=”是 8 位），然后将每个 24 位划分为 4 个 6 位组。用以下方法将 6 位组转化为 ASCII 码，6 位的二进制码可以表示 0～63 共 64 个数字。用 A～Z 表示 0～25、用 a～z 表示 26～51、用 0～9 表示 52～61、用“+”表示 62、用“/”表示 63。

还是用“协议”二字为例，二进制编码为：11010000 10101101 11010010 11101001，划分 24 位分组，最后一组只有 8 位，用“==”补齐后为：

11010000 10101101 11010010 11101001 00111101 00111101

划分成 6 位分组为：

110100　001010　110111　010010　111010　010011　110100　111101

对应的数字为：52　10　55　18　58　19　52　61

对应的 base 64 编码为：0J3R6S09

最后发送的是这 8 个字符的 ASCII 码，为 64 位。

由此可见，使用内容传送编码后，就可以把任意数据编码成 ASCII 码的形式。也就是说，引入 MIME 后，不必更改传输协议就可以传输包含任意数据类型的邮件。

3. 内容类型

内容类型描述了邮件中包含哪些数据，如文本、图片、音频、视频等。

MIME 规定 Content-Type 的说明要包含类型（type）和子类型（subtype）两部分，中间用“/”分开。MIME 定义了 7 种基本内容类型和 15 种子类型，见表 12-4。除了标准类型外，MIME 允许发件人和收件人自己定义专用的内容类型，并以“X-”开头。

表 12-4 MIME 内容类型和子类型

内容类型	子类型举例	说明
text（文本）	plain，html，xml，css	不同格式的文本
image（图像）	gif，jpeg，tiff	不同格式的静止图像
audio（音频）	basic，mpeg，mp4	不同格式的音频数据
video（视频）	mpeg，mp4，quicktime	不同格式的动态影像数据
model（模型）	vrml	3D 模型
application（应用）	octet-stream，pdf，javascript，zip	不同应用程序产生的数据
message（报文）	http，rfc822	封装的报文
multipart（多部分）	mixed，alternative，parallel，digest	多种类型的组合

MIME 内容类型中的“multipart”，使得一个邮件中包含不同内容成为可能。MIME 标准为 multipart 定义了 4 种子类型，每个子类型都提供重要功能。

（1）mixed 子类型：允许单个邮件含有相互独立的子部分。如果一封邮件中含有附件，那邮件的 Content-Type 域中必须定义 multipart/mixed 类型，后面添加一个关键字“boundary =”，定义的 boundary 标识将附件内容同邮件其他内容分成不同的段。基本格式如下：

Content-Type：multipart/mixed；boundary =“{分段标识}”

当一行以两个连字符“--”开始，后面跟上“{分段标识}”，就表示另一个子报文的开始。

（2）alternative 子类型：允许单个邮件含有同一数据的多种表示。MIME 邮件可以传送超文本内容，但出于兼容性的考虑，一般在发送超文本格式内容的同时会同时发送一个纯文本内容的副本，如果邮件中同时存在纯文本和超文本内容，则邮件需要在 Content-Type 域中定义 multipart/alternative 类型，邮件通过其 boundary 中的分段标识将纯文本、超文本和邮件的其他内容分成不同的段。基本格式如下：

Content-Type：multipart/alternative；boundary =“{分段标识}”

（3）parallel 子类型：允许单个邮件含有可同时显示的各个子部分，如视频和声音同时播放。

（4）digest 子类型：允许单个邮件含有一系列其他邮件。

下面是 MIME 邮件示例。还是 sxl@ abc. edu. cn 向 xyz@ test. edu. cn 发送邮件，主题为“Hello”，内容为“It is a rainy day!”。

```
From：" sxl" <sxl@ abc. edu. cn>
To：<xyz@ test. edu. cn>
Subject：Hello
Date：Sat，7 May 2022 00：44：03 +0800
Message-ID：<000001d86168 $7ee8f900 $7cbaeb00 $@ abc. edu. cn>
MIME-Version：1. 0
Content-Type：multipart/alternative；
boundary=" ----=_ NextPart_ 000_ 0001_ 01D861AB. 8D0CD540"

------=_ NextPart_ 000_ 0001_ 01D861AB. 8D0CD540
Content-Type：text/plain；charset=" us-ascii"
Content-Transfer-Encoding：7bit
It is a rainy day!

------=_ NextPart_ 000_ 0001_ 01D861AB. 8D0CD540
Content-Type：text/html；charset=" us-ascii"
Content-Transfer-Encoding：quoted-printable
……
It is a rainy day!
------=_ NextPart_ 000_ 0001_ 01D861AB. 8D0CD540
```

在上面邮件中，邮件首部 Content-Type 域定义为 multipart/alternative，随后用 boundary 标志符分隔开了同一数据的两种格式：text/plain 和 text/html。

12.6 基于万维网的电子邮件

前面介绍的电子邮件的发送和接收，都是用户在计算机上安装的用户代理来完成的。使用用户代理时，发送邮件使用的是 SMTP，接收邮件使用的是 POP 3 或 IMAP。

除了使用用户代理外，还可以使用基于万维网的电子邮件 Web mail。几乎所有的著名网站、大学、公司等都提供了 Web mail。

Web mail 的好处是，在任何一台计算机上，都可以通过浏览器收发电子邮件，不需要安装用户代理。浏览器可以向用户提供非常友好的电子邮件界面。

因为浏览器浏览信息使用的是 HTTP，所以，浏览器发送和接收邮件使用的也是 HTTP，如图 12-4 所示。

一个邮件服务器，通常既支持用户代理又支持 Web mail，所以，邮件服务器要同时支持 HTTP、SMTP、POP 3 或 IMAP。

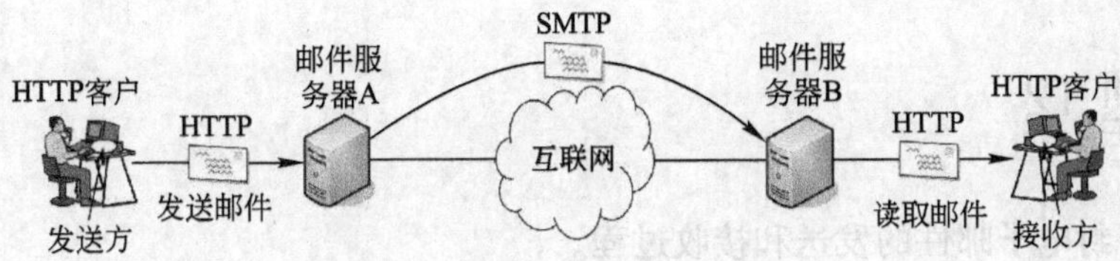

图 12-4　基于万维网的电子邮件

12.7　电子邮件的安全问题

由于 SMTP、POP 3 或 IMAP 等协议在设计之初只考虑了使用的便利性和功能性，并没有考虑到安全性，因此出现了各种各样的安全隐患。

1. 窃听攻击

电子邮件的发送采用 SMTP，SMTP 使用简单的 ACSII 码文本命令进行邮件的传输，传输的数据没有经过任何加密，攻击者可以在电子邮件数据包发送途中把它截获下来，就可获得这些邮件包含的敏感信息，然后按照数据包的顺序重新还原成为原始文件。

2. 用户代理的安全漏洞

用户代理软件的设计缺陷也会造成电子邮件的安全漏洞，如微软的 Outlook 和 Outlook Express，功能强大，有相当多的使用者。但它们可能传播病毒和木马程序。病毒通常是把自己作为附件发送给被攻击者，一旦被攻击者打开了病毒邮件的附件，病毒就会感染其计算机，然后自动打开 Outlook 的地址簿，将自己发送到被攻击者地址簿上的每一个电子邮箱中。电子邮件客户端程序的一些 bug 也常被攻击者利用来传播电子邮件病毒。

3. 垃圾邮件

垃圾邮件是指向他人电子邮箱发送的未经用户准许、不受用户欢迎的、难以退掉的电子邮件。垃圾邮件的常见内容包括：商业或个人网站广告、赚钱信息、成人广告、电子杂志等。垃圾邮件的影响有：①占用网络带宽，造成邮件服务器拥塞，降低了整个网络运行的速率；②侵犯收件人的隐私权，耗费收件人的时间和精力，占用收件人邮箱空间；③严重影响 ISP 的形象；④骗人钱财、传播色情、发布反动言论等内容的垃圾邮件，已经对现实社会造成危害；⑤被黑客利用成为网络攻击的工具。

4. 邮件炸弹

邮件炸弹是指邮件发送者通过发送巨大的垃圾邮件使对方电子邮件服务器空间溢出，从而造成无法接收电子邮件，或者利用特殊的电子邮件软件在很短的时间内连续不断地将邮件发送给同一个邮箱，导致该收件箱不堪重负，最终“爆炸身亡”。邮箱被占满后，如果不及时清理，将导致所有发给该用户的电子邮件被退回。邮件炸弹还会大量消耗网络资源，导致网络拥塞，使大量的用户不能正常使用。

习题 12

1. 简述一封电子邮件的发送和接收过程。

2. 使用 Cmail 或其他软件配置 SMTP 和 POP 3 服务器，用 Outlook 或其他客户端应用，发送和接收邮件。用 Wireshark 抓包，分析 SMTP 和 POP 3 的报文格式。

3. 什么是 URL？查资料了解一下 URI 与 URL 的区别。

4. MIME 与 SMTP 的关系是什么？

5. 基于万维网的电子邮件和基于用户代理的电子邮件在传输过程中有何不同？

第13章　文件传送协议

文件传送协议（file transfer protocol，FTP）是另一个常见的应用程序，它是用于文件传送的互联网标准。FTP提供交互式的访问，允许客户指明文件的类型与格式，允许文件有存取权限。由FTP提供的文件传送是将一个完整的文件从一个系统复制到另一个系统中。本章将介绍FTP与简单文件传送协议TFTP的相关内容。

13.1　FTP概述

FTP曾是互联网上使用最为广泛的文件传送协议，在互联网发展的早期，用FTP传送文件占整个互联网通信量的三分之一，直到1995年，WWW的通信量才超过了FTP。

互联网的基本功能之一就是信息共享，但由于众多网络产品的不兼容性，两台主机之间传送文件变得很复杂，面对的困难如下。

（1）计算机存储数据的格式、文件的目录结构和命名方式不同。

（2）在不同的操作系统中，文件存取命令、访问控制方法不同。

FTP屏蔽了各计算机系统的细节，在传输时，传输双方的操作系统、磁盘文件系统可以不同。FTP支持有限数量的文件类型和文件结构。

1. 文件类型

（1）ASCII码文件类型（默认选择）。发送方把内部字符表示的数据转换成标准的8位NVT ASCII码表示。接收方把数据从标准的ASCII码格式转换成自己内部的表示形式。

（2）EBCDIC文件类型（广义二进制编码的十进制交换码）。该文本文件传输方式要求两端都是EBCDIC系统。在一个EBCDIC的文件里，每个字母或数字字符都被表示为一个8位的二进制数。

（3）图像文件类型（也称为二进制文件类型）。数据以连续的位传输，并打包成8位的传输字节。接收方必须以连续的位存储数据。图像格式用于有效地传送和存储二进制文件。

（4）本地文件类型。该方式在具有不同字节大小的主机间传输二进制文件。每一字节的位数由发送方规定。对使用8位的系统来说，本地文件以8位传输就等同于图像文件传输。

2. 数据结构

（1）文件结构（file structure）。文件被认为是一个连续的字节流，不存在内部的文件结构。如果没有使用STRUcture指令，文件结构就被假定是默认的。

（2）记录结构（record structure）。记录结构必须被所有的FTP实现以“文本”文件（ASCII或EBCDIC类型的文件）的方式承认。记录结构的文件由连续的记录组成。

（3）页结构（page structure）。文件被划分为页，每页有页号和页头，可以进行随机存取或顺序存取。

3. 传输模式

规定文件在数据连接中如何传输。FTP 的传送模式有流模式、块模式和压缩模式。

（1）流模式（默认选择）。数据以字节流的形式传送。对于文件结构，发送方在文件末尾提示关闭数据连接。对于记录结构，有专用的两字节序列码标志记录结束和文件结束。

（2）块模式。文件以块形式传送，每块前面都带有一个或多个首部字节。首部字节包括 16 位计数域和 8 位描述子代码。计数域指出了数据块的总长度。描述子代码定义了：文件的最后块（EOF），记录的最后块（EOR），重新开始标记或可疑数据。

（3）压缩模式。压缩连续出现的相同字节。在 ASCII 或 EBCDIC 文件中，主要用来压缩空白串，在二进制文件中用来压缩全 0 字节。

13.2 FTP 的工作原理

13.2.1 FTP 的进程模型

FTP 基于 TCP，采用客户/服务器模式。一个 FTP 服务器允许多个客户端同时访问。FTP 服务器开放一个主进程等待客户端的连接请求，请求到来后，它会创建从属进程，负责与这个客户端通信。从属进程有两种：控制进程和数据传输进程。控制进程负责接收和处理来自客户的控制连接。数据传输进程用于建立数据连接。因此，整个通信模型中包含 3 类进程和两类连接。

（1）服务器主进程，监听 21 号端口，等待客户端连接请求，并创建从进程。

（2）控制从进程，对应控制连接。整个会话过程中一直保持打开，用于传输命令，常用端口为 21。

（3）数据传输从进程，对应数据连接。需要传送文件时创建，负责传输数据。常用端口为 20。

FTP 进程模型如图 13-1 所示。

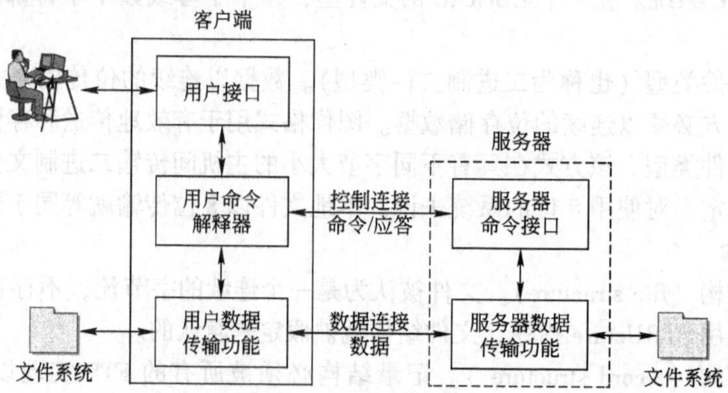

图 13-1 FTP 进程模型

FTP 的工作流程如下。

(1) FTP 服务器打开 21 号端口，监听客户端的连接请求。

(2) 当客户端要访问 FTP 服务器时，与 FTP 服务器的 21 号端口建立 TCP 连接，此连接为控制连接，用于在客户和服务器之间传输命令和应答。如客户的身份认证、数据传输模式的选择、文件传输请求等都在控制连接上进行。

(3) 当服务器控制进程收到客户端的文件传输请求后，在新的端口上（主动模式为 20、被动模式随机）与客户端建立 TCP 连接，这个连接是数据连接，服务器和客户端的文件传输在数据连接上进行。

(4) 文件传输结束后，断开数据连接。

(5) 整个会话结束后，断开控制连接。

注意：如果客户端请求多个文件时，要为每个文件建立一个数据连接，但控制连接只有一个。

13.2.2　FTP 的命令与应答

FTP 客户与服务器之间采用命令/应答方式进行交互，命令和应答在控制连接上以 NVT ASCII 码形式传送。每条命令都是一个 3 或 4 字符的串，后面带上相应的参数。每种应答都由一个 3 字符数字开始，后面跟上简单的文字说明。每条命令和应答都以<CRLF>（回车换行）结束。

表 13-1 给出了常用的 FTP 命令及说明。

表 13-1　常用的 FTP 命令

命令	参数	描述
ABOR		异常中断数据连接程序
ACCT	account	系统特权账号
CWD	dirpath	改变服务器上的工作目录
DELE	filename	删除服务器上的指定文件
FEAT		列出所有的扩展命令与扩展功能
LIST	name	列表显示文件或目录
MODE	mode	传输模式（S=流模式，B=块模式，C=压缩模式）
MKD	directory	在服务器上建立指定目录
PASS	password	系统登录密码
PASV		等待数据连接的请求服务
PORT	address，n1，n2	指定 IP 地址和两字节的端口 ID
PWD		显示当前工作目录
QUIT		从 FTP 服务器上退出登录
RETR	filename	从服务器上复制指定文件到客户端

续表

命令	参数	描述
RMD	directory	在服务器上删除指定目录
STOR	filename	储存（复制）文件到服务器上
SYST		返回服务器使用的操作系统
TYPE	datatype	文件类型（A=ASCII，E=EBCDIC，I=binary）
USER	username	系统登录的用户名

表 13-2 给出了常用的 FTP 应答码及说明。

表 13-2　FTP 应答码及描述

应答码	描述	应答码	描述
110	新文件指示器上的重启标记	332	要求账号
120	在短时间内服务器准备就绪	350	文件行为暂停
125	数据连接已打开，传输开始	421	服务关闭
150	文件 OK，数据连接将在短时间内打开	425	无法打开数据连接
200	命令成功	426	结束连接
202	命令没有执行	450	文件不可用
211	系统状态回复	451	遇到本地错误
212	目录状态回复	452	磁盘空间不足
213	文件状态回复	500	无效命令
214	帮助信息回复	501	错误参数
215	系统类型回复	502	命令没有执行
220	服务器准备就绪	503	错误指令序列
221	退出 FTP 服务	504	无效命令参数
225	打开数据连接	530	登录 FTP 服务失败
226	结束数据连接	532	需要存储文件说明
227	进入被动模式	550	文件不存在
230	成功登录 FTP 服务	551	不知道的页类型
250	完成的文件行为	552	超过分配的存储空间
257	路径名建立	553	文件名不允许
331	要求密码		

13.2.3　FTP 的数据传输

FTP 在数据连接上传输数据，数据连接有以下 3 个用途。

(1) 从客户向服务器发送一个文件。

(2) 从服务器向客户发送一个文件。

(3) 从服务器向客户发送文件列表或目录列表。

数据连接是在传输数据时建立的，根据数据连接端口号的选择方式及由谁主动发起连接，将数据连接的建立分为两种模式：主动模式和被动模式。

1. 主动模式

主动模式也称为 PORT 模式，是 FTP 最初定义的数据连接建立方式。主要步骤如下。

(1) 客户端随机选择一个端口，连接 FTP 服务器的 21 号端口，建立控制连接。

(2) 客户端向 FTP 服务器发送 PORT 命令，告诉服务器该客户端用于传输数据的临时端口号。PORT 命令的格式为：PORT n1，n2，n3，n4，n5，n6。其中前四个参数指明了客户端的 IP 地址：n1. n2. n3. n4，后两个参数指明了客户端使用的临时端口号：n5×256 + n6。

(3) 当需要传输数据时，服务器通过 TCP 的 20 号端口与客户端的临时端口建立数据连接。

(4) 客户端与服务器在数据连接上完成数据传输。

在建立数据连接的过程中，由服务器主动发起连接，因此被称为主动方式。

主动方式建立数据连接的过程如图 13-2（a）所示。

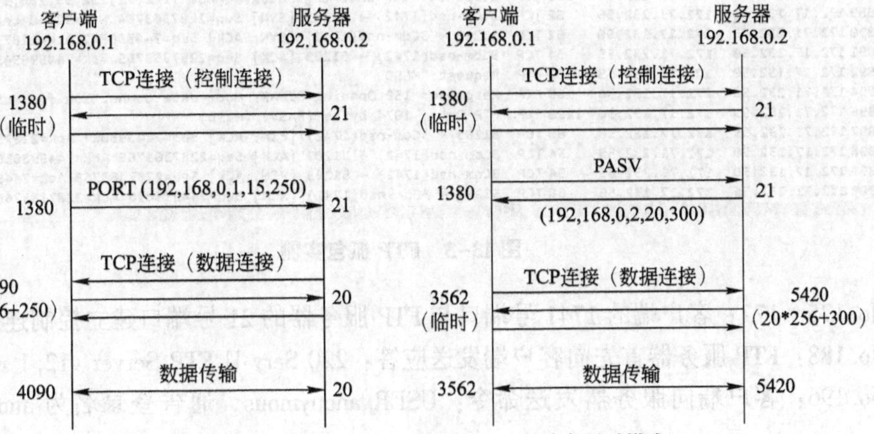

图 13-2　建立数据连接的两种模式

2. 被动模式

被动模式又叫作 PASV 模式。主要步骤如下。

(1) 客户端随机选择一个端口，连接 FTP 服务器的 21 号端口，建立控制连接。

(2) 客户端向 FTP 服务器发送 PASV 命令，告诉服务器采用被动模式。

(3) FTP 服务器在高端口上随机选择一个端口作为数据连接的端口，然后通过对 PASV 的应答将该端口告知客户端。应答参数格式与 PORT 参数格式相同。

（4）客户端与服务器的数据传输端口建立数据连接。

（5）客户端与服务器在数据连接上完成数据传输。

被动方式建立数据连接的过程如图 13-2（b）所示。

13.2.4 FTP 协议分析

FTP 报文没有特殊的格式，就是把命令、应答及文件中的数据放在 TCP 报文段的数据区。

下面结合一个抓包实例，分析一下 FTP 协议的工作流程。

图 13-3 给出了 FTP 抓包列表。

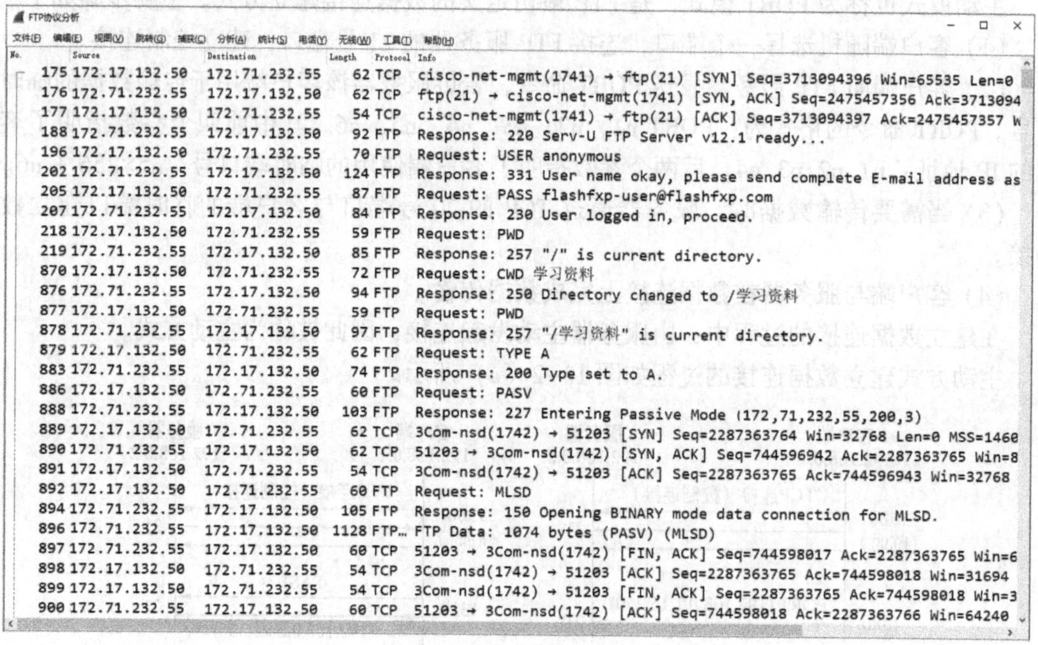
FTP协议分析
文件(F) 编辑(E) 视图(V) 跳转(G) 捕获(C) 分析(A) 统计(S) 电话(Y) 无线(W) 工具(T) 帮助(H)

No.	Source	Destination	Length	Protocol	Info
175	172.17.132.50	172.71.232.55	62	TCP	cisco-net-mgmt(1741) → ftp(21) [SYN] Seq=3713094396 Win=65535 Len=0
176	172.71.232.55	172.17.132.50	62	TCP	ftp(21) → cisco-net-mgmt(1741) [SYN, ACK] Seq=2475457356 Ack=3713094
177	172.17.132.50	172.71.232.55	54	TCP	cisco-net-mgmt(1741) → ftp(21) [ACK] Seq=3713094397 Ack=2475457357 W
188	172.71.232.55	172.17.132.50	92	FTP	Response: 220 Serv-U FTP Server v12.1 ready...
196	172.17.132.50	172.71.232.55	70	FTP	Request: USER anonymous
202	172.71.232.55	172.17.132.50	124	FTP	Response: 331 User name okay, please send complete E-mail address as
205	172.17.132.50	172.71.232.55	87	FTP	Request: PASS flashfxp-user@flashfxp.com
207	172.71.232.55	172.17.132.50	84	FTP	Response: 230 User logged in, proceed.
218	172.17.132.50	172.71.232.55	59	FTP	Request: PWD
219	172.71.232.55	172.17.132.50	85	FTP	Response: 257 "/" is current directory.
870	172.17.132.50	172.71.232.55	72	FTP	Request: CWD 学习资料
876	172.71.232.55	172.17.132.50	94	FTP	Response: 250 Directory changed to /学习资料
877	172.17.132.50	172.71.232.55	59	FTP	Request: PWD
878	172.71.232.55	172.17.132.50	97	FTP	Response: 257 "/学习资料" is current directory.
879	172.17.132.50	172.71.232.55	62	FTP	Request: TYPE A
883	172.71.232.55	172.17.132.50	74	FTP	Response: 200 Type set to A.
886	172.17.132.50	172.71.232.55	60	FTP	Request: PASV
888	172.71.232.55	172.17.132.50	103	FTP	Response: 227 Entering Passive Mode (172,71,232,55,200,3)
889	172.17.132.50	172.71.232.55	62	TCP	3Com-nsd(1742) → 51203 [SYN] Seq=2287363764 Win=32768 Len=0 MSS=1460
890	172.71.232.55	172.17.132.50	62	TCP	51203 → 3Com-nsd(1742) [SYN, ACK] Seq=744596942 Ack=2287363765 Win=8
891	172.17.132.50	172.71.232.55	54	TCP	3Com-nsd(1742) → 51203 [ACK] Seq=2287363765 Ack=744596943 Win=32768
892	172.17.132.50	172.71.232.55	60	FTP	Request: MLSD
894	172.71.232.55	172.17.132.50	105	FTP	Response: 150 Opening BINARY mode data connection for MLSD.
896	172.71.232.55	172.17.132.50	1128	FTP…	FTP Data: 1074 bytes (PASV) (MLSD)
897	172.71.232.55	172.17.132.50	60	TCP	51203 → 3Com-nsd(1742) [FIN, ACK] Seq=744598017 Ack=2287363765 Win=6
898	172.17.132.50	172.71.232.55	54	TCP	3Com-nsd(1742) → 51203 [ACK] Seq=2287363765 Ack=744598018 Win=31694
899	172.17.132.50	172.71.232.55	54	TCP	3Com-nsd(1742) → 51203 [FIN, ACK] Seq=2287363765 Ack=744598018 Win=3
900	172.71.232.55	172.17.132.50	60	TCP	51203 → 3Com-nsd(1742) [ACK] Seq=744598018 Ack=2287363766 Win=64240

图 13-3　FTP 抓包实例

No. 175～177：客户端的 1741 号端口与 FTP 服务器的 21 号端口建立控制连接。

No. 188：FTP 服务器首先向客户端发送应答：220 Serv-U FTP Server v12. 1 ready...。

No. 196：客户端向服务器发送命令：USER anonymous，通告登录名为 anonymous（匿名）。

No. 202：FTP 服务器回复应答：331 User name okay，please send complete E-mail address as password。（用户名正确，请输入完整的邮箱作为口令。）

No. 205：客户端向服务器发送命令：PASS flashfxp-user@ flashfxp. com，通告登录口令。

No. 207：FTP 服务器回复应答：230 User logged in，proceed，说明登录成功。

No. 218：客户端向服务器发送命令：PWD，请求显示当前工作目录。

No. 219：FTP 服务器回复应答：257 “/” is current directory。指明当前工作目录为“/”。

No. 870：客户端向服务器发送命令：CWD 学习资料，请求改变工作目录为“学习资料”。

No. 876：FTP 服务器回复应答：250 Directory changed to /学习资料。

No. 877：客户端向服务器发送命令：PWD，请求显示当前工作目录。

No. 878：FTP 服务器回复应答：257 “/学习资料” is current directory。当前工作目录变为 “/学习资料”。

No. 879：客户端向服务器发送命令：TYPE A，设置文件类型为 ASCII 码类型。

No. 883：FTP 服务器回复应答：200 Type set to A。

No. 886：客户端向服务器发送命令：PASV。通知服务器采用被动方式建立数据连接。

No. 888：FTP 服务器回复应答：227 Entering Passive Mode（172，71，232，55，200，3）。服务器进入被动模式，选用端口 51203（200 * 256+3）建立数据连接。

No. 889～891：客户端的 1742 号端口与服务器的 51203 建立数据连接。由客户端主动发起 TCP 连接过程。

No. 892：客户端向服务器发送命令：MLSD。与 LIST 同，请求列表显示文件或目录。

No. 894：FTP 服务器回复应答：150 Opening BINARY mode data connection for MLSD。表示请求数据已准备好，将在数据连接上传输请求内容。

（注意：No. 892、No. 894 这两个报文是命令与应答，是在控制连接上传输的。）

No. 896：FTP 服务器向客户端传输数据。

No. 897～900：数据传输结束后，断开数据连接。

（注意：此次 TCP 会话没有在此结束，后面还有别的数据的传输，下一次数据传输要重新建立数据连接，直到所有数据传输结束后，客户端向服务器发送 QUIT 命令，申请退出 FTP 服务，才会断开控制连接。）

13. 3　简单文件传送协议

13. 3. 1　TFTP 概述

简单文件传送协议（trivial file transfer protocol，TFTP）是一种很小且易于实现的文件传送协议。TFTP 基于 UDP，常用端口号为 69。TFTP 不需要用户登录，只能向服务器上传或下载文件，不能列出文件目录。

由于 TFTP 是基于 UDP 的，UDP 不能确保数据传输的可靠性。为了实现可靠性，TFTP 本身要求接收方对每个接收到的报文进行确认。

TFTP 传输的数据使用固定长度（512 字节）的分组报文。如果一个分组报文少于 512 字节，表明这是数据传输的最后一个分组报文。如果数据长度正好是 512 字节的整数倍，则需要发送长度为 0 的报文作为传输的结束标志。

发送方发送分组报文后，将数据在缓冲区内保存直到收到确认，表明数据已经被成功地接收。如果在发送时间失效之前，发送方没有收到确认，则重传分组报文。

13. 3. 2　TFTP 报文类型

TFTP 一共定义了 5 种报文类型，用于客户端和服务器之间的信息交互。5 种报文类型格式如图 13-4 所示。

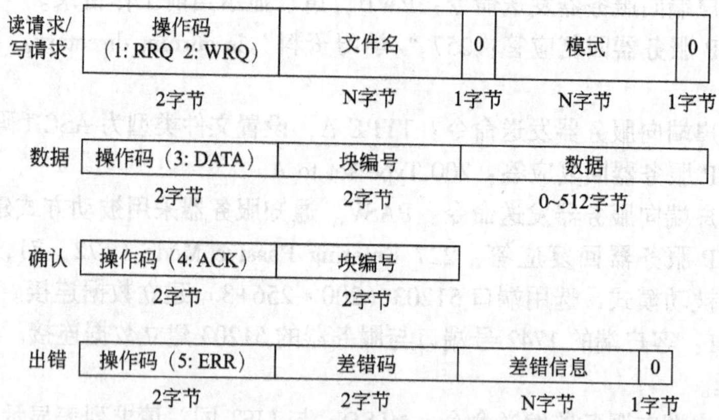

图 13-4 TFTP 报文格式

TFTP 报文的前两个字节表示操作码，取值 1～5，对应 5 种报文。

1. 读请求（Read Request，RRQ）

操作码为 1，客户端向 TFTP 服务器发送读请求，请求下载文件。

“文件名”指明从 TFTP 服务器上下载的文件的名字，长度可变，“0”标志文件名结束。

“模式”字段是一个 ASCII 码串，为 netascii 或 octet，同样以“0”结束。

netascii 表示数据是以成行的 ASCII 码字符组成，以回车换行（CRLF）作为行结束符。

octet 则将数据看作 8 位一组的字节流。

2. 写请求（Write Request，WRQ）

操作码为 2，客户端向 TFTP 服务器发送写请求，请求上传文件。文件名和模式字段含义与读请求相同。

3. 数据（DATA）

操作码为 3，TFTP 传输实际数据时，使用 DATA 报文。

“块编号”为报文编号，长度为 2 字节，第一个 DATA 分组报文的块编号设置成 1，每增加一个分组报文块编号加 1，直到整个文件传输结束。

“数据”为实际传输的文件内容，长度为 0～512 字节。

4. 确认（ACK）

操作码为 4，对 RRQ、WRQ 和 DATA 报文进行确认。

“块编号”字段取值为被确认的 DATA 分组的块编号。如果此确认报文是对读/写请求的确认，则块编号设置为 0。

5. 出错（ERR）

操作码为 5，通告文件传输过程中产生的错误。

“差错码”给出出错类型值，长度为 2 字节。

“差错消息”以 ASCII 码格式储存，加上一个文本描述从而帮助调试 TFTP 的出错消息，长度可变，以“0”作为结束标志。

常见差错码及其描述如下：

0：没有定义的错误，差错信息将提供其他附加信息。

1：文件没有找到，或所给的文件名有误。

2：访问非法，安全权限不足。

3：磁盘已满或分区表溢出。

4：非法的 TFTP 操作。

5：未知的传输 ID（端口号）。

6：文件已经存在。

13.3.3　TFTP 报文分析

图 13-5 为客户端向服务器申请下载文件 test. txt 的抓包列表。

No.	Source	Destination	Length	Protocol	Info
1	192.168.109.129	192.168.0.110	59	TFTP	Read Request, File: test.txt, Transfer type: octet
2	192.168.0.110	192.168.109.129	102	TFTP	Data Packet, Block: 1 (last)
3	192.168.109.129	192.168.0.110	46	TFTP	Acknowledgement, Block: 1

图 13-5　客户端下载文件

No. 1：客户端向服务器发送读请求报文，请求下载文件 test. txt，数据模式为 octet。

No. 2：服务器向客户端发送 DATA 报文进行数据传输，块标号为 1，且只有这一个数据报文。

No. 3：客户端向服务器发送确认报文，对块编号为 1 的 DATA 报文进行确认。

图 13-6 为客户端向服务器申请上传文件 test2. txt 的抓包列表。

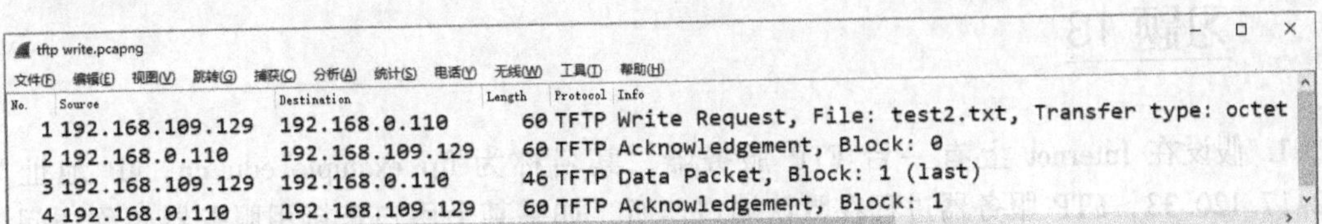

No.	Source	Destination	Length	Protocol	Info
1	192.168.109.129	192.168.0.110	60	TFTP	Write Request, File: test2.txt, Transfer type: octet
2	192.168.0.110	192.168.109.129	60	TFTP	Acknowledgement, Block: 0
3	192.168.109.129	192.168.0.110	46	TFTP	Data Packet, Block: 1 (last)
4	192.168.0.110	192.168.109.129	60	TFTP	Acknowledgement, Block: 1

图 13-6　客户端上传文件

No. 1：客户端向服务器发送写请求报文，请求上传文件 test2. txt，数据模式为 octet。

No. 2：服务器向客户端发送确认报文，对写请求报文进行确认，此时块编号为 0。

No3：客户端向服务器发送 DATA 报文进行数据传输，块标号为 1，且只有这一个数据报文。

No. 4：服务器向客户端发送确认报文，对块编号为 1 的 DATA 报文进行确认。

由上面抓包实例可知，当客户端发送读请求时，服务器不需要对这个包进行确认，直接将文件传送给客户端即可。但客户端发送写请求时，需要服务器进行确认，表示允许客户端写入，客户端收到确认后才可上传文件。

13.4 FTP的安全问题

1. 数据明文传输

TCP/IP 协议族的设计是建立在相互信任和安全的基础上的，FTP 客户端与服务器之间传输的所有数据都是通过明文方式，当然也包括用户名与口令，像 UNIX 和 Linux 系统的 FTP 账号通常就是系统账号，攻击者可以通过捕获 FTP 的用户名和口令来取得系统账号。

2. 通过 FTP 服务器进行端口扫描

FTP 客户端所发送的 PORT 命令告诉 FTP 服务器传输数据时应当连接的 IP 和端口，通常，这就是 FTP 客户所在机器的 IP 地址及其所绑定的端口。然而 FTP 本身并没有要求客户发送的 PORT 命令必须指定自己的 IP。

利用这一点，攻击者就可以通过第三方 FTP 服务器对目的主机进行端口扫描，这种方式一般称为 FTP 反射。

3. 数据劫持

在 FTP 的数据传输过程中，FTP 本身并没有要求控制连接的客户 IP 和数据连接的客户 IP 一致，这样攻击者就有可能劫持到客户和服务器之间传输的数据。

FTP 客户端在发出 PASV 或 PORT 命令之后且在发出数据请求之前，存在一个易受攻击的窗口。如果攻击者能猜到这个端口，就能够连接并截取或替换正在发送的数据。要实现数据劫持就必须知道服务器上打开的临时端口号，很多服务器并不是随机选取端口，而是采用递增的方式，攻击者很容易猜到这个端口号。

习题 13

1. 假设在 Internet 上有一台 FTP 服务器，其名称为 ftp. example. edu. cn，IP 地址为 172. 17. 120. 33，FTP 服务器进程在默认端口监听。如果某个用户直接用服务器名称访问该 FTP 服务器，并从该服务器下载两个文件 File1 和 File2 ，试叙述 FTP 客户端与 FTP 服务器进程之间的交互过程。

2. FTP 服务和 TFTP 服务之间的主要区别是什么？

3. TFTP 实现可靠传输了吗？是怎么实现的？

4. 配置一台 FTP 服务器，登录服务器，下载一个文件，过程中抓包分析协议流程。

5. 配置一台 TFTP 服务器，实现文件的上传和下载，过程中抓包分析协议流程。

参考文献

[1] 谢希仁. 计算机网络［M］. 8 版. 北京：电子工业出版社，2022.

[2] 寇晓蕤，蔡延荣，张连成. 网络协议分析［M］. 2 版. 北京：机械工业出版社，2018.

[3] FALL K R，STEVENS W R. TCP/IP 详解：卷 1 协议：原书第 2 版［M］. 吴英，张玉，许昱玮，译. 北京：机械工业出版社，2016.

[4] 胡维华，胡昔祥，张祯，等. 网络协议分析与实现［M］. 北京：高等教育出版社，2012.

[5] 吴桦，丁伟，夏雪. 网络应用协议与实践教程［M］. 北京：机械工业出版社，2013.

[6] 大学霸 IT 达人. 从实践中学习 TCP/IP 协议［M］. 北京：机械工业出版社，2019.

[7] 竹下隆史，村山公保，荒井透，等. 图解 TCP/IP：第 5 版［M］. 乌尼日其其格，译. 北京：人民邮电出版社，2013.

[8] 上野宣. 图解 HTTP［M］. 于均良，译. 北京：人民邮电出版社，2010.

[9] 林沛满. Wireshark 网络协议分析的艺术［M］. 北京：人民邮电出版社，2016.

[10] 桑德斯. Wireshark 数据包分析实战［M］. 3 版. 诸葛建伟，陆宇翔，曾皓晨，译. 北京：人民邮电出版社，2018.

[11] 大学霸 IT 达人. 从实践中学习 Wireshark 数据分析［M］. 北京：机械工业出版社，2020.

[12] 王晓卉，李亚伟. Wireshark 数据包分析实战详解［M］. 北京：清华大学出版社，2015.